纺织服装高等教育"十二五"部委级规划教材

牛仔产品系列丛书

牛仔产品艺术加工

主　编　林丽霞

副主编　黄慧萍

张领文

巫若子

東華大學出版社

内 容 提 要

本书以牛仔产品常用纤维原料及染整工艺为基础，详细阐述了牛仔成衣艺术加工技术及装饰类牛仔产品艺术加工技术。其中牛仔成衣艺术加工技术包括湿加工、干加工及一些新型加工技术；装饰类牛仔产品加工技术则将传统艺术加工方式与新型工艺、助剂工艺等结合使用，从而开发出一系列新颖别致的牛仔艺术产品，如扎(拔)染、蜡染、拓印、手绘及钉珠烫石等技术。书中还列举了大量工艺单及艺术产品实照，便于读者参照学习。

本书既可作为相关企业牛仔产品艺术加工现场操作人员、技术人员及设计人员的操作指导书，也可作为大专院校纺织、染整、服装、产品设计专业等师生的培训教材及教学参考书。

图书在版编目(CIP)数据

牛仔产品艺术加工／林丽霞主编. —上海：东华大学出版社，2014.2

ISBN 978-7-5669-0456-0

Ⅰ.①牛… Ⅱ.①林… Ⅲ.①牛仔服装—生产工艺 Ⅳ.①TS941.714.7

中国版本图书馆CIP数据核字(2014)第017631号

责任编辑 杜燕峰
封面设计 李 博

牛仔产品艺术加工

主　　编：林丽霞
副 主 编：黄慧萍　张领文　巫若子
出　　版：东华大学出版社(地址：上海市延安西路1882号　邮政编码：200051)
本社网址：http://www.dhupress.net
天猫旗舰店：http://dhdx.tmall.com
营销中心：021-62193056　62373056　62379558
印　　刷：常熟市大宏印刷有限公司
开　　本：787 mm×1092 mm　1/16
印　　张：12.75
字　　数：319千字
版　　次：2014年2月第1版
印　　次：2014年2月第1次印刷
书　　号：ISBN 978-7-5669-0456-0/TS·471
定　　价：38.00元

前 言

目前我国已成为全球牛仔产品生产基地，牛仔产品加工形成三大产业聚集地，分别为广东珠三角、江苏常州和山东淄博，牛仔产品年生产量已占到全球产量70%以上的份额。如今，经济全球化带来纺织服装产业巨变，其产品创意时尚化、消费个性化、视觉差异化的市场要求，已成为牛仔产业发展的主流趋势。

有鉴于此，传统的牛仔后处理方式已无法适应这一潮流。牛仔产品的艺术加工技术应运而生，它在牛仔产品原有的染整工艺基础上，引入了新型的加工技术及助剂工艺，并结合多种手工印染工艺，从而开发了一系列新颖别致的成衣类与装饰类牛仔艺术产品。

新型的牛仔艺术产品综合了牛仔产品粗犷、朴实、自然的特征和传统印染方法、新型技术的运用，加之艺术图案和印染技法，在牛仔产品上形成了新的视觉和触觉。例如，牛仔成衣经过各种折叠后进行水洗，加工结束后成衣除了能呈现设计师预想的图案效果外，更增添了色彩上的明暗、深浅变化。装饰类牛仔产品艺术加工，更是在牛仔产品加工的基础上进一步从艺术视觉创新的角度出发，将艺术与技术结合，不单改变了产品的外观效果，更进一步开展牛仔产品艺术化、个性化的创意实践，促进了面料的再造和牛仔产品的设计。另一方面，这一技术为外来的牛仔文化融入东方元素和文化内涵，在牛仔产品向精加工、深加工、高档次、个性化、差异化、装饰化、功能化等方向的研发与市场开拓提供了有益的探索经验。当前牛仔服装市场产品日趋饱和，欧洲地区已逐渐把牛仔的应用向家装市场转型，而我国在此项开发上属于空白领域，因此本书也为我国装饰类牛仔产品的研发做出了积极的探索。

本书编著者在牛仔产品艺术加工领域极富教学和实践经验，已对牛仔产品艺术加工进行了七年的探索,通过组织课程实践、参与企业活动、参加各种专业竞赛,极大地拓展了学生的理论思维和实践能力。本书第一、二部分由江门职业技术学院林丽霞老师进行编写,第三部分由江门职业技术学院林丽霞老师、张领文老师(艺术教师)和江门市青少年宫黄慧萍老师(艺术教师)共同编写,第四部分由江门职业技术学院林丽霞老师、巫若子老师共同编写,其他参编者还包括杨慧彤、苏毅、温和、伍建国等老师,全书由林丽霞老师负责文字统整。书籍在编写中得到全国众多牛仔生产企业技术人员提供生产一线的技术支援,书内大量作品均由我院染整技术专业学生独立制作完成。另外,本书在编写过程中参考了国内外许多知名专家与学者的专著与论文,由于篇幅有限只能列举主要文献,在此一并表示衷心感谢。

牛仔艺术产品开发技术日新月异,由于编写时间仓促及作者水平有限,书中难免有疏漏和不足,恳请广大读者不吝赐教,更欢迎牛仔行业相关人员给予指导。

作　者

2013 年 11 月

目　录

第一部分　牛仔产品概述

第二部分　牛仔成衣艺术加工技术

第三部分　装饰类牛仔产品艺术加工技术

第四部分　牛仔产品生态检测

第一部分

牛仔产品概述

第一章

牛仔产品常用纤维分类

牛仔产品经历了从平淡到时尚的演变。尽管服饰市场面料变化多端,但风靡多年的牛仔布因其产品粗犷、豪放、潇洒的特点一直倍受人们喜爱,牛仔产品的附加值主要由艺术加工效果来体现。而这类加工的效果一定程度上取决于牛仔布的质地,没有高品质的牛仔布就无法加工出高档的艺术效果。

棉纤维是牛仔布的主体原料,纯棉牛仔布一直以来都是牛仔布家族的主力军。随着纤维技术的发展、市场棉花价格的不断攀高、消费者对牛仔产品风格需求的不断变化和新型加工设备及印染助剂的更新换代,传统以棉为主体原料的牛仔布在原料材质上已发生了不小的变化,几乎所有市场上出现的原料都可以在牛仔布上得到应用。目前,市场上大多的牛仔布都属于混纺或交织产品,作为一名专业的牛仔产品加工技术人员,必须要掌握这些纺织纤维的基本特性。

纺织纤维的品种非常多,一般可分为天然纤维和化学纤维两大类。

天然纤维:由自然界原有的动植物或矿物质中获得的纺织纤维称为天然纤维;

化学纤维:用天然的或合成的高聚物为原料加工制成的纤维物状物体称为化学纤维。

近年来,随着科学技术的不断发展,消费者对纺织纤维功能提出更高的要求。与此同时,随着人们生活水平的不断提高,以人为本、发展保健型和环保型纤维的呼声越来越高,于是相继出现了采用物理或化学改性等高新技术生产出的差别化纤维、功能性纤维、高性能纤维及环保型纤维。目前,在牛仔产品中,主要使用的有环保性纤维,如天丝(Tencel)、莫代尔纤维(Modal)、大豆纤维和差别化纤维(如异形纤维、超细纤维、高收缩性纤维)等。

1. 环保型纤维

包括环保型天然纤维、环保型再生纤维及生物可降解合成纤维等。

(1) 环保型天然纤维　主要有彩色棉、彩色羊毛、彩色兔毛及彩色蚕丝等。

(2) 环保型再生纤维　此类纤维主要有纤维素纤维和蛋白质纤维两种,其品种有天丝(Tencel)、莫代尔纤维(Modal)、牛奶纤维、大豆纤维、花生纤维、甲壳素纤维及聚乳酸纤维等。

(3) 生物可降解合成纤维　此类纤维主要有生物可降解的聚酯纤维、聚酰胺纤维、聚乙烯醇纤维、聚乙烯纤维以及光热可降解的聚烯烃纤维等。

2. 差别化纤维

此类纤维通常是指在原来纤维组成的基础上进行物理或化学改性处理,使其性能获得一定程度改善的纤维。这类纤维有异形纤维、超细纤维、易染纤维,如包括阳离子染料可染聚酯纤维(CDPET)、常温常压无载体可染聚酯纤维(ECDPET)、常压阳离子染料可染聚酯纤维、酸性染料可染聚酯纤维、酸性染料可染聚丙烯腈纤维、可染深色的聚酯纤维及易染聚丙烯纤维等。

第二章

牛仔产品常用纤维特性

第一节 棉 纤 维

一、原棉的分类

1. 按棉花的栽种和纤维的长短粗细分类

(1) 细绒棉 又称陆地棉,棉纤维长度为25~31 mm,色泽洁白或乳白,有丝光。目前世界原棉产量的85%为细绒棉,我国种植细绒棉的棉田面积占棉田总面积的93%。

(2) 长绒棉 又称海岛棉,棉纤维长度为33 mm以上,最长可达60~70 mm,色泽乳白或淡棕色,富有丝光。较细绒棉细且长度大,品质优良,用于织造高档轻薄和特种棉纺织品。主要生产国有埃及、苏丹、美国、秘鲁和中亚各国,我国在新疆等地区有种植。

(3) 粗绒棉 又称亚洲棉,棉纤维长度为13~25 mm,纤维粗,产量低,目前已淘汰。

2. 按棉花的初加工分类

可分为皮辊棉和锯齿棉两类(表1-2-1)。

表1-2-1 皮辊轧棉和锯齿轧棉性能比较

类 型	锯 齿 棉	皮 辊 棉
外观形态	纤维松散,蓬松均匀,污染分散,颜色较均匀,重点污染不易辨清	纤维平顺,厚薄不均,成条块状
疵点	棉结、索丝较多,并有少量带纤维籽屑	黄根较显,有粗纤维、籽屑、破籽
杂质	叶片、籽屑、不孕籽较多	棉籽、籽棉、籽屑、叶片等较多
长度	较短	较长
整齐度	较好	较差
短绒率	较低	较高

二、棉纤维的成分

棉纤维的主要成分是纤维素,成熟的棉纤维绝大部分由纤维素组成,纤维素是一种碳水化合物,是在棉花生长过程中由二氧化碳和水经过光合作用而形成的。纤维素的化学式为 $(C_6H_{10}O_5)_n$,聚合度为10 000~15 000,即它是由10 000~15 000个葡萄糖剩基连成一个大分子。

棉纤维的主体部分是纤维素,此外还含有一定量的共生物或称为伴生物(表1-2-2)。棉纤维中的蜡状物质和果胶物质,对纤维具有保护作用,在纺纱过程中蜡状物质(棉蜡)可以起润滑作用,使棉纤维具有良好的纺纱性。但共生物的存在会影响棉纤维的润湿性和染色性,棉织物在染整加工开始后,要经过煮炼和漂白除去共生物。

表1-2-2 棉纤维中各种共生物的含量

成熟棉纤维成分	含量(%)	成熟棉纤维成分	含量(%)
纤维素	94.0	果胶物质(按果胶酸计算)	0.9
含氮物质(按蛋白质计算)	1.3	有机酸	0.8
灰分	1.2	多糖类	0.3
蜡状物质	0.6	未测定成分	0.9

三、棉纤维的质量标准

1. 棉纤维品质构成

(1)长度 目前国内主要棉区生产的陆地棉及海岛棉品种的纤维长度,分别以25~31 mm及33~39 mm居多。棉纤维的长度是指纤维伸直后两端间的长度,一般以mm表示。棉纤维的长度有很大差异,最长的纤维可达75 mm,最短的仅1 mm,一般细绒棉的纤维长度在25~33 mm,长绒棉多在33 mm以上。不同品种、不同棉株、不同棉铃上的棉纤维长度有很大差别,即使同一棉铃不同瓣位的棉籽间,甚至同一棉籽的不同籽位上,其纤维长度也有差异。

(2)长度整齐度 纤维长度对成纱品质所起作用受其整齐度的影响,一般纤维愈整齐,短纤维含量愈低,成纱表面越光洁,纱的强度提高。

(3)细度 纤维细度与成纱的强度密切相关,纺同样粗细的纱,用细度较细的成熟纤维时,因纱内所含的纤维根数多,纤维间接触面较大,抱合较紧,其成纱强度较高。同时细纤维还适于纺较细的纱支。但细度也不是越细越好,太细的纤维,在加工过程中较易折断,也容易产生棉结。

(3)成熟度 指棉纤维中细胞壁的增厚程度。正常成熟的棉纤维,截面粗、强度高、弹性好、有丝光,具有较多的天然转曲。

(4)强力 指纤维即将断裂时所能承受的最大负荷。单纤维强力因种或品种不同而异,一般细绒棉多在3.43~4.9 cN之间,长绒棉纤维结构致密,强度可达4.41~5.88 cN。

(5)纤维成熟度 棉纤维成熟度是指纤维细胞壁加厚的程度,细胞壁愈厚,其成熟度愈高,纤维转曲多,强度高,弹性强,色泽好,相对的成纱质量也高;成熟度低的纤维各项指标均差,但过熟纤维也不理想,纤维太粗,转曲也少,成纱强度反而不高。

(6)天然转曲 天然转曲较多时,纤维之间抱合力大,有利于成纱质量。一般正常成熟的棉纤维天然卷曲最多,长绒棉的转曲多,细绒棉转曲少。

2. 检验

我国棉花的质量检验按照细绒棉国家标准GB 1103—1999进行。

(1) 品级　根据棉花的成熟程度、色泽特征、轧工质量这三个条件把棉花划分为1至7级及等外棉。

(2) 长度　根据棉纤维的长度划分有长度级,以1 mm为级距,把棉花纤维分成25~31 mm七个长度级。

(3) 马克隆值　马克隆是英文Micronaire的音译,马克隆值是反映棉花纤维细度与成熟度的综合指标,数值愈大,表示棉纤维愈粗,成熟度愈高。具体测量方法是采用一个气流仪来测定恒定重量的棉花纤维在被压成固定体制后的透气性,并以该刻度数值表示。马克隆值分三个级,即A、B、C, B级为马克隆值标准级。

(4) 回潮率　棉花公定回潮率为8.5%,回潮率最高限度为10.5%。实际工作中一般用电测器法测定原棉回潮率。

(5) 含杂率　皮辊棉标准含杂率为2.5%。实际工作中一般用原棉杂质分析机测定原棉回潮率。

(6) 危害性杂物　棉花中严禁混入危害性杂物。

3. 棉花的分级

棉花分级是为了在棉花收购、加工、储存、销售环节中确定棉花质量,是衡量棉花使用价值和市场价格必不可少的手段,能够充分合理利用资源,满足生产和消费的需要。棉花等级由两部分组成:一是品级分级,二是长度分级。

(1) 品级分级　一般来说,棉花品级分级是对照实物标准(标样)进行的,这是分级的基础,同时辅助于其他一些措施,如用手扯、手感来体验棉花的成熟度和强度,看色泽特征和轧工质量,依据上述各项指标的综合情况为棉花定级,国家标准规定三级为品级标准级。

(2) 长度分级　长度分级用手扯尺量法进行,手扯纤维得到棉花的主体长度(一束纤维中含量最多的一组纤维的长度),用专用标尺测量棉束,得出棉花纤维的长度。各长度值均为保证长度,也就是说,25 mm表示棉花纤维长度为25.0~25.9 mm, 26 mm表示棉花纤维长度为26.0~26.9 mm,以此类推。同时国家标准还规定,28 mm为长度标准级;五级棉花长度大于27 mm,按27 mm计;六、七级棉花长度均按25 mm计。

品级分级与长度分级组合,可将棉花分为33个等级,构成棉花的等级序列。如国标规定的标准品是328,即表示品级为3级,长度为28.0~28.9 mm的棉花(表1-2-3)。

表1-2-3　棉花等级分类表

品级长度(mm)	一级	二级	三级	四级	五级	六级	七级
31	131	231	331	431			
30	130	230	330	430			
29	129	229	329	429			
28	128	228	328	428			
27	127	227	327	427	527		
26	126	226	326	426	526		
25	125	225	325	425	525	625	725

4. 棉花分级“国际通用标准”及同中国棉花标准简明对照

棉花分级“国际通用标准”初始于1907年,由美国国会授权美国农业部制订棉花标准并提供服务。长期以来,美国农业部制订的标准已被很多产棉国采纳来用于棉花分级,同时很多棉花消费国的纺织协会也作为该标准的海外会员接受并参与标准样的制作、修订。因此,美国农业部的标准既被称作“美棉标准”又被称作“国际通用标准”(表1-2-4)。

表1-2-4 “国际通用标准”和“中国棉花标准”的简明对照

国际通用标准			中国棉花标准
全称	简称	美国农业部代码	等级
Good Middling	G. M.	11	1
Strict Middling	S. M	21	2
Middling	Mid	31	3
Strict Low Middling	S. L. M.	41	4
Low Middling	L. M	51	5
Strict Good Ordinary	S. G. O.	61	6
Good Ordinary	G. O.	71	7

(1)颜色 按照“国际通用标准”,棉花按颜色由高到低分为白棉(White)、淡点污棉(Light Spotted)、点污棉(Spotted)、淡黄染棉(Tinged)、黄染棉(Yellow Stained)、淡灰棉(Light Gray)和灰棉(Gray)等七个颜色等级。由于国内的等级差价远远大于国际市场,国内企业一般只进口白棉中的中高等级,而很少进口颜色差的棉花。

(2)等级 在白棉中,棉花又分为七个等级,这七个等级基本上和我国的1~7级相对应。

(3)长度 按照“国际通用标准”,棉花长度以1/32英吋作为长度分级间隔。长度整齐度达到82%以上较好,80%~82%为合格,80%以下质量差(表1-2-5)。

表1-2-5 “国际通用标准”长度表示、对应公制

“国际通用标准”表示法	1/32表示法	美国农业部代码	公制长度(mm)
1-5/32′	37/32	37	>29.4
1-1/8′	36/32	36	>28.6
1-3/32′	35/32	35	>27.8
1-1/16′	34/32	34	>27.0
1-1/32′	33/32	33	>26.2
1′	32/32	32	>25.4

(4)含杂 “国际通用标准”将“含杂”作为划分等级的组成因素之一。国际通用标准将含杂分为7级,分别用代码1~7代表含杂从最低到最高(代码1~7并不代表含杂率的数值)。在用代码表示等级时,含杂代码放在中间(表1-2-6)。

表 1-2-6 "国际通用标准"各级棉花叶屑含量标准

原棉品级	含杂率(%)	原棉品级	含杂率(%)
G.M		L.M	3.1
S.M		S.G.O	4.4
M	1.9	G.O	5.6
S.L.M	2.3	B.G.O	7.6

(5) 马克隆值 "国际通用标准"将代表成熟度的指标马克隆值单列,独立于等级之外从价计算。一般正常的马克隆值范围为3.5~4.9(又称G5),超过此范围将会有价格折扣。目前国棉标准还是将棉花的成熟度做为等级的标准之一,同"国际通用标准"有所不同(表1-2-7)。

表 1-2-7 "国际通用标准"马克隆值标准

类 别	马克隆值	类 别	马克隆值
一类	2.5~2.7	五类	3.5~3.9
二类	2.7~2.9	六类	5.0~5.2
三类	3.0~3.3	七类	5.3及以上
四类	3.4~3.5		

(6) 强度 根据"国际通用标准",棉花的强度正常范围为25.9~27.8 cN/tex,超过或低于此标准将会有价格溢价或折扣。目前,中国棉花标准对强度没有明确要求。中国企业进口棉花习惯上使用"卜氏强力仪"(Pressley),而且有些国家报价仍采用卜氏强力报价。

四、牛仔布对原棉质量的要求

牛仔布大多为纯棉纱织造,原棉是牛仔布使用的最主要原料,原棉的质量既直接关系到纱线及织物的质量,也直接关系到生产成本,原料成本约占纺纱总成本的70%~80%,原棉是按质论价的,不同等级、不同长度的原棉,价格差异很大。

近二十年来,我国牛仔布厂大多采用58 tex(10^S)以下的粗特转杯纱为原料进行生产,配棉标准极低,许多纺纱厂使用转杯纺纱机的目的就是为了消化本厂的低级棉及落棉。原料品质的低下,难以从根本上保障牛仔布的质量。虽然也有转杯纱质量的国家标准,但这个标准是本着消化低级棉及落棉而制定出来的,与牛仔布的用纱要求存在一定的差距。低品质原料配备现状造成的直接后果是,中国虽为牛仔布生产大国,但生产的多数为低档产品,在国际市场低档产品供大于求的形势日趋明显的情况下,不可避免地形成低质低价的局面。近年来随着印度、巴基斯坦、越南等其他国家纺织业的崛起,中国牛仔业一贯所依赖的低劳动力成本、以量取胜的竞争优势已不复存在,企业的利润空间已被压缩至不合理的状态,盈利变得十分艰难。

国外生产牛仔布用纱的配棉标准要求不得低于以下条件:

(1) 手扯长度至少在27 mm;

(2) 12 mm以下短绒量保持在40%以下;

(3) 马克隆值范围为:4.0 ~ 4.5;

(4) 纺纱强力、伸长 *CV* 值及纱疵要在 Uster 公报 50% 水平以内。

(一) 原棉等级

传统牛仔织物多采用 58 tex(10^S)左右的粗特转杯纱制成,这种纱截面纤维根数多,配棉要求低,习惯上转杯纱的配棉品级更是比同线密度的环锭纱要低 1 ~ 2 级。随着市场的不断变化,牛仔服装再也不是一百多年前的劳动服,它们遍及各类人群、各种场合,档次差别很大,因而原棉使用不能按低档粗特纱要求对待。

目前,企业配棉平均等级为细特纱 2.3 ~ 2.8 级,中特纱 2.5 ~ 3 级,粗特纱 3.0 ~ 3.8 级。一般不使用 5 级及 5 级以下原棉,尽量少用 4 级棉,更不宜混用精梳、抄斩等各种落棉。

(二) 纤维长度

在纤维长度方面,一般牛仔用转杯纱的纤维长度在 25 ~ 27 mm 较好,牛仔用环锭纱的纤维长度在 27 ~ 29 mm 较好。

在纤维长度整齐度方面,要求其整齐度要高,16 mm 以下的短绒率不大于 15% 。短绒率高的纤维会造成以下问题:

(1) 成纱毛羽多,纺纱增加纱疵和断头;

(2) 浆染过程中,短绒容易脱落沉积于染槽底部,造成染槽循环系统堵塞;

(3) 纺成的纱上易产生粗节,织成的布易形成条花;

(4) 牛仔布经水洗、石磨处理后,布面发毛,严重损坏牛仔布布面光洁、织纹清晰的风格。

(三) 纤维线密度

选择纤维线密度是基于纱线的粗细进行考虑。纤维越细,成纱截面内纤维根数越多,纤维间接触面积越大,摩擦抱合力大,不易相互滑脱,成纱强力大。纤维线密度的选择应保证成纱截面内具有一定的纤维根数,转杯纱截面最少纤维根数为 120 根,环锭纱截面最少纤维根数为 70 根。因此,从截面纤维根数来说,选择细纤维,容易满足纱线最少纤维根数的要求。但是,纤维越细,其刚性越差,加工过程中易折断、扭结,清梳工序处理不当时会产生大量短绒、棉结。根据牛仔用纱线多为粗特纱的特点,截面纤维根数有足够保障,所以采用细度较细的纤维对成纱强力的增加效果并不明显,反而造成纱线刚性低,弹性差等问题,不利于提高纱线的强力。过细纤维所织造的牛仔面料无法形成结实耐磨、粗犷奔放的风格。

(四) 纤维成熟度

一般选用成熟系数在 1.5 ~ 1.8 正常成熟的纤维。成熟纤维所加工产品弹性好、强度高、染色均匀、除杂效率高。成熟系数过高的纤维不利于染色,而且纤维在纱中抱合程度差,成纱强力低;成熟系数过低的纤维,纤维自身强力下降明显,对成纱强力不利,而且低成熟纤维弹性差,在加工过程中易被扭结,形成棉结。为此要求尽量不使用成熟系数低于 1.3 和高于 2.0 的原棉。

(五) 纤维含杂

纤维含杂也直接影响到牛仔用纱的生产及牛仔织物的布面质量。原棉含杂多,纺纱时纺纱杯凝聚槽中容易积聚杂质,增加断头和纱疵,影响纱线强力和条干。纱中含杂多时又直接影响到布面质量,使布面疵点增多。所以无论是从转杯纺纱的加工要求,还是从牛仔织物的外观质量考虑,都要求棉纤维的含杂率要低,一般不大于 4% 。

综上所述,牛仔布与一般织物相比具有一定的特殊性,因此对纱线的质量也有特定要求(表

1-2-8）。

表1-2-8 牛仔布对纱线质量的基本要求

项 目	要 求	原 因
强力、伸长、弹性	经纱有较高的强力、伸长和弹性	经纱染色上浆流程长，受到反复多次的弯曲和伸长，织造时上机张力大
条干、竹节	纬纱条干不匀和竹节纱疵较少	纬纱条干不匀和竹节纱疵对布面外观质量威胁大并影响色光
结杂、毛羽	经纱结杂、毛羽要少	经纱的结杂更容易显露于布面。经纱的毛羽会使浆纱及整经工序分纱难、断头多，还会使浆液混浊变稠，堵塞管道
纱线接头	纱线接头少和小	接头影响后道加工及布面外观
成熟度	原棉成熟度好，具有较好的匀染性和渗透性，避免使用成熟差异大的原棉	靛蓝染料上染性差且摩擦色牢度差，成熟度差异大的原棉易造成染色不匀，导致条花、白星等疵点
卷装容量	卷装容量较大	容量少会增加布面结头，特别是在无梭机织造时
重量偏差	纱特正确，纬纱重量偏差绝对值则越小越好，经纱的重量偏差控制为正偏差	纱线粗细偏差大会影响到织物面密度标准的控制，经纱在染织加工过程中受张力作用会伸长变细

五、棉纤维的加工性能

（一）水的作用

棉纤维虽然具有大量的亲水性基团（—OH），但它并不溶于水，仅能有限度地膨化。棉纤维在水中横截面积增长可达45%～50%，但其长度方向仅增长1%～2%，呈各向异性。长时间的蒸汽作用会使纤维强度变弱，并且由于蒸汽中存在着氧气，会使纤维素氧化。

（二）耐碱性

纤维素在碱液中相对稳定，但随着碱液浓度、温度、时间等条件的提高，碱也会对纤维素造成损伤，最终导致强度下降。

在高温和空气存在时，随着碱液浓度和温度的升高，纤维素的降解作用十分剧烈和迅速，纤维损伤严重。因此在实际加工操作中，高温碱性条件时，要避免纤维与空气的接触。

（三）耐酸性

在洗染加工过程，也往往要用酸对织物进行处理，如酶洗、树脂整理等。酸对纤维素分子中的苷键水解起到催化作用，导致纤维素大分子聚合度降低，使纤维受到损伤。因此，用酸加工时，必须严格控制酸的浓度、温度和处理时间，同时酸处理后要彻底清洗，以去除织物上的酸，否则会引起纤维的损伤，导致纤维素强度的降低。

（四）耐氧化还原性

棉织物在洗染加工中，也经常使用到氧化剂（如高锰酸钾、次氯酸钠、双氧水等）和还原剂。纤维素材料一般不受还原剂的影响，但氧化剂的存在会使纤维素中间的醇羟基和末端的苷羟基发生氧化,从而导致纤维的损伤,其剧烈氧化的最终产物是二氧化碳和水。

(五) 染色性

棉纤维可以使用直接染料、活性染料、硫化染料、还原染料(靛蓝染料)和涂料等进行染色。

第二节 黏胶纤维

黏胶纤维(Viscose Fiber),是黏纤的全称。它又分为黏胶长丝和黏胶短纤。

黏胶纤维的生产是从不能直接纺织加工的纤维素原料如棉短绒、木材等中提取的纯净纤维素,经过烧碱、二硫化碳处理后制备成黏稠的纺丝溶液,采用湿法纺丝而成。

一、黏胶纤维的性能

黏胶纤维的基本组成物质和棉纤维、麻纤维一样都是纤维素,但聚合度较低,一般黏胶纤维的聚合度为250~500,富强纤维的聚合度为550~650。

黏胶纤维的性质与棉纤维基本相似,吸湿性能好,透气性、柔软性良好,穿着舒适;染色性能优良;对光、热及化学试剂稳定性高;不起球,不易起静电,也不易沾污;没有棉花加工中出现的棉尘问题;废弃物可自然降解。同时黏胶纤维的湿强仅为干强的一半,缩水率较大,为8%~10%。

1. 物理机械性能

黏胶纤维的表面比棉纤维光滑,所以光泽比棉纤维强,甚至有耀眼的感觉。故此部分产品在纺丝时加入消光剂,生产出全消光或半消光纤维。

黏胶纤维的机械性能如强度、耐磨性较差。黏性纤维湿态耐磨性为干态的20%~30%,因此洗染加工含黏胶纤维的牛仔服装时,应避免强烈的揉搓,降低设备运转速度,避免进行石洗一类加工,避免织物受到磨损,出现擦伤或破损的问题。

黏胶纤维吸湿性好,洗染加工时,纤维含水量较高,容易产生形变,因此尽量采用松式加工,减少产品因受力过度而产生的尺寸方面的质量问题。

2. 化学性能

黏胶纤维化学性能比棉纤维活泼。其对酸、碱、氧化剂都比较敏感。在浓碱作用下会剧烈膨化以致溶解,所以在染整加工中应尽量少用浓碱。

能用于棉纤维的染料均能用于黏胶纤维染色,另外,受纤维结构和基团的影响,黏胶纤维在染色过程中染料渗透更快,与棉相比,其染色性能更好,产品具有色泽艳丽、色牢度强、经多次洗涤仍亮丽如新等特点。

二、高湿模量黏胶纤维

由于普通黏胶纤维湿态时被水溶胀而强度明显下降,织物洗涤搓揉时易于变形(湿模量低),干燥后容易收缩,使用中又逐渐伸长,因而有尺寸稳定性差的缺点。为了克服上述缺点,科学家研究出高湿模量黏胶纤维。这种纤维除了具有较高的强度、较低的伸长率和膨化度之外,其主要特点是具有较高的湿强度和湿模量。所谓湿模量是指纤维在湿态下的模量,通常以湿纤维伸长5%时所需的负荷乘以20来表示。一般的高湿模量黏胶纤维湿模量必须大于88 cN/tex。高湿模量黏胶纤维可分为两类，一类为波里诺西克纤维，我国商品名为富强纤维；另一类为变化型高湿模量黏胶纤维，其代表是奥地利公司的莫代尔（Modal）纤维，后来国际人造丝和合成纤维标准局把高湿模量黏胶纤维统称为Modal纤维。波里诺西克纤维起源于日本，称为虎木棉，1950年开始工业化生产。美国、日本、意大利等国也有生产，但名称不同。

莫代尔纤维密度大于普通黏胶纤维，遇水体积膨胀度比黏胶纤维小，说明莫代尔纤维受湿度的影响比黏胶小。与黏胶纤维相比，莫代尔纤维的强度和模量都比较大，而伸长较小，且各种性能受湿度的影响比黏胶纤维小。

莫代尔纤维耐热性好，在180～200℃时才发生分解。莫代尔纤维和普通黏胶纤维都具有良好的耐碱性。与其他纤维比较，莫代尔纤维更能保持色彩光鲜、亮丽，即使在多次洗涤后，色彩依旧亮丽如新，不会出现如纯棉织物般在洗涤后泛灰的现象。另外，它多次洗涤后仍能保持柔软不僵的手感。

第三节 天　丝

Tencel（天丝）纤维是英国Acocdis公司生产的Lyocell纤维的商标名称，在我国注册中文名为“天丝”，该纤维是以木浆为原料，经溶剂纺丝方法生产的一种新型的纤维。它有棉的“舒适性”、涤纶的“强度”、毛织物的“豪华美感”和真丝的“独特触感”及“柔软垂坠”，无论在干或湿的状态下，均极具韧性。在湿的状态下，它是第一种湿强力远胜于棉的纤维素纤维。Tencel为百分之百纯天然材料，加上环保的制造流程，以保护自然环境为本，完全迎合现代消费者的需求，而且绿色环保，堪称为21世纪的绿色纤维。

目前国内市场上主要的牛仔系列为天丝/棉（CLY/C）、天丝/黏胶（CLY/R）和天丝/氨纶（CLY/SP）弹力牛仔等。

一、天丝的种类

1. Tencel G100

该纤维具有很高的吸湿膨润性，特别是径向。膨润率高达40%～70%。当纤维在水中膨润时，纤维轴向分子间的氢键等结合力被拆开；在受到机械作用时，纤维沿轴向分裂，形成较长的原纤。利用普通型Tencel G 100纤维易于原纤的特性可将织物加工成桃皮绒风格。

2. 交联型Tencel A100

纤维素分子中的羟基与含有三个活性基的交联剂反应，在纤维素分子间形成交联，可以减少Lyocell纤维的原纤化倾向，可以加工光洁风格的织物，而且在服用过程中不易起毛起球。

3. Tencel LF

为低原纤化天丝，介于G100和A100之间，可用在针织床品的领域。Tencel纤维具有天然纤维的吸湿性，涤纶纤维的干湿高强力，黏胶纤维的悬垂性及真丝纤维的手感。然而目前产品质量问题不少，其中较突出的是光洁织物泛白性色差、色挡、棉粒类疵品较多；桃皮绒类织物出现绒毛不均匀;混纺交织单色类织物色差较普遍;粗厚类织物的折痕、擦伤、色斑等疵品较严重。

二、天丝纤维产品加工特点

1. 纤维表面的原纤化

原化纤的主要表现是纤维可以沿纵向将更细的微细纤维逐层剥离出来。天丝纤维由于结晶度与取向度都比较高,纤维截面均一,原纤间结合较弱且没有弹性,由基原纤维直接聚敛成的巨原纤维基本上都沿纤维的纵向排列。因此,纤维在受到外界机械力的作用后,其更微细的纤维就会从纤维上被剥离出来,形成长度约 1 ~ 4 μm 的毛茸。对一般织物,纤维的原纤化会使织物颜色发灰,不够鲜艳。

原纤化具有双重效应:

(1) 容易脱散起毛,不均匀的局部原纤化会形成产品外观不均匀,导致品质差异、色相差异,特别在湿态情况下更易产生,严重时还会缠结成棉粒。

(2) 原纤化的均匀产生可使织物呈绒面表观,改善手感,成为桃皮绒风格的织物,也能使牛仔服更具自然感和陈旧感。

2. 纤维的湿膨胀性

天丝纤维具有高膨胀性,在水中其横向膨润率可达40%,为棉的2倍多。另一方面,吸水后它的纵向膨润率仅有0.03%,而高的横向膨润率会给织物的湿加工带来一些困难,这也是天丝纤维加工中的一个难点。高吸湿赋予织物优良的悬垂性和流畅的动感,但会使织物在湿态下发硬,特别是面密度较大的中厚型织物。织物在染整和服装加工中易产生折痕、擦伤和色斑等疵点,而且这类疵点具有较强"记忆性",都会持久地保存下来。

图1-2-1　原纤化前的天丝纤维

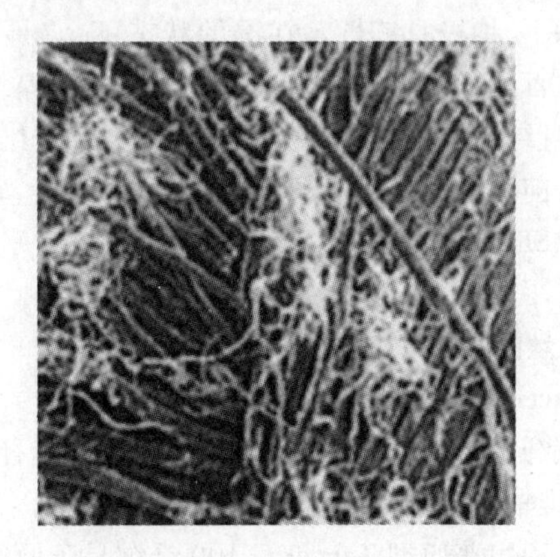

图1-2-2　原纤化后的天丝纤维

3. 纤维的染色性

天丝纤维遇水后膨胀较大,染料及助剂容易进入纤维内部,故初染率相当高,易造成前后及左右色差,在染料的选择上应选取初染率高的品种,采用多次加盐、多次加碱的方式控制色差。它的得色率比一般天然纤维大,其混纺、交织物同色染色时难度较大,必须考虑色相的严格控制。染色会对原纤化产生影响,因此控制配料及染液的运动至关重要。原纤化可通过染色工艺进行控制。

天丝纤维混纺、交织产品的色差问题较突出。同色染色必须做到双组分纤维染色一致,色光、色牢度一致。为此要对使用染料进行细致的筛选,测定两种纤维的色差值,对同色性较好的各只染料的色差要控制平均值。

4. 洗染加工中折痕、擦伤、色斑等疵点的预防

(1) 成衣尽量减少折叠和码放,不用绳束捆绑,减少压痕和折痕;

(2) 减少对布料、成衣受人为的各种物理性压力和摩擦,尽力防止织物的损伤和穿刺、钉压、刀割等;

(3) 为防止洗染加工中产生折皱和擦伤,应添加少量平滑剂、柔软剂;

(4) 采用滚筒直径较大、转速较低的染整和洗涤设备,使织物能自由运动,减少大摩擦、挤压产生的皱折和擦伤。

第四节　涤　　纶

涤纶是我国聚酯纤维(Polyester Fiber)的商品名称。聚酯通常是指以二元酸和二元醇缩聚而得的高分子化合物,其基本链节之间以酯键连接。

一、纤维性能

1. 吸湿性

涤纶吸湿性很差,在标准状态下吸湿率只有0.4%(锦纶4%,腈纶1%～2%),即使在相对湿度为100%的条件下吸湿率也仅为0.6%～0.8%。由于涤纶的吸湿性低,因而具有一些特性,如在水中的溶胀度小,干、湿强度和干、湿伸长率基本相同,导电性差,容易产生静电和沾污现象以及染色困难等。

2. 热性能

涤纶有良好的热塑性能,在不同的温度下产生不同的变形,是结晶型和非晶型两者混合的高分子物,其耐热性在几种主要合成纤维中最好。涤纶在170℃下短时间受热所引起的强度损失,在温度降低后可以恢复。在温度低于150℃的条件下处理,涤纶能保持色泽不变。

3. 力学性能

涤纶纤维具有较高的机械强度和形状稳定性。

(1) 强度和伸长率　涤纶的强度和拉伸性能与其生产工艺条件有关,取决于纺丝过程中的拉伸程度。一般的涤纶是合成纤维中干强度较高的一种纤维,它的伸长率在18%～36%,稍低于锦纶。涤纶的耐冲击强度比锦纶高4倍左右,比黏胶纤维高20倍。

(2) 弹性和耐磨性　涤纶的弹性比其他的合成纤维都高,与羊毛接近。涤纶当受到外力后虽然产生变形,但一旦外力消失,纤维变形便立即恢复。

涤纶的耐磨性能仅次于锦纶,比其他合成纤维高出几倍。将涤纶和天然纤维或黏胶纤维混纺,可显著提高织物的耐磨性。

4. 化学稳定性

(1) 对酸和碱的稳定性 涤纶大分子中存在酯键,可被水解。酸、碱对酯键的水解具有催化作用,以碱更为剧烈,涤纶对碱的稳定性比对酸的差。

涤纶的耐酸性较好,无论是对无机酸或是有机酸都有良好的稳定性,酯键在酸中水解后,生成的酸和醇可发生酯化反应,使水解不易继续进行,且涤纶的物理结构紧密,故耐酸性较好。在弱酸中即使是煮沸的条件下,涤纶不致发生严重损伤;在强酸中(氢氟酸或30%盐酸)室温条件下,涤纶也很稳定。企业利用其耐酸性强的特点,对涤棉包芯纱织物进行烂花处理。

涤纶的大分子中含有酯键,所以对碱的稳定性稍差,在浓碱的作用下容易发生水解。但由于其结构紧密,在室温条件下,涤纶对稀的纯碱和烧碱的稳定性还是较好的;对热稀碱则会发生"剥皮效应",使面料强力下降。因此在加工涤棉牛仔成衣时要注意选择合适的退浆工艺。

(2) 对氧化剂和还原剂的稳定性 涤纶对氧化剂和还原剂的稳定性很高,即使在浓度、温度、时间等条件均较高时,纤维强度的损伤也不十分明显。因此在染整加工中,常用的漂白剂如次氯酸钠、亚氯酸钠、过氧化氢和还原剂(如保险粉、二氧化硫脲等)都可使用。

5. 染色性能

涤纶染色比较困难,原因有三方面:首先,涤纶缺乏亲水性、在水中膨化程度低;其次,涤纶分子结构中和染料发生结合的活性基团较少;再次,温度低时分散染料对涤纶染色,染料分子很难渗透到纤维内部去,因此只能使用载体染色法、高温高压染色法和热熔染色法等。

6. 起毛起球现象

涤纶的最大缺点是织物表面容易起球,这是因为其纤维截面呈圆形且表面光滑,纤维之间抱合力差,因此纤维末端容易浮出织物表面形成绒毛,经摩擦后纤维会纠缠在一起结成小球,由于纤维强度高、弹性好,小球难于脱落,因而发生起球现象。而强度低的纤维,如棉纤维、麻纤维和黏胶纤维等,它们在使用或加工过程中即使形成小球也容易脱落,所以不发生起球现象。在对含涤纶纤维的牛仔产品加工中,特别要注意涤纶含量高的产品在进行"摩擦"类加工(如手擦、机擦、石洗等)时会发生起毛起球现象,影响产品外观。

三、其他聚酯纤维

1. 阳离子染料可染聚酯(CDP或CDPET)纤维

在PET分子链中引进能结合阳离子染料的酸性基团,就可制得能用阳离子染料染色的改性涤纶(CDP)。CDP比普通涤纶的强度有所下降,但是织物的抗起毛起球性能提高,手感柔软、丰满。普通CDP的染色仍需要高温(120~140℃)高压或在加入载体的条件下进行,因此在选用染料时必须注意所选染料要有较好的热稳定性。

2. 常温常压可染聚酯(ECDP)纤维

ECDP纤维比CDP和PET纤维手感更为柔软,服用性能更好。但ECDP纤维的热稳定性低,用ECDP纤维制成的织物在后整理及洗涤熨烫时温度条件需格外注意。

3. PPT纤维

PTT纤维是聚酯纤维家族中的一类新产品,学名是聚对苯二甲酸丙二醇酯,商品名为

“Corterra(科尔泰拉)”。该纤维自身具有弹性,除抗污性强外,其染色性能优于尼龙,而且手感柔软,伸长性同弹性纤维一样好。该纤维能用通常的分散染料染色和印花,不需使用特殊化学品,染色后织物具有干爽、挺括且染色均匀、色牢度好、有较好的耐磨性和拉伸回复性、弹性大、蓬松性好等特点。

4. T-400 纤维

T-400 是杜邦公司推出市场不久的一种新型复合聚酯纤维。该纤维是由两种不同聚酯纤维并列复合纺丝而成的,由于这两种聚酯纤维的收缩比不同,因此该纤维可以产生永久的立体卷曲,从而使纤维自身具有优良的弹性。详细内容见第二部分第一章第十节弹力牛仔产品加工(图 1-2-3)。

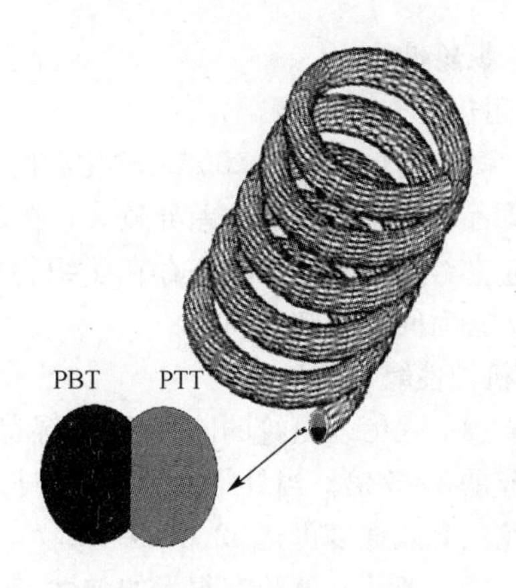

图 1-2-3　T-400 纤维卷曲示意图

第五节　氨　　纶

氨纶是指聚氨酯弹性纤维(Polycarbaminate Fiber),其主要成分是聚氨基甲酸酯。它可自由拉长 4 至 7 倍,并在外力释放后,迅速回复原有长度。它不可单独使用,能与任何其他人造或天然纤维交织使用。氨纶在美国被称为 Spandex,欧洲称之为 Elastane,比较著名的商品名有美国的莱卡(Lycra)。

氨纶适用范围极广,能给所有类型的成衣增添舒适感,包括内衣、定制外套、西服、裙装、裤装、针织品等。它可大大改善织物的手感、悬垂性及折痕回复能力,提高各种衣物的舒适感与合身感。

一、化学结构

氨纶的嵌段共聚物由柔性和刚性两种链段组成,其中柔性链段由非结晶态的聚酯或聚醚组成,占 85% 以上,在常温下分子是卷曲的,为氨纶提供刚柔适中的弹性;刚性链段由结晶态的芳香二异氰酸酯组成,它具有多种极性基团(如脲基、氨基甲酸酯基等),可在大分子链间产生横向交联,赋予纤维一定的强度。氨纶的结构如图 1-2-4 所示。

在外力作用下,大分子柔性链段的大幅度伸长使纤维产生很大形变,而刚性链段可防止大分子链间的相对滑移,并为回弹提供必要的联结点。由于氨纶大分子的柔性链段可用聚醚或聚酯组成,故有聚醚型氨纶和聚酯型氨纶两种。

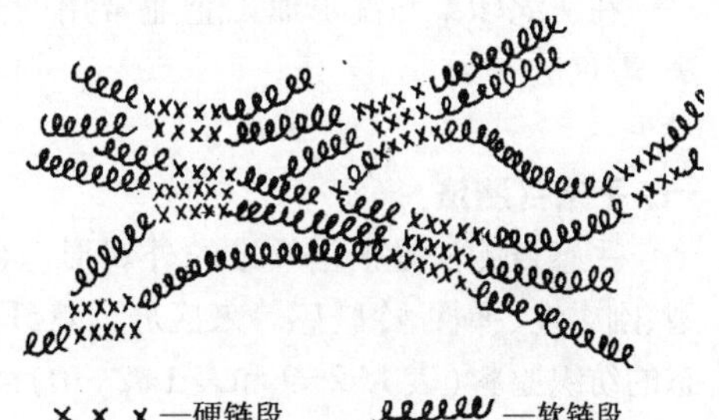

图 1-2-4　氨纶结构示意图

二、氨纶性能

1. 耐热性

氨纶的熔点约为250℃,软化温度为175℃,优于橡胶丝,在化学纤维中属耐热性较好的。但不同品种氨纶的耐热性差异较大。在150℃以上时氨纶纤维变黄、发黏、强度下降。由于氨纶多以包芯纱或包覆纱的状态存在于织物中,因此在热定型过程中可采用较高温度(180～190℃),但处理时间不得超过40 s。

2. 机械性能

(1) 强度　氨纶的断裂强度,湿态时为3.5～8.8 cN/tex,干态时为4.4～8.8 cN/tex,是橡胶丝的3～5倍。当纤维达到最大伸长时,纤维变细,在这个细度下,测出的强度称为有效强度。氨纶的有效强度可达52.8 cN/tex。

(2) 弹性　氨纶有很大的弹性,其伸长率可大于400%,甚至高达800%。而一般锦纶弹力丝的伸长率在300%左右。其回弹率比锦纶弹力丝好,伸长率为500%时,其回弹率为95%～99%,这是锦纶弹力丝难以达到的。

3. 化学性能

氨纶对一般化学药品具有一定的抵抗性,聚醚型氨纶耐水解性好,对氯较为敏感。在洗染加工中,工作液中含氯量较低条件下,长时间也能使氨纶降解,使其失去弹性和伸长率;如果在浓度高或者高温下,其降解速度更快,这也是氨纶的主要缺点之一。聚酯型氨纶的耐碱、耐水解性稍差,在热稀碱中会发生“剥皮”,强力与弹性会下降。

4. 吸湿、染色性能

氨纶的吸湿率为0.3%～1.3%,吸湿率的大小主要取决于纤维原料的配方及组成。氨纶的吸湿性优于涤纶和丙纶,其染色性能较好,染色加工主要采用分散染料、酸性染料和少量的活性染料。

5. 其他性能

氨纶的耐疲劳性和耐气候性好。

第六节　常见纤维的鉴别方法

在纺织印染和洗水加工企业常用的方法有手感目测法、显微镜观察法、燃烧法、化学溶解法、着色法等。

一、手感目测法

手感目测法是根据纤维的外观形态(纤维的长度、细度及其分布、卷曲)、色泽及其含杂类型、刚柔性、弹性、冷暖感等来区分天然纤维棉、麻、毛、丝及化学纤维。此法适用于呈散纤维状态的纺织原料(表1-2-9和表1-2-10)。

表1-2-9 天然纤维与化学纤维手感目测比较

观察内容	天然纤维	化学纤维
长度、细度	差异很大	相同品种比较均匀
含杂	附有各种杂质	几乎没有
色泽	柔和但欠均一	近似雪白、均匀,有的有金属般光泽

表1-2-10 各种天然纤维手感目测比较

观察内容	棉	羊 毛	羊 毛	蚕 丝
手感	柔软	粗硬	弹性好,有暖感	柔软、光滑,有冷感
长度(mm)	15~40,离散大	60~250,离散大	20~200,离散大	很长
含杂类型	碎叶、硬籽、僵片、软籽等	麻屑、枝叶	草屑、粪尿、汗渍、油脂等	清洁、发亮

对于牛仔面料常用的纯棉与混纺织物的区别为:

1. 纯棉

外观光泽柔和,有纱头或杂质。手感柔软,弹性差。手捏紧后松开,布易皱,且折痕不易退去。如果抽几根经纬捻开看,纤维长短不一,长度一般为25~35 cm。

2. 涤棉布

外观光泽较明亮,布面平整光洁,几乎见不到纱头或杂质。手摸布面感觉平整、滑爽、挺括、弹性好,手捏紧后放松,虽有折痕,但不明显,且能短时间内恢复原状,色彩多数淡雅素静。

3. 黏纤布(包括人造棉、富纤布等)

光泽柔和明亮,色彩鲜艳。仔细观察纤维间有亮光,手摸面料光滑平整。捏紧后松开,布面折痕明显且不易退去。经、纬纱用水弄湿后,牢度明显下降,面料浸水后增厚发硬。

手感目测是鉴别天然纤维与化学纤维以及天然纤维中的棉、麻、毛、丝等不同品种的简便方法之一,但随着改性技术的不断推出与完善,其准确性较差。

二、燃烧法

燃烧法是鉴别纤维的常用方法之一,它是利用纤维的化学组成不同,其燃烧特征也不同来区分纤维的种类。燃烧法适用于纯纺产品,不适用于混纺产品或经过防火、防燃及其他整理的纤维和纺织品。通过观察纤维接近火焰、在火焰中和离开火焰后的燃烧特征,散发的气味及燃烧后的残留物,可将常用纤维分成三类,即纤维素纤维(棉、麻、黏纤等)、蛋白质纤维(毛、丝)及合成纤维(涤纶、锦纶、腈纶、丙纶等)(表1-2-11和表1-2-12)。

所需仪器设备:酒精灯、试管。

表 1-2-11 三大类纤维燃烧特征

纤维类别	接近火焰	在火焰中	离开火焰后	残留物形态	气味
纤维素纤维（棉、麻、黏纤等）	不熔不缩	迅速燃烧	继续燃烧	细腻灰白色	烧纸味
蛋白质纤维（丝、毛等）	收缩	渐渐燃烧	不易延烧	松脆黑灰	烧毛发臭味
合成纤维（涤纶、锦纶、丙纶）	收缩、熔融	熔融燃烧	继续燃烧	硬块	各种特殊气味

表 1-2-12 常用于牛仔面料上的几种纤维燃烧特征

纤维名称	接近火焰	火焰中	离开火焰	燃烧气味	残渣形态
棉	不熔不缩	迅速燃烧	继续燃烧	烧纸味	少量灰白色灰烬
普通黏胶纤维	不熔不缩	迅速燃烧	继续燃烧	烧纸味	少量灰白色灰烬
天丝	不熔不缩	立即燃烧有响声	迅速燃烧	烧纸味	呈细而柔的灰黑絮状
莫代尔	不熔不缩	迅速燃烧	继续燃烧	烧纸味	少量灰黑色灰烬
竹纤维	不熔不缩	立即燃烧有轻微响声	迅速燃烧	烧纸味	呈少量黑色灰烬
涤纶	收缩、熔融	熔融燃烧	能延烧，有溶液滴下	玻璃状黑褐色硬球	特殊芳香味

三、显微镜观察法

利用显微镜观察纤维的纵向和横断面形态特征来鉴别各种纤维，是广泛采用的一种方法。它既能鉴别单成份的纤维，也可用于多种成份混合而成的混纺产品的鉴别。天然纤维有其独特的形态特征，如棉纤维的天然转曲、羊毛的鳞片、麻纤维的横节竖纹、蚕丝的三角形断面等，用生物显微镜能正确地辨认出来。而化学纤维的横断面多数呈圆形，纵向平滑呈棒状，在显微镜下不易区分，必须与其他方法结合才能鉴别（图 1-2-5 和图 1-2-6，表 1-2-13 和表 1-2-14）。

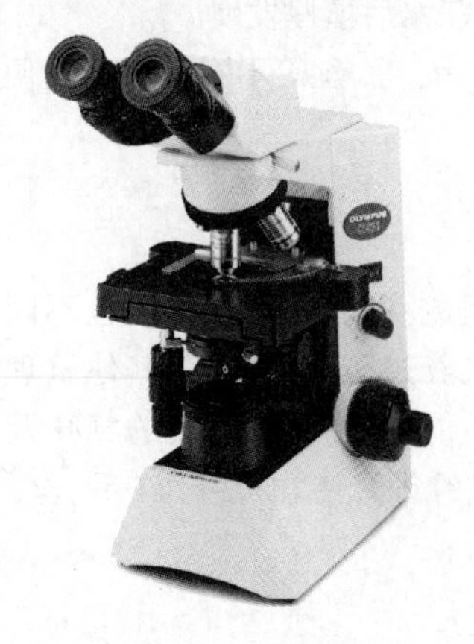

图 1-2-5 显微镜

图 1-2-6 哈氏切片器

表 1-2-13 各种纺织纤维的纵向和断面形态特征

纤维种类	纵 向 形 态	横 截 面 形 态
棉	扁平带状,稍有天然转曲	有中腔,呈不规则的腰圆形
丝光棉	近似圆柱状,有光泽和缝隙	有中腔,近似圆形或不规则腰圆形
竹纤维	纤维粗细不匀,有长形条纹及竹状横节	腰圆形,有空腔
羊毛	表面粗糙,有鳞片	圆形或近似圆形(或椭圆形)
普通黏胶纤维	表面平滑,有清晰条纹	锯齿形
天丝	表面平滑,有光泽	圆形或近似圆形
莫代尔	表面平滑,有沟槽	哑铃形
涤纶	表面平滑,有的有小黑点	圆形或近似圆形及各种异形截面
氨纶	圆形或近似圆形及各种异形截面	表面平滑,有些呈骨形条纹

表 1-2-14 各种纤维的纵向与横向截面形态

纤维名称	纵横向形态	纤维名称	纵横向形态
棉纤维	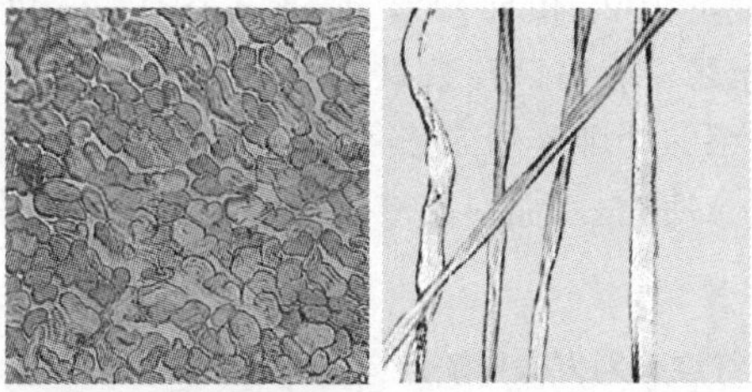	丝光棉	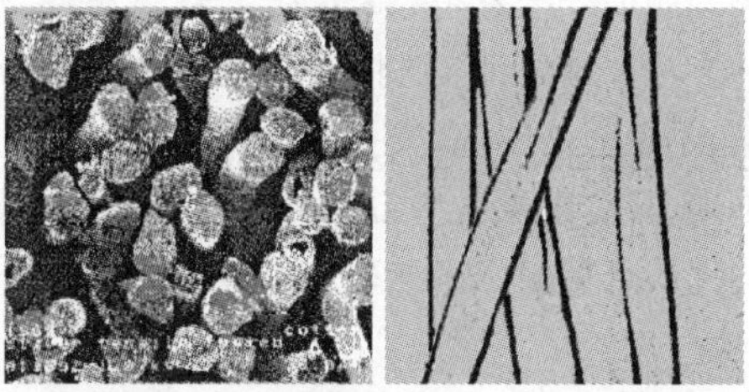
黏胶	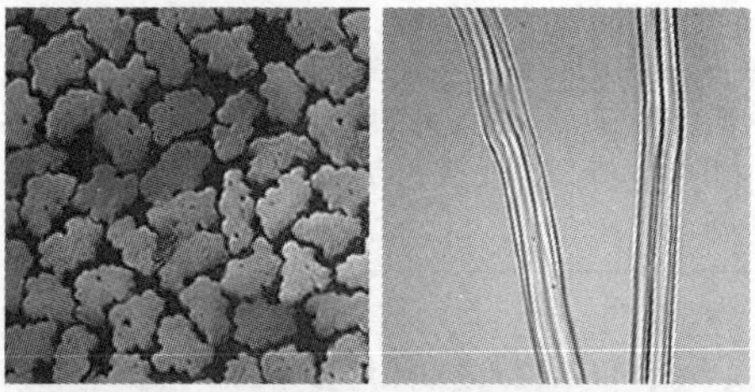	天丝	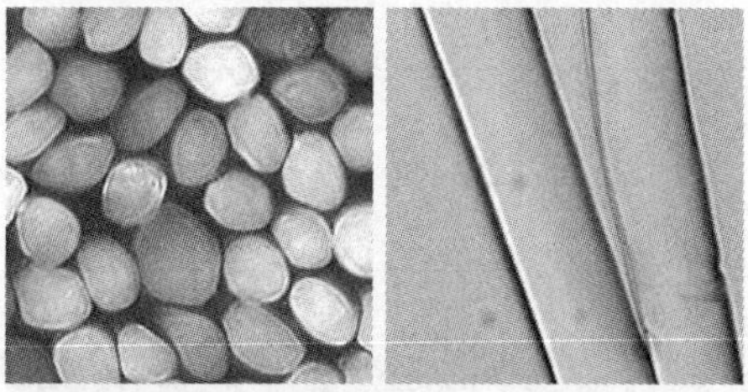
莫代尔	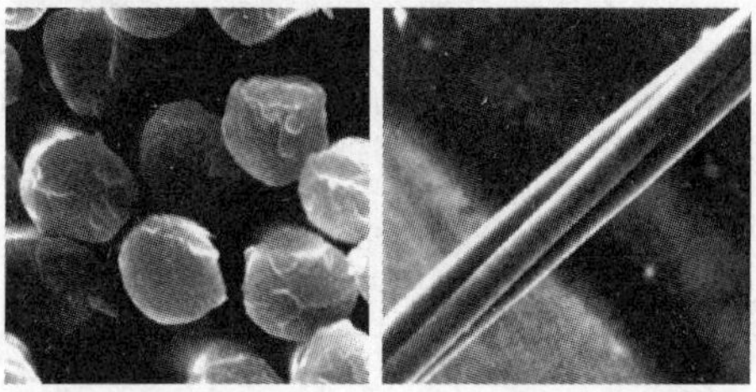	竹纤维	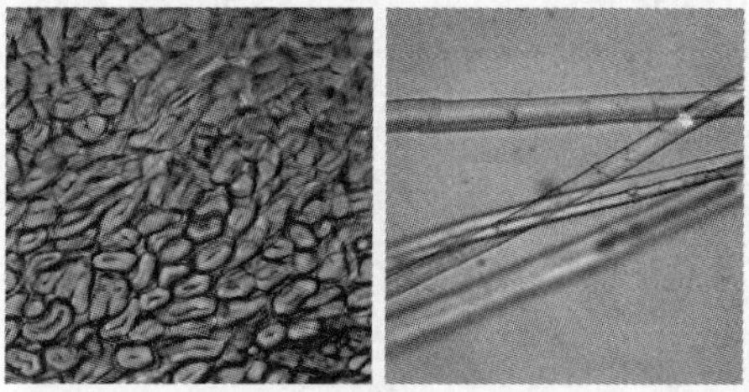

（续　表）

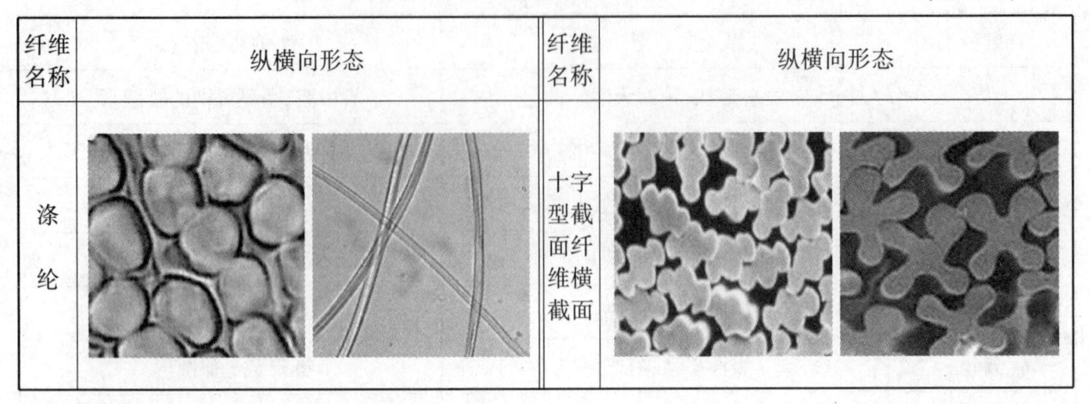

纤维名称	纵横向形态	纤维名称	纵横向形态
涤纶		十字型截面纤维横截面	

四、化学溶解法

化学溶解法是利用各种纤维在不同的化学溶剂中的溶解性能来鉴别纤维的方法，适用于各种纺织纤维，包括染色纤维和混合成分的纤维、纱线与织物。此外，溶解法还广泛用于分析混纺产品中的纤维含量。

五、常见鉴别方法的比较

常见纤维品种选择一般常用的鉴别方法，如显微镜法、溶解法（表 1-2-16）、燃烧法就能解决问题。纤维鉴别一般应根据具体条件，选用合适的方法，由简到繁，范围由小到大，同时用几种方法来最后证实，才能准确无误地将纤维鉴别出来。有时试样数量有限，又要尽可能低耗、快速、不走弯路、认真安排测试的先后顺序。以上介绍的纤维鉴别方法各具特点，各自的适用范围不同，只有根据这些方法的特点，将它们很好地配合使用，才能得出准确的结论。各种鉴别方法的优缺点见表（表 1-2-15）。

表 1-2-15　常用的几种纤维鉴别方法优缺点

鉴别方法		适用纤维	优缺点
物理鉴别法	手感目测	所有常用纤维	操作简单，需要具备熟练的技术，适用于天然纤维和再生纤维，合成纤维之间相互区别有时比较困难
	显微镜观察	所有常用纤维	在截面观察时，制作切片较为麻烦；鉴别天然纤维容易；合成纤维之间相互区别有时比较困难；异形纤维鉴别比较困难；染色较深者不易辨别
化学鉴别法	燃烧鉴别	所有常用纤维	操作简单；需要熟练的技术；混纺纱线鉴别时可能分辨不清；可作其他鉴别法的预备试验
	溶解法	所有常用纤维	操作简单；在纤维类别不明确时，鉴别较困难（特别是合成纤维）；鉴别要认真细心地进行

表 1-2-16　常用纤维的溶解性能

纤维名称	37%盐酸		75%硫酸		5%氢氧化钠		88%甲酸		99%冰乙酸		65%硝酸		5%次氯酸钠	
	常温	沸	常温	沸	常温	沸	常温	沸	常温	沸	常温	沸	常温	沸
棉	I	P	S	S_o	I	I	I	I	I	I	I	S_o	I	P
麻	I	P	S	S_o	I	I	I	I	I	I	I	S_o	I	P
羊毛	I	I	I	I	S	S	I	I	I	I	I	I	S	S
蚕丝	S	S	S	S	S	S	I	I	I	I	△	S_o	S	S
普通黏胶纤维	S	S	S	S	I	I	I	I	I	I	I	S_o	P	S
天丝	P	S_o	S_o	S_o	I	I	I	I	I	I	I	S_o	I	S_o
莫代尔	S	S_o	S	S_o	I	I	I	I	I	I	P	S	I	S
竹纤维	S	S	S	S	I	I	I	I	I	I	I	S_o	I	S
大豆蛋白纤维	P	P	P	S	I	I	△	P	I	I	P（絮状）	S_o（桔黄色）	P	S
涤纶	I	P	I	I	I	I	I	I	I	I	I	I	I	I
锦纶	S	S_o	S_o		I	I	S_o	S_o	I	I	S_o	S_o	I	I
腈纶	S	S_o	I	I	I	I	I	I	S/P	S_o	S	S_o	I	I
氨纶	S	S	I	I	I	I	I	S_o	I	S	I	S	I	I

注：S_o立即溶解；S 溶解；P 部分溶解；△润胀；I 不溶解。

第三章

牛仔布染整机理及特性

第一节 牛仔布浆染流程

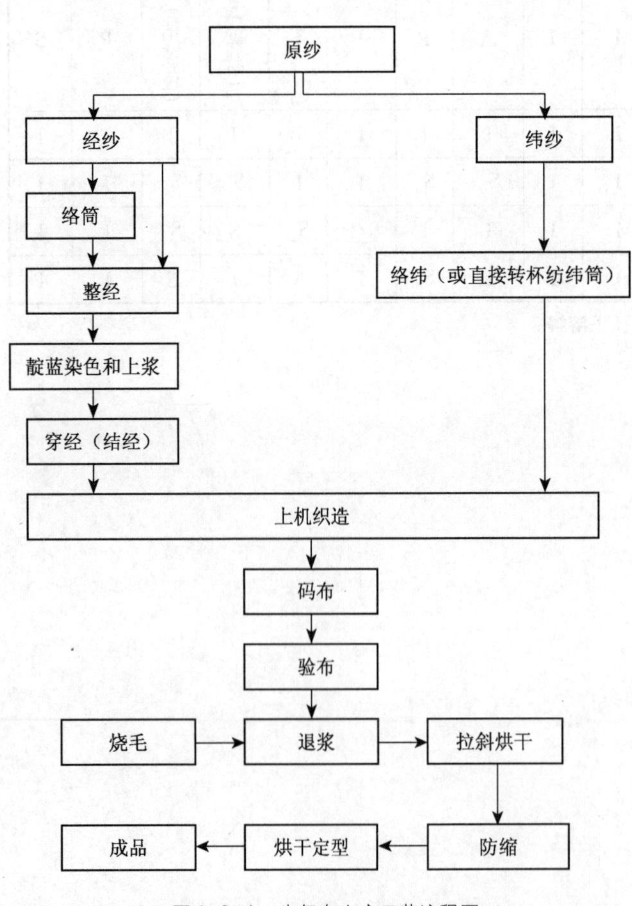

图1-3-1 牛仔布生产工艺流程图

牛仔布的工艺流程不同于其他普通棉织物，通常在专业生产厂进行生产，典型的牛仔织物是由染色的经纱和本白的纬纱交织而成。一般来说，牛仔面料生产流程（图1-3-1）按其生产工序的不同，可分为染浆联合生产线、绳状（束状）染色生产线和轴经循环染色浆纱生产线，在这些生产流程中应用最多的是浆染联合生产线。

络筒：将圆柱形筒子络成圆锥形筒子，有利于整经机高速退绕，同时经电子清纱器清除纱疵，提高棉纱条干质量及降低后工序断头。

整经：将筒子纱卷绕到经轴上，一般一个经轴的根数（头份）为350~500根，10个左右经轴拼成一缸用于浆染，牛仔布一般一缸纱的总经根数为4 000根。

浆染：将整好的经，使用染浆联合机生产线或球经（绳状）染色上浆生产线，对牛仔经纱进行清洗、预处理、靛蓝染色、清洗、烘干、上浆等工序(图 1-3-2 和图 1-3-3)。

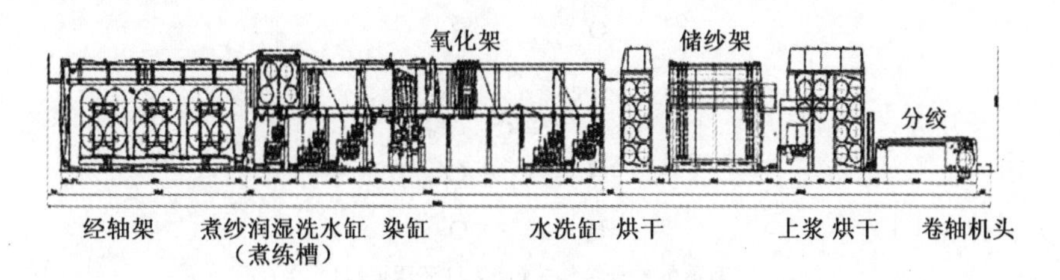

图 1-3-2 浆染联合机工作流程图

a. 经轴退绕经纱

b. 预湿与煮练经纱

c. 染缸及氧化架

图 1-3-3 牛仔经纱在浆染联合机加工

穿经(结经):浆染织轴完成后,将经纱一根根穿到停经片和综丝上,经上轴后织造。如果织机上前后品种相同,可采用结经法。即将织机上前后两个织轴的经纱通过结经机相对接,然后将经纱拉过停经片和综丝,在织机上织造。结经法较穿经过筘上轴法效率大大提高。

织造:经纱与纬纱在织机上交织成布。

码布:将织机上落下来的布卷,叠码成布堆,便于验布和修布,并计算码长。

验布:将码好的布每页翻开进行检验,对疵点进行修织,不能修织的布要评分和确定等级。

牛仔布的后整理工艺主要包括烧毛、拉斜(整纬)、防缩等工艺。

烧毛:将检验好的布头尾缝合后,经烧毛机烧去表面毛羽,使布面光洁,增加外观质量。

拉斜:将烧毛后的布经拉斜辊预拉出一定斜向,以避免牛仔布做成服装后扭缝。

防缩:将牛仔布经橡毯握持,机械压缩,使经纬向提前收缩,降低成品缩水率,保证服装尺寸稳定。

牛仔布经防缩后烘干,再卷布包装。

第二节 靛蓝染料染色

靛蓝,英文名 Indigo blue,是一种蓝色粉末状的染料,属还原类染料,是人类历史上使用最悠久的染料之一。其分子式为 $C_{16}H_{10}N_2O_2$，分子量 262.27，分子结构如下：

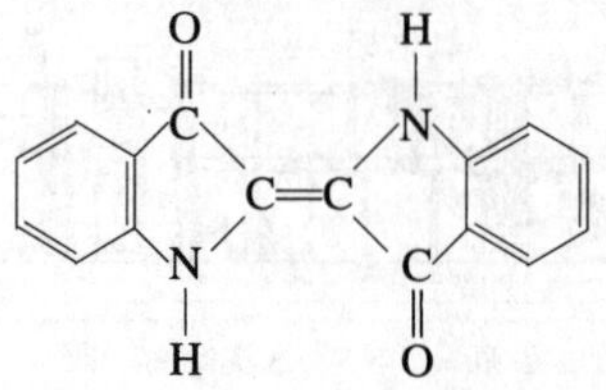

靛蓝的分子结构式（不溶性还原染料）

靛蓝染料不溶于水和一般有机溶剂，能溶于浓硫酸、熔融的苯酚、热的苯胺或浓醋酸溶液，熔点为 390～392℃，加热至 170℃时形成紫红色升华气体而不会出现分解。

一、靛蓝染色

靛蓝染料不溶于水，在染色之前需要先将其还原成可溶性的隐色体盐，利用这些隐色体盐对纤维素纤维的亲和力上染纤维，再经氧化，成为不溶性的靛蓝颗粒固着在纤维上，实现纤维的着色。靛蓝染料的还原过程中，在氢离子作用下，靛蓝分子中的羰基（$>C=O$）被还原成为羟基（$\geqslant C-OH$），再与碱作用生成可溶性的隐色体钠盐。靛蓝的还原通常有保险粉法、发酵法和二氧化硫脲法等。

1. 保险粉法

目前大多数牛仔布工厂常用保险粉法还原靛蓝染料。此法是以保险粉为还原剂，烧碱作碱剂，将靛蓝染料还原成隐色体的方法优点是还原作用速度快、连续染色效率高且靛蓝染料损失小（一般仅 2 min 左右）。根据实际生产的要求，用保险粉还原靛蓝染料通常采用干缸法（瓮染）还原。

染色过程：不溶性靛蓝在保险粉（$Na_2S_2O_2$）和烧碱（NaOH）的作用下，还原成可溶性的靛蓝隐色体，靛蓝隐色体通过浸轧上染纤维。

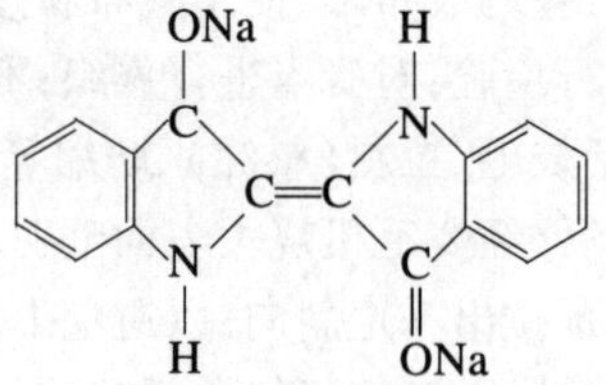

靛蓝隐色体（可溶性）

上染在纤维上的靛蓝隐色体在空气中氧化转变为不溶性的靛蓝而显色，经过皂洗和柔软处理后便能获得稳定的色光和良好的染色牢度。还原反应的化学方程式如下：

$$2Na_2S_2O_4 + 3O_2 + 2H_2O \longrightarrow 4NaHSO_4$$

$$NaHSO_4 + NaOH \longrightarrow Na_2SO_4 + H_2O$$

保险粉性质活泼，稳定性差，在空气中易吸湿结块而分解发热、有效含量下降，严重时有自燃的危险，有刺激性气味。在生产实际中，考虑到水中含氧及杂质，纱线也带入一定的氧，烧碱和保险粉的用量比理论用量要多很多。

保险粉法染色废水的pH值高,并且含有大量亚硫酸盐,因此目前相关技术人员在开发其他方式来将其取代。

2. 二氧化硫脲法

二氧化硫脲(甲脒亚磺酸,简称TD),在碱性条件下可释放出还原性极强的次硫酸根,具有还原电位高,持续时间长,到一定程度后还原电位趋于稳定等特点。在适当的温度和碱度条件下,其还原电势高达-1 300 mV。由于其还原能力比保险粉强,稳定性好,运输、贮存和使用均比较方便、安全,不像保险粉那样容易分解和自燃,在印染和漂白工业中已成为保险粉的替代品。在靛蓝染料染色中二氧化硫脲产生的氢离子可将染料还原。二氧化硫脲产生氢离子的过程也伴随着硫酸的产生,而这些硫酸需要氢氧化钠来中和。在还原靛蓝染色时,二氧化硫脲的用量小且成本低廉,染色后织物的色泽和色牢度都较好。纯二氧化硫脲在碱性溶液中的分解产物为尿素和硫酸钠,因此染液废水的COD(化学需氧量)或BOD(生化需氧量)都不会增加,同时产生的尿素更有利于污水的生化法处理,印染废水处理的负担小,符合印染行业清洁生产的要求。但与保险粉相比,该法所染织物得色量偏低。

注:COD(Chemical Oxygen Demand)化学需氧量,是以化学方法测量水样中需要被氧化的还原性物质的量。水样在一定条件下,以氧化1 L水样中还原性物质所消耗的氧化剂的量为指标,折算成每升水样全部被氧化后,需要的氧的毫克数,以mg/L表示。它反映了水中受还原性物质污染的程度。该指标也作为有机物相对含量的综合指标之一。

BOD(Biochemical Oxygen Demand)生化需氧量或生化耗氧量(五日化学需氧量),表示水中有机物等需氧污染物质含量的一个综合指示。生化需氧量是指在规定的条件下,微生物分解水中的某些可氧化的物质,特别是分解有机物的生物化学过程消耗的溶解氧。通常情况下是指水样充满完全密闭的溶解氧瓶中,在20℃的暗处培养5 d,分别测定培养前后水样中溶解氧的质量浓度,由培养前后溶解氧的质量浓度之差,计算每升样品消耗的溶解氧量,以BOD5形式表示。单位为mg/L,数值越高说明水中有机污染物质越多,污染也就越严重。

3. 发酵法

发酵法在植物靛蓝染料的还原中应用最早,因其主要是手工操作,使发酵法具有设备简单和成本低廉的优点。但该方法还原作用缓慢,形成隐色体的时间比较长,因此也存在不能连续生产和生产效率低的弊端。发酵液中乳酸分解产生的还原氢,与靛蓝染料分子发生化学反应,生成隐色酸,隐色酸再与碱性的石灰乳反应产生可溶性的隐色体钙盐,从而为靛蓝的上染提供良好的条件。通常这个过程需要7~10 d的时间才能完成。

二、新型靛蓝染料

1. 超细靛蓝

目前合成靛蓝在染色时要加入保险粉、烧碱等化学药剂,经过还原后才能上染纤维。由于普通固体靛蓝的颗粒不均匀,颗粒大的不易还原,导致了还原剂用量增加,还原时间延长,染色匀染性差等问题的出现,不利于提高效率,降低生产成本和污染物排放。为此,有关专家学者参照分散染料的超细化制备方法,提出了靛蓝染料的超细化制备方法。

超细靛蓝染料的研发,对提高靛蓝染料的上染率和染色匀染性、减少还原时间、提高工作效率、减少化学助剂(保险粉、烧碱等)用量及降低生产成本等都大有益处。

2. 液体靛蓝

新加坡的 Blueconnection 公司开发出用液体靛蓝 Denimblu 取代传统靛蓝还原染料染缸(隐色体浓液),采用氢气取代连二硫酸钠(保险粉)把靛蓝染料预还原成为隐色体并直接供给浆染厂使用,靛蓝的还原反应不会产生无机盐。这种方法减少工厂污水中不溶性废盐的排放并降低了劳动成本,染色更加均匀,但此方法存在着储存和运输的问题,同时需要应用厂家进行设备的改造。

3. 植物靛蓝

随着人们环保意识的增强、生活质量的改善以及部分化学染料的禁用,人们对天然植物染料的应用会越来越关注,有越来越多的企业与研究机构进行植物染料开发。

植物靛蓝染料作为天然染料中的还原染料,在我国用于染青和药用有着悠久的历史。可以制作靛蓝的植物有很多种,其中常见的有菘蓝、蓼蓝和马蓝。植物靛蓝染料由天然植物加工而成,与人工合成的靛蓝其原理和分子结构几乎一样,染色过程也没有多大区别。就安全性来说,是合成制品所无法比拟的。在功能上,植物靛蓝本身还有一定的抗菌杀菌作用;植物靛蓝染色的织物除服用功能外,还有独特的药物保健功能。这是因为蓝草具有药理作用,其根可入药(如中药板蓝根就是由菘蓝的根制成),具有杀菌消炎、清热解毒之功效,可用于防治流脑、流感及肝炎等传染疾病。从蓝草中提取的靛蓝,同样具有杀菌消炎、清热解毒的功效,是中药青黛的主要成分。在染色过程中,蓝草的药物和香味成分与色素一起被织物纤维吸收,使染后的织物有自然的清香,并对人体有特殊的药物保健作用。

植物靛蓝对于牛仔成衣洗染而言,大部分水洗工艺都可以沿用人工合成染料的加工方式。另外植物靛蓝染色制品还具有色牢度好、色泽鲜艳、色调高雅且手感丰满厚实等优点。

第三节 硫化染料染色

硫化染料(Sulfur Dyes)是由某些有机芳香族化合物和硫黄或多硫化钠相互作用而生成的染料。硫化染料没有确定的结构,是由不同硫化程度形成的多种复杂分子结构的化合物的混合物。

硫化染料本身没有水溶性基团,不溶于水。硫化染料的染色过程和靛蓝染料相似,需要先用还原剂还原成染料的隐色体,使之具有水溶性,然后上染纤维。与靛蓝染料不同,一般硫化染料的还原剂为硫化钠,其工业品俗称硫化碱。在水溶液中硫化钠具有很强的碱性,因此硫化钠既是还原剂也是使隐色体溶解于水的碱剂。染料隐色体上染纤维后再经氧化,又恢复为不溶状态而固着在纤维上。

硫化染料的优点在于原料和生产过程都比较简单,价格低廉,牢度尚好。其缺点为色泽萎暗,浅色染料有光脆性;蓝色,尤其是黑色染料存放时易引起染色织物发生脆损现象。硫化碱含杂质很多,使用中放出硫化合物,对环境的污染严重。硫化染料隐色体对于棉纤维的上染率不如还原染料高,牢度也较还原染料差,皂洗牢度一般为3~4级;耐光牢度以黑色最好,可达6~7级;蓝色次之,可达5~6级。

由于硫化染料的价格低廉,而水洗和耐光牢度尚好,因此硫化染料的需求量较大,其中尤以黑、蓝两种颜色在棉制品染色方面用量最大,是染料工业中产量最大的品种。

硫化黑外观是黑色粉末,双倍硫化黑呈粗粉末状态,都不能溶解于水和酒精当中。经过硫化黑或者双倍硫化黑染色的织物在次氯酸钠溶液中全部褪色。

在储存过程中,硫化黑染色的织物上染料分子中的一些不稳定的硫键可能断裂,释放出游离硫,在空气中被氧气氧化为硫酸,造成纤维脆损。为了防止纤维的脆损,染色后应充分水洗,减少织物上残留的硫。也可采用弱碱助剂对染色后织物进行处理,中和储存中释放的硫酸。

硫化黑分为青光硫化黑和红光硫化黑两种,可根据需要选择染料。如果在染料合成后,加入甲醛和一氯醋酸,可以起到稳定染料分子中硫原子的作用,制得防脆硫化黑。

使用硫化黑染料时,一般用硫化碱即硫化钠溶解染料。硫化钠是起到还原剂作用,属于强碱,在染液中生成硫氢化钠。硫化黑先被硫氢化钠还原,溶解于碱中。加温到60℃以上时能把染料还原成隐色体的钠盐。硫化染料还原成隐色体实际上是一个还原降解的过程,而隐色体的氧化固色则是一个聚合过程。

$$Na_2S + H_2O \rightleftharpoons NaSH + NaOH$$

$$\underset{\text{(硫化染料)}}{R-S-S-R} \xrightarrow[NaOH]{NaSH} 2R-Na \xrightarrow{O_2} R-\underset{\underset{O}{\|}}{S}-\underset{\underset{O}{\|}}{S}-R \xrightarrow[NaOH]{NaSH} \underset{\text{(硫化还原染料)}}{R-\underset{\underset{Na}{\|}}{S}-\underset{\underset{Na}{\|}}{S}-R}$$

实际生产中,需根据具体情况,如环境、设备状况、原料经纱的总经根数等,并定下车速恒值。再根据要求,决定母液续加量及染色温度等。为保证牛仔服装露白风格,一般不会要求高的染色牢度,所以续加量及染色温度都偏低,为提高上染速率,可提高轧车压力,促进染料隐色体向纤维内部渗透。

浆染联合机很适应硫化染料染色,可以染出各种颜色的色纱,如元色、灰色、卡其色、棕色、绿色、咖啡色等。硫化染料除无鲜亮的红色外,其他色都可以用单色或拼色来达到。拼色选用染料种类越少越好,尽量不要采用三种染料。选用拼色染料一定要考虑染料的性能、色光、染色方法、上染温度、上染速度和色牢度等问题。

硫化染料染色中的助剂包括小苏打、纯碱、食盐及元明粉、渗透剂等。

硫化染料经染色轧干再氧化进行水洗,浆染联合机染出的色纱一般不进行皂煮。硫化染料染色后经充分水洗即能发色,但有的硫化染料不经氧化剂处理就不能发出正常的色光,一定要经氧化剂处理使整缸纱颜色达到一致。

由于对色牢度要求不高,所以硫化黑染后不必做固色处理。但硫化黑使纤维脆损严重,需要在染色后进行防脆处理,可用防脆剂如尿素、醋酸钠等。还可根据需要进行柔软处理,即皂洗处理或浆纱乳化油处理,使纱线更柔软,以满足生产要求。

第四节 彩色牛仔产品

随着人们生活水平的不断提高，印染与洗水生产技术的不断发展，传统牛仔布的品种开发得到了飞速的发展。生产牛仔产品的企业为更适应消费市场，在传统牛仔布（靛蓝和黑色硫化系列牛仔产品）基础上不断突破，开发新产品，使牛仔面料更加美观多姿。经市场调查研究，全球年龄段为15～35岁的人拥有牛仔服装数量最多，彩色牛仔服装更能适用于各种场合、各种颜色服装的搭配，满足他们时尚、前卫的个性追求。因此，彩色牛仔面料经法国设计师制成服装后，就风靡日本。目前，很多国际品牌蓝黑系列牛仔产品与彩色牛仔产品比例达到6∶4。

一、彩色牛仔

是指蓝、黑、灰和白色系列以外的牛仔产品。其主要加工的方式包括以下几种（图1-3-4～图1-3-8）：

（1）将蓝或黑色系列牛仔产品进行套色或喷色，一般使用直接染料和涂料进行加工，颜色一般为棕黄、褐色、灰绿、紫色等。

（2）使用彩色硫化染料进行染色的牛仔产品，彩色硫化染料拼色生产出咖啡、翠绿、灰色、卡其、硫化蓝牛仔布。

（3）以纳夫妥染料或活性染料染色的大红、桃红、妃色牛仔布。

（4）以活性染料、还原染料对白色牛仔布进行染色，生产出各种颜色的牛仔面料。

图1-3-4 套色仿旧牛仔产品

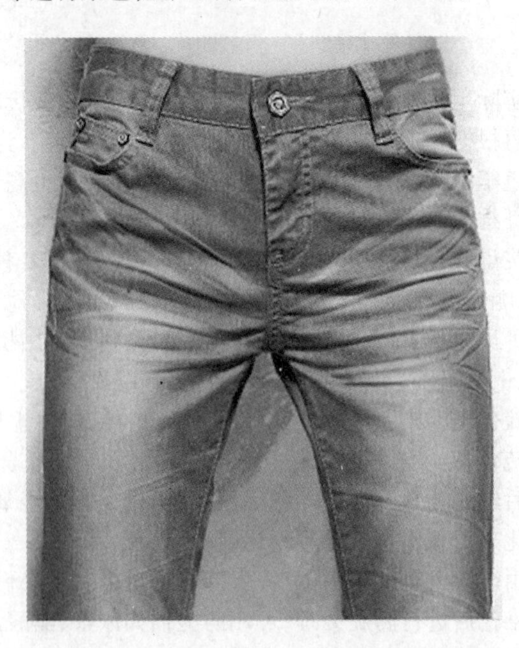

图1-3-5 喷白后套色靛蓝牛仔裤（彩）

图 1-3-6 硫化彩色牛仔裤

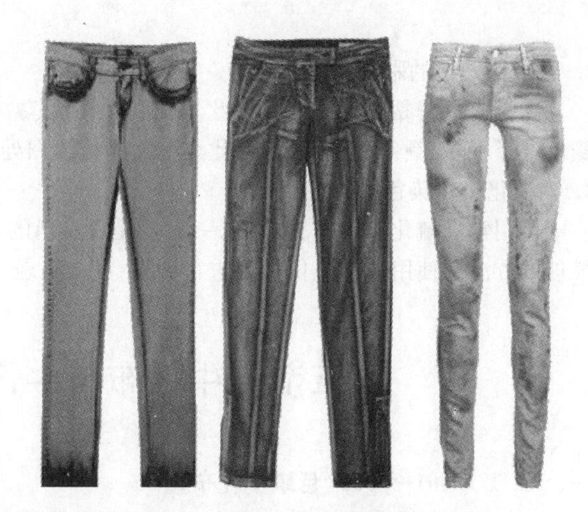

图 1-3-7 直接染料、涂料喷色牛仔产品(彩)

图 1-3-8 活性染料生产的彩色牛仔产品(彩)

使用靛蓝或者硫化染料生产的牛仔布,受染料结构影响,其染色牢度不高,但在穿着洗涤后色光会越来越亮。牛仔面料配合不同的洗水方式,能呈现了不同的风格变化。而使用活性染料、纳夫妥染料生产的彩色牛仔布,由于染料与纤维结合紧密,其产品色牢度高,因而制成的牛仔产品褪色量极少,也被称为"不褪色牛仔",但其风格变化不如常规牛仔产品。如需对"不褪色牛仔"进行一些风格加工,与传统靛蓝和硫化牛仔产品比较,它要经过一些特殊处理,加工难度较大,加工风险较高。

二、特殊处理

1. 对活性染料进行染色的彩色牛仔

在加工前对活性染料剥色进行测试,确保所染的活性染料能拔白。这是因为不是所有的活性染料拔色后都会能变回白色,部分由于化学结构的问题,会呈现淡黄色、淡绿色等颜色。此法具有一定的不稳定性,有可能出现底色不白的问题。

2. 对涂料染色的彩色牛仔

涂料通过胶黏剂与纤维面料发生交联，因此其黏附后要去除有难度。另外，涂料染色一般颜色选择不多，颜色偏暗。因此，此类产品进行喷白处理效果不太好。

3. 对硫化染料染色的彩色牛仔

可用常规硫化染料进行处理，一定要注意染料的化料要使染料充分溶解，防止色点的产生；最佳的方法是使用液体硫化染料进行处理，其效果较好。

第五节　牛仔布与牛仔服装相关标准

一、FZ/T 13001—2001《色织牛仔布》

根据国家标准FZ/T 13001—2001《色织牛仔布》技术要求，牛仔布的质量分为内在质量和外观质量两方面，内在质量有密度偏差、水洗尺寸变化、断裂强力、撕破强力、有浆重量偏差、纬斜尺寸变化等6项，外观质量有幅宽、色差、布面疵点等3项。

色织牛仔布的品等，分为优等品、一等品、二等品、三等品，低于三等品的为等外品。内在质量按批评等（表1-3-1），外观质量按段（匹）评等（表1-3-2和表1-3-3）。以内在质量和外观质量的最低项评定。

表1-3-1　内在质量的技术要求

项目			技术要求		
			优等品	一等品	二等品
密度偏差（%）	经向		-1.5	-2.5	超过一等品极限偏差
	纬向		-1.5	-2.5	
洗水尺寸变化	经向		-2.0～+1.0	-3.0～+1.0	超过一等品极限偏差
	纬向		-2.0～+1.0	-3.0～+1.0	
断裂强力（N）	面密度≤339 g/m²	经向	≥290	≥250	≤250
		纬向	≥290	≥250	≤250
	面密度≥339 g/m²	经向	≥490	≥400	≤250
		纬向	≥490	≥400	≤250
撕破强力（N）	面密度≤339 g/m²	经向	≥1 500	—	—
		纬向	≥1 500	—	—
	面密度≥339 g/m²	经向	≥1 500	—	—
		纬向	≥1 500	—	—
有浆重量偏差（%）			≥-2.0	≥-3.0	超过一等品极限偏差
纬斜尺寸变化（cm）			±3.0	±3.0	

注：水洗尺寸变化指标，纯棉牛仔布按表1-3-1考核，黏胶纤维牛仔布、弹力牛仔布及纯棉特殊品种按合同规定执行。

表 1-3-2 外观质量的评等规定

<table>
<tr><td colspan="3" rowspan="2">项 目</td><td colspan="4">技 术 要 求</td></tr>
<tr><td>优等品</td><td>一等品</td><td>二等品</td><td>三等品</td></tr>
<tr><td rowspan="2">幅宽偏差(cm)</td><td colspan="2">≤140</td><td>+1.5
−1.0</td><td>+1.5
−1.5</td><td>+2.0
−2.5</td><td>−2.5 以下</td></tr>
<tr><td colspan="2">>140</td><td>+2.0
−1.5</td><td>+2.0
−2.0</td><td>+2.5
−3.0</td><td>−3.0 以下</td></tr>
<tr><td rowspan="6">色差(级)</td><td rowspan="2">原样色差</td><td>同类布样</td><td>3~4</td><td>3</td><td rowspan="6">低于
一等品
极限偏差</td><td rowspan="6"></td></tr>
<tr><td>参考纸样</td><td>3</td><td>2~3</td></tr>
<tr><td colspan="2">左、中、右色差</td><td>4~5</td><td>4</td></tr>
<tr><td colspan="2">前后色差</td><td>4~5</td><td>4</td></tr>
<tr><td colspan="2">同箱(包)段(匹)色差</td><td>3~4</td><td>3</td></tr>
<tr><td colspan="2">同批箱(包)间色差</td><td>3</td><td>3</td></tr>
<tr><td rowspan="2">布面疵点评分限度
平均分不大于</td><td rowspan="2">幅宽</td><td><140</td><td>0.3</td><td>0.4</td><td>0.6</td><td>1.2</td></tr>
<tr><td>≥140</td><td>0.4</td><td>0.5</td><td>0.8</td><td>1.5</td></tr>
</table>

注:弹力牛仔布的幅宽偏差按合同规定执行。

表 1-3-3 面料疵点要求

(按 FZ/T 10002 色织牛仔布布面疵点评分方法执行)

等 级	一 等 品	优 等 品	出 口 面 料
疵点要求	不允许存在一处评为 4 分的破损性疵点、4 分严重横档疵点及 1 m 以上经向明显疵点	在一等品的基础上,布面不允许存在一处评为 3 分的严重横档疵点	一处评为 3 分或 4 分疵点允许假开剪。假开剪部分的分数累计计分,30 m 及以内允许 1 处假开剪,60 m 及以内允许 2 处假开剪,1 内不允许超过 3 条假开剪

二、FZ/T 72008—2006 针织牛仔布

针织牛仔布要求分为内在质量和外观质量,内在质量包括甲醛含量、pH 值、异味、可分解芳香胺染料、纤维含量偏差、平方米干燥重量偏差、弹子顶破强力、水洗尺寸变化率 8 项。外观质量包括局部性疵点、散布性疵点、纹路歪斜、有效幅宽偏差、色差(包括与标样色差、同匹色差、同批色差)5 项。

针织牛仔布以匹为单位,按内在质量和外观质量最低一项评等,分为优等品、一等品、合格品。内在质量(表 1-3-4)按批以 8 项指标最低一项评等;外观质量(表 1-3-5 和表 1-3-6)以 5 项指标最低一项评等。产品等级以内在质量和外观质量两者结合并按最低等级定等。

表 1-3-4 内在质量的技术要求

项目		色牢度允许程度		
		优等品	一等品	合格品
甲醛含量(mg/kg)	≤	婴幼儿用品(A类)20, 直接接触皮肤(B类)75,非直接接触皮肤(C类)300		
pH 值		4.0~10.5		
异味		无		
可分解芳香胺染料		未检出		
纤维含量偏差		按 FZ/T 10153 规定		
平方米干燥重量(面密度)偏差(%)	≥	±4.0		±5.0
弹子顶破强力(N)		−5.0~+1.0		−7.0~+1.0
水洗尺寸变化率(%)	直向	−7.0~+1.0		−9.0~+1.0
	横向			

注:1. 弹子顶破强力、水洗尺寸变化率指标,明确用途的执行相应成衣标准相应等级;用途不明确或无成衣标准执行本标准。

2. 当织物中一种纤维的标注含量在 10% 及以下时,其实际含量不得少于其本身标注含量值的 70%。

表 1-3-5 外观质量要求

疵点名称		疵点允许程度		
		优等品	一等品	合格品
局部性疵点(只/m)	≤	0.20	0.30	0.40
散布性疵点		不允许	轻微	
纹路歪斜(%)		5.0	6.0	7.0
有效幅宽偏差(cm)		±2.0	+3.0 −2.0	
色差(级)	与标样比	3~4	3	
	同匹之间	4~5	4	
	同批之间	4	3~4	

注:1. 散布性疵点:难以数清、不易量计的分散性疵点及通匹疵点;

2. 轻微散布疵点:不影响总体效果的散布性疵点;

3. 色差按 GB 250 评定。

表1-3-6 每只局部性疵点极限要求

疵点名称		疵点极限要求(只/m)
线状疵点	轻微	20~400
	明显	5~100
	显著	2~50(破损性疵点无最低极限值)
条块状疵点	轻微	10~200
	明显	6~50
	显著	5~20

注:1. 线状疵点指一个针柱或一根纱线的疵点,超过者为条块状疵点。条块状疵点以直向最大长度加横向最大长度计量。

2. 疵点程度描述:轻微指疵点在直观尚不明显,通过仔细辨认才可看到;明显指不影响总体效果,但能感觉到疵点的存在;显著指明显影响总体效果的疵点。

三、Levi's 牛仔布质量验收标准

该标准是目前国际商业通用标准,属于国外较先进标准。西欧、美洲和东南亚等大多数国家和地区都市以此标准作为贸易往来的验收标准。

1. 织物疵点的评分及评级

(1) 随机采样的数量 a. 少于或等于1 000 码的100%抽检;b. 1 000~10 000 码以内的,抽检1 000 码;c. 超过10 000 码抽检10%。

(2) 外观疵点按长度评分,应用"四分制",评定织物品级。

(3) 疵点的扣分标准 a. 3 英寸及以下扣1 分;b. 3~6 英寸扣2 分;c. 6~9 英寸扣3 分;d. 9 英寸以上扣4 分;e. 破洞(经纬纱共断两根以上)等破损性疵点,则不计长度,每个扣4 分;f. 结头在9×9 平方英寸面积的不超过5 次扣1 分,不超过10 次扣2 分,不超过15 次扣3 分,15 次以上扣4 分;g. 布边1 英寸内连续性的经向疵点扣2 分,非连续性疵点不扣分,布身连续性疵点扣4 分。

每码布的疵点扣分累积不超过4 分。

(4) 织物扣分的计算

$$每100平方码累积扣分=(总扣分数\times36\times100)/(抽检码数\times实用布幅)$$

(5) 疵点的内容 经向疵点主要包括粗经、紧经、松经、经向条花、回丝及飞花附入等;纬向疵点主要包括错纬、双纬、横档、稀路、粗纬、纬缩、双纬、断纬、粗节、密路、纬纱条干不匀及断纬等。详细说明如下:

① 原纱疵点:

A. 粗经:凡是由于某一根经纱的直径较其他经纱粗,以致在布面上呈现一点一点状的浮面纬纱白星,只要检验看得出,不论粗度是原纱的多少倍,均要作为粗经疵点评分。

B. 粗纬:因布面上某一根纬纱的直径较粗(不论粗几倍),所造成此段纬纱露于表面,呈现

一条隐约的可见的白色轨迹,即计为粗纬疵点。

C. 条干不匀:在布面上隐约可见,纬纱呈现粗细不匀的波纹状,即为条干不匀疵点。

D. 毛羽横档:由于纬纱毛羽程度不同,而使布面呈现的颜色不同,形成类似色档疵。

E. 布面白星:由于纬纱上的棉结或未梳理直的缠绕纤维织入布中,在布面上呈现出不规则的白星,即为布面白星疵点。

F. 经纱结头:存在于布匹正面的一切结头,不论是形成黑点(染色前的经纱结头)还是白点(染色后结头),都要作结头疵点评分。

② 染色、织造疵点:

A. 色档:布面呈现全幅性的纬向直条颜色深浅不同的痕迹。

B. 头尾色差:布匹头和尾颜色有差异,两头叠在一起时能明显看得出有差异。

C. 两边或边中色差:布匹的两边与中间的颜色有差异,叠合比较时能明显看得出色差。

D. 条花:布面上呈现经向一直条的深色或浅色条纹。

E. 断经:在布面上某一位置缺少一根经纱,而呈现一条隐约可见的白色轨迹。

F. 紧经:布面上某根经纱的经向屈曲过小,而引起纬纱过多浮于布面,露出节节白点。

G. 松经:经纱屈曲过多凸露于布面之上,呈现一个个小圈状。

H. 开车痕:织机开车时在布面上呈现纬向一直条的痕迹疵点。

I. 筘痕白条:部分经纱在布面上排列紧度不一,呈现经向一直条白色轨迹的疵点。

J. 浆斑:有浆皮引起的布面局部起皱异样。

③ 烧毛、防缩整理疵点:

A. 烧毛条花:烧毛不匀或不净,布面呈现经向毛羽条纹或出现色泽不一的经向条影。

B. 边轧皱:布边处规律性的连续轧皱。

C. 皱纹布:全幅性布面粗糙皱纹状。

D. 斑渍:后整理过程中染上的水渍、污渍、油渍、锈渍等。

E. 荷叶边:经过预缩整理后,布的边部伸长,引起波浪状布边。

(6) 织物有以下任一种情况时,均不得评为A级品。

① 码长短于40码(凡有假开剪的,其假开剪的一端布长度应不少于40码,而另一端应不少于15码)。

② 每一匹(段)布如有2处开剪。

③ 织物的头、尾、布边、中间有明显的色泽差异。

④ 织物的使用幅宽(不计边组织)低于合同规定的标准。

⑤ 幅宽60英寸的织物纬斜差异超过1.5英寸的;幅宽60英寸的提花组织纬斜差异超过1英寸的。

⑥ 布边一侧或两侧呈松、紧或波浪形荷叶边,或者布面平摊时有局部凹凸不平,甚至呈现大面积波浪形。

⑦ 每匹(段)布的头一码有3分或4分疵点(包括假开剪的两端)。

⑧ 每百码内有3处通幅性疵点。

⑨ 疵点宽度在半幅以上的纬疵、剪割疵点、破洞、蛛网直径大于3/8英寸的均作严重疵点；每百码内有4个严重疵点。

（7）织物疵点的分级：规定A级品100平方码累积扣分每段布不得超过24分。

2. 织物物理指标的要求

（1）预缩、重磅、全棉（斜纹或破斜纹）14.5盎司/码^{2}牛仔布标准和测试方法（表1-3-7）

表1-3-7 预缩、重磅、全棉牛仔布，基本标准编号0217

特性	标准	测试方法
染料 织法	靛蓝 三上一下，右斜	
面密度(g/m^2) 平均重量 下限重量	洗前 洗后 490 475 475 460	称重法
断裂强力(kg) 平均值 下限值	经向×纬向 85×65 75×60	美国ASTM D1682—64方法，抓样法(1英寸夹)
撕破强力(g) 平均值 下限值	经向×纬向 5 900×5 000 5 300×4 500	美国ASTM D1424—63方法，埃尔门道夫撕破强力仪(扇形摆锤法)
水洗缩率(%) 平均值 允许范围下限值 允许范围上限值	经向×纬向 -2.0×-3.0 -3.0×-4.0 +1.0×-1.0	美国AATCC135—1973ⅢB方法，3次洗涤3次干燥(60℃洗、热风干燥)
耐曲磨牢度/次	经向×纬向 2 000×2 000	美国ASTM D1175—71方法，曲磨测试仪(1磅/4磅)
纬斜(%)	洗后7~8	Levi's方法
硬挺度(kg)	5~10	Levi's方法
色牢度：洗涤褪色 摩擦褪色 日晒褪色 臭氧褪色 烟熏褪色 漂白褪色	2~3级(无色光差别) 干磨沾色3级，湿磨沾色1.5级 10 h褪色4级 褪色4级 褪色4级 2级(五色光差别)	美国AATCC135—1973ⅢB方法(3次) 美国AATCC8—1977 美国AATCC16A—1977方法 美国AATCC109—1975方法(2次) 美国AATCC23—1975方法(2次) 美国AATCC135—1973ⅢB方法

(2) 预缩、重磅、全棉(斜纹或破斜纹)13.75 盎司/码^{2}牛仔布标准和测试方法(表1-3-8)

表1-3-8 预缩、重磅、全棉(斜纹或破斜纹)牛仔布,标准编号0317

特性	标准	测试方法
燃料 织法	靛蓝 三上一下,斜纹或破斜纹	
面密度(g/m^2) 平均重量 下限重量	洗前 洗后 464 454 450 430	称重法
断裂强力(kg) 平均值 下限值	经向×纬向 84×55 76×50	美国 ASTM D1682—64 方法,抓样法(1英寸夹)
撕破强力(g) 平均值 下限值	经向×纬向 4 700×3 200	美国 ASTM D1424—63 方法,埃尔门道夫撕破强力仪(扇形摆锤法)
水洗缩率(%) 平均值 允许范围下限值 允许范围上限值	经向×纬向 -4.0×-4.0 -5.0×-5.0 +1.0×0	美国 AATCC135—1973 ⅢB 方法,3次洗涤3次干燥(60℃洗、热风干燥)
耐曲磨牢度/次	经向×纬向 2 000×2 000	美国 ASTM D1175—71 方法,曲磨测试仪
纬斜(%)	洗后7~8	Levi's 方法
硬挺度(kg)	5~10	Levi's 方法
色牢度:洗涤褪色 摩擦褪色 日晒褪色 臭氧褪色 烟熏褪色漂 白褪色	2~3级(无色光差别) 干磨沾色3级,湿磨沾色1.5级 10 h 褪色4级 褪色4级 褪色4级 2级(五色光差别)	美国 AATCC135—1973 ⅢB 方法(3次) 美国 AATCC8—1977 美国 AATCC16A—1977 方法 美国 AATCC109—1975 方法(2次) 美国 AATCC23—1975 方法(2次) 美国 AATCC135—1973 ⅢB 方法

(3) 预缩、重磅、全棉流行式10~12盎司/码^{2}牛仔布标准和测试方法(表1-3-9)

表1-3-9 预缩、重磅、全棉流行式牛仔布标准

特性	标准	测试方法
染料	靛蓝	
面密度(g/m^2) 平均重量 下限重量 上限重量	购买品 标定重量 -4.0% +6.0%	洗前重量
与购买标定重量相对应的洗后重量值: 平均重量 下限重量	 -4.0% -8.0%	3次洗涤3次干燥后重量
断裂强力(kg)	经向:35 纬向:30	美国ASTM D1682—64方法,抓样法(1英寸)
撕破强力(g)	经向:2 200 纬向:1 800	美国ASTM D1424—63方法,埃尔门道夫撕破强力仪(扇形摆锤法)
水洗缩率(%) 平均值 允许范围下限值 允许范围上限值	经向×纬向 -4.0×-4.0 -5.0×-5.0 +1.0×-0	美国AATCC135—1973ⅢB方法,3次洗涤3次干燥(60℃洗、热风干)
耐曲磨牢度(次)	经向:500 纬向:300	美国ASTM D1175—71方法,曲磨测试仪
色牢度:洗涤褪色 摩擦褪色 日晒褪色 臭氧褪色 烟熏褪色	2~3级(无色光差别) 干磨沾色3级,湿磨沾色1.5级 10 h褪色4级 褪色4级 褪色4级	美国AATCC135—1973ⅢB方法(3次) 美国AATCC8—1977 美国AATCC16A—1977方法 美国AATCC109—1975方法(2次) 美国AATCC(2次)
脱缝试验(kg/mm) 欧洲区域适用:抗起球	15 60 min	3次洗涤后测定,美国ASTM D437—75方法 3次洗涤测定,英国帝国化学工业公司起球测试仪
脱缝试验(mm/12 kg)	3.0	3次洗涤后测定,英国BS3320—1970方法

3. 织物拒收

发生下列情况,布匹将被拒收。

(1) 大卷捆装拼最短一段短于20码,各拼件平均长度低于100码,色泽不一致。

(2) 连续性疵点长度超过3码。

(3) 每匹(段)布的第一码或最后一码有3分或4分疵点(包括假开剪得两端)的次数和频率较多。

(4) 沿长度方向通幅疵点宽度超过6英寸。

(5) 每百码内发现平均在10码内都有通幅性的疵点。

(6) 抽样20%的布匹有下列疵点时,将被整批拒收。

①布的两边或中央有明显色泽差异;②布头和布尾有明显的色泽差异;③色泽过深或过浅;④窄幅;⑤布匹的纬斜率差异超过允许范围;⑥布边太松、太紧或有波浪状;⑦疵点分数过高;⑧与标准相比手感太软或太硬;⑨上述情况交叉重复出现。

(7) 每100平方码疵点扣分超过下列标准。

单个卷装	整批船货
第一组(重磅牛仔布)15	10
第二组(中、轻磅牛仔布)20	12
第三组(弹力牛仔布)25	15

(8) 在一匹布中,标明的码数与实际码数差异超过2%。

(9) 在整批布中抽查发现表明的码数与实际码数有1%差异。

(10) 填写整批牛仔布的数量超过或少于0.5%。

4. 织物包装和标志

(1) 包装要求 除非另有规定或经双方同意,一般大卷捆装的长度范围应在450~550码之间。各捆装长度应尽量一致。

① 卷装尺寸:牛仔裤公司所需的卷装直径要求不超过34英寸,运动服公司所需的卷装直径要求不超过24英寸。

② 大卷捆装拼件最短一段(包括假开剪)不得短于20码,各拼件平均长度不得低于100码,各拼件必须保持色泽一致。

③ 大卷捆装和小卷箱装的布匹均应卷绕紧密,确保货物成形良好。布匹卷装在1.5~2英寸的硬质纸管或塑料管上。包装材料应能保护织物在运输途中和储存中不受任何伤害。纸管两端伸出布卷的长度不超过0.5英寸。卷筒布的外套包装材料的头端应塞进筒内,以避免在运输或储藏过程中发生退绕现象。

④ 大卷捆装绳子道数最多不得超过4道,绳子捆扎距布端不得超过12英寸。织物小样应用胶带纸固定在卷装上,胶带纸长度不应长于4英寸,每卷布至多可在胶带纸固定。

⑤ 小卷布应放入坚固的包装箱中,包装箱的宽度应比织物宽2英寸,应掌握每个包装箱装入货物后重量不超过500磅。装入同一箱中卷筒布的色泽必须一致,如有两种以上色泽拼箱时,将被拒收。

(2) 标志:每大卷捆装或小卷箱装均应贴上标签,注明以下内容:

①染色序号、件号、类别或品名、颜色号、色泽号、码长、净重、幅宽、纤维含量;②小卷包装箱内应备有一式两份装箱单,一份放入箱内,另一份贴在纸箱外面。装箱单内容应包括:箱号、品名或类别、颜色号、段长记录单、码长、净重、染色批号、成品幅宽、纤维含量色泽号。

四、某品牌的牛仔成衣验收标准

FZ/T 81006—2007《牛仔服装》相关标准							某品牌的牛仔成衣验收标准			
检测项目			单位	标准值 1	标准值 2	标准值 3	成衣测试标准	面料面密度≤245(g/m^2)	面料面密度245 ~ 339(g/m^2)	面料面密度≥339(g/m^2)
化学项目	pH 值			4.0～7.5（婴幼儿产品）	4.0～7.5（直接接触皮肤）	4.0～9.0（非直接接触皮肤）	直接接触皮肤	4.0～7.5	4.0～7.5	4.0～7.5
	甲醛含量		mg/kg	≤20（婴幼儿产品）	≤75（直接接触皮肤）	≤300（非直接接触皮肤）	直接接触皮肤	≤75 皮肤	≤75 皮肤	≤75 皮肤
	可分解致癌芳香胺染料		mg/kg	禁用(≤20)	禁用(≤20)	禁用(≤20)	√	禁用	禁用	禁用
	异味			无异味	无异味	无异味	√	无异味	无异味	无异味
色牢度项目	产品级别			婴幼儿产品	一等品、合格品	优等品				
	耐干擦色牢度		级	≥4	≥3	≥3～4	一等品	≥3	≥3	≥3
	耐光		级		≥3～4	≥4				
	耐皂洗色牢度	变色	级		≥3～4	≥4	一等品	≥3～4	≥3～4	≥3～4
		沾色	级		≥2～3	≥3	一等品	≥2～3	≥2～3	≥2～3
	耐水色牢度	变色	级		≥3～4	≥4	一等品	≥3～4	≥3～4	≥3～4
		沾色	级	≥3～4	≥3	≥3～4	一等品	≥3	≥3	≥3
	耐汗渍色牢度	变色	级		≥3～4	≥4	一等品	≥3～4	≥3～4	≥3～4
		沾色	级	≥3～4	≥3	≥3～4	一等品	≥3	≥3	≥3

（续　表）

检测项目			FZ/T 81006—2007《牛仔服装》相关标准				某品牌的牛仔成衣验收标准			
			单位	标准值 1	标准值 2	标准值 3	成衣测试标准	面料面密度 ≤245（g/m²）	面料面密度 245 g 339（g/m²）	面料面密度 ≥339（g/m²）
物理项目	面料厚度			≤245 g/m²	245 ~ 339 g/m²	≥339 g/m²				
	纰裂（拼缝）		cm		≤0.6（一等品、合格品）	≤0.5（优等品）	一等品			
	耐磨性		次	≥15 000	≥15 000	≥25 000	√			
	裤后裆接缝强力（成品）		N	≥140（5 cm × 10 cm）	≥140（5 cm × 10 cm）	≥180（5 cm × 10 cm）	√			
	撕破强力	经向	N	≥13	≥16	≥18	√	≥13	≥16	≥18
		纬向	N	≥10	≥14	≥16	√	≥10	≥14	≥16
	断裂强力	经向	N	≥300	≥300	≥320	√	≥300	≥300	≥320
		纬向	N	≥150	≥150	≥200	√	≥150	≥150	≥200

（续 表）

FZ/T 81006—2007《牛仔服装》相关标准							某品牌的牛仔成衣验收标准			
检测项目			单位	标准值 1	标准值 2	标准值 3	成衣测试标准	面料面密度≤245（g/m²）	面料面密度245～339（g/m²）	面料面密度≥339（g/m²）
其他项目	拼接互染									
	材料成份							√	√	√
	水洗尺寸变化率（成品）	腰围	%		−2.5～+1.5（一等品、合格品）	−1.5～+1.0（优等品）	一等品			
	水洗尺寸变化率（成品）	裤长	%		−2.5～+1.5（一等品、合格品）	−1.5～+1.0（优等品）	一等品			
	起毛球						√			
	洗后外观（成品）						√			
	氨纶旦数（18～90）									
	经纬密度									
	布封									
	纬斜		cm		≤2.5（一等品、合格品）	≤1.5（优等品）				
	匹差									
	边中色差									

第二部分

牛仔成衣艺术加工技术

第一章

基 本 知 识

一、染料符号的意义

我国对染料的命名统一使用三段命名法，染料名称分为三个部分，即冠称、色称和尾注。

1. 冠称

主要表示染料根据其应用方法或性质分类的名称，如分散、还原、活性、直接等。

2. 色称

表示用这种染料按标准方法将织物染色后所能得的颜色的名称，一般有下面四种方法表示：

（1）采用物理上通用名称，如红、绿、蓝等；

（2）用植物名称，如桔黄、桃红、草绿、玫瑰红等；

（3）用自然界现象表示，如天蓝、金黄等；

（4）用动物名称表示，如鼠灰、鹅黄等。

3. 尾注

表示染料的色光、性能、状态、浓度以及适用什么织物等，一般用字母和数字代表（表2-1-1和表2-1-2）。

表 2-1-1　染料尾注意义

字母	外　文	意　义
B	英 Blue	蓝光
	德 Blau	蓝光
	德 Baumwolle	适染棉
C	英 Cotton	适染棉
	英 Chlorine	耐氯
D	英 Dark	深色
	德 Druckerei	适印花
E	英 Extra	高浓度
F	英 Fast	牢度高
G	英 Green	绿光
	德 Grun	绿光
	德 Gelb	黄光
H	英 Half Wool	适棉毛
	德 Halbwolle	交织物
I		还原染料的牢度
J	法 Janue	荧光
K	德 Kalt	还原染料冷染法，或反应性染料中的热固型染料

（续 表）

字母	外 文	意 义	字母	外 文	意 义
K	德 Konz	高浓度	S	英 Silk	适染丝
		中国活性染料表示热染		英 Soluble	水溶优先
KN		代表新的高温型		英 Sublimation Fastness	升华牢度好
L	英 Light	耐光			
	英 Linen	适染麻	T		代表泽深
N	英 Normal	合规格	U	英 Union	混纺织物用
		通常指乙烯砜型反应性染料	V	英 Voilet	紫光
				法 Vert	绿光
O	英 Orange	橙光	W	英 Wool	适染毛，适于温染法
P	英 Printing	适印花		德 Wolle	适染毛
	英 Paper	适染纸	X	英 Extra	高浓度
R	英 Red	红光		中 X	表示活性染料冷染
	德 Rot	红光	Y	英 Yellow	黄光

表 2-1-2 染料助剂商品性状符号

英 文		中 文	英 文		中 文
pdr.	powder	（普）粉状	ma.	micro dispersol	分散细粉
pf.	powder fine	细粉	ud.	ultra dispersol	超分散细粉
sf.	super fine	超细粉	Pst.	paste	浆状
p. f. f. d.	powder fine for dyeing	染色用细粉	D. Pst.	doulbe paste	双倍浓浆
			esp.	extra supertrix paste	特优等浆状
ecpf.	extra conc powder fine	特浓细粉	solid		固体
coll.	colloisol	悬浮体细粉	granular		颗粒
ex conc	extra conc	特浓	granular powder		粒状粉末
gr.	grains	粒状	tablet		片状
mdg.	micro dispersol grains	超分散粒状	flake		片状
special		专用；特种	thick paste		稠膏
strong		高浓度	liq.	liquid	液体状

染料名称中的色光代号，有时重复写上几个字母，如 BB，BR 等，或写作 2B，2R 等。B 表示蓝光（青光），2、3、4 等数字表示色光的强度，2B 的蓝光较 B 的强，3R 的红光较 2R 强。

染料的力份是指颜色相近的两个同种类染料，在相同的染色条件下，用相同用量，染出颜色的浓淡程度的比较。当要求染出规定浓淡的色泽时，所用染料的需用量与该染料的力份成反比。通常把标准染料的力份定为100%。即力份为50%的染料是标准染料浓度的一半，或者说如果要达到与标准染料相同的浓淡程度，其用量应比标准染料用量多一倍；200%就是比标准染料浓一倍，或者说，如果要达到与标准染料相同的浓淡程度，只需要标准染料用量的一半。这里的100%、50%或200%就是表示染料力份的字尾。有时，表示染料力份的字尾可以冠于整个染料名称之首。注意100%、200%、300%等，并不表示产品的纯染料含量，他们不是一个绝对值，而是一个相对值。

[例] 150%活性艳红 K-2BP

活性为冠称，艳红为色称，K表示活性染料中高温染色类型（属于一氯三氮苯型），B表示蓝光，2B表示蓝光程度，P代表适用于印花，150%即为染料力份。

二、浴比（Liquor Ratio）

浸染或竭染染色时配制的染液与被染物质量之比。

[例] 纺织品100克用染液1 000克表示浴比是1∶10。

在实际应用中常把染液的密度当作1来处理，浴比有大小之分：20∶1、30∶1为大浴比，3∶1、5∶1为小浴比。大浴比优点就是不易染花，加工的产品匀染性好一些，但也意味着加工同样重的织物，需要耗费的水量增多，排放的废水量增多，同时会造成水、电、汽及染料和助剂的浪费。浴比的大小要根据所加工织物的情况来定，尽量将浴比减小，这样既可以减少水的消耗，还可以节省染化料。一般情况下，化验室打小样会采用大浴比，而生产上采用小浴比。

三、o. w. f.（on Weight of Fabric）& o. m. f.（on Mass of Fabric）

染整工艺中浓度以织物重量（质量）为基准相对织物的百分比，即印染加工时染料或助剂的使用量与面料重量的百分比值。

o. w. f. 与 o. m. f. 意义相同，一个指对织物重量，一个指对织物质量。

o. w. f. =（染料助剂重/织物重）×100%

[例] 某种条件下，染100 kg的面料，染料用量是4%（o. w. f.）。

则染料需要量为100 kg×4% =4 kg

计算实践

某洗水厂需要对一批100条牛仔裤子进行套色，每条500 g，计算染色用水量及相关染化料的用量。

工艺配方：
浴比：1∶25
PG黄0.08%（o. w. f.）
2GL金黄0.06%（o. w. f.）
GTL棕0.05%（o. w. f.）
元明粉：20g/L

计算过程：

织物重量：100条×500 g =50 000 g =50 kg

加工用水数量:织物重量×浴比=50 kg×25=1 250 kg=1 250 L

染料用量:PG 黄　织物重量×染料用量(o. w. f.)=50 kg×0.08%=0.04 kg=40 g

2GL 金黄　织物重量×染料用量(o. w. f.)=50 kg×0.06%=0.03 kg=30 g

GTL 棕　织物重量×染料用量(o. w. f.)=50 kg×0.05%=0.025 kg=25 g

元明粉用量:加工用水数量×助剂浓度=1 250 L×20 g/L=25 000 g=25 kg

四、化学试剂的级别

在生产过程中,化验室生产样板时一般都使用纯度较高的化学助剂,而生产大货中一般使用的化学药剂都是工业级产品,如一般化验室所使用的元明粉(Na_2SO_4)纯度为分析纯级,其纯度为99.7%,而大货生产用的元明粉为工业级,纯度为99%。化学药剂纯度级别之间的差异,会造成样板配方在大货生产中的不稳定。常用的化学药剂级别如表2-1-3所示。

表2-1-3　化学试剂的级别

中　文	英　文	缩写	瓶标签颜色/使用说明
优级纯试剂 一级品	Guaranted Reagent	G. R.	绿标签:主成分含量很高、纯度很高,适用于精确分析和研究工作,有的可作为基准物质(99.8%)
分析纯试剂 二级品	Analytial Reagent	A. R.	红标签:主成分含量很高、纯度较高,干扰杂质很低,适用于工业分析及化学实验(99.7%)
化学纯试剂 三级品	Chemical Pure	C. P.	蓝标签:主成分含量高、纯度较高,存在干扰杂质,适用于化学实验和合成制备(≥99.5%)
实验试剂 四级品	Laboratory Reagent	L. R.	棕黄标签:主成分含量高,纯度较差,杂质含量不做选择,只适用于一般化学实验和合成制备
纯	Pure	Pur	
高纯物质(特纯)	Extra Pure	E. P.	
特纯	Purissimum	Puriss	
超纯	Ultra Pure	U. P.	又称高纯试剂(≥99.99%)
分光纯	Ultra Violet Pure	U. V.	
光谱纯	Spectrum Pure	S. P.	用于光谱分析。杂质用光谱分析法测不出或杂质含量低于某一限度,这种试剂主要用于光谱分析中
工业用	Technical Grade	Tech	

五、艺术加工技术(洗水)

牛仔成衣的普通处理与具有艺术效果的处理都要借助化学药剂或辅助工具(如石球、喷枪等)来完成,业内一般简称洗水。处理后的成衣将达到清洁、柔软、褪色、陈旧或多彩、立体皱褶等多种目的。为达到所需的外观和手感效果,可以改变洗水的工艺,如化学药剂处理的温度、种类、用量或者是处理的洗涤时间。经洗水后服装会在手感、色泽、视觉效果及服用性能等方面得到改善,与此同时,服装的缩水情况得到控制,在服用过程中不易产生变形,尺寸保持相对稳定。常规的洗水方式包括普洗、石洗、酵素洗,酵素石洗、化学洗、砂洗、雪花洗、漂洗等。具体使用的方式可根据客户的要求与所需的效果,可单独或综合各种不同的洗水方法进行加工,具体流程见图2-1-1。

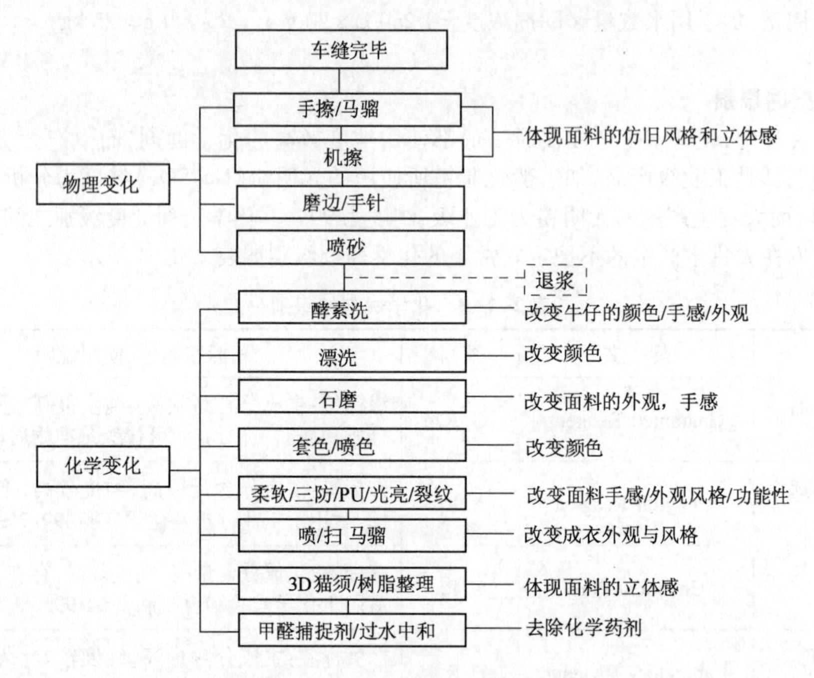

图2-1-1 一般牛仔成衣的洗水流程图

(一) 洗水的作用

(1) 加强手感(Hand Building) 对手感进行调整,加软加硬抛光和蓬松。

(2) 颜色外观调整(Colouration) 进行退色、漂白和加色等。

(3) 增加功能(Function) 如防绉、防污等。

(4) 补救因布料、颜色、缩水不准、色牢度、日照牢度不够、布面处理有问题而引起的质量问题,以上问题在经过洗水后都有一定的改善。

(二) 洗样板

1. 分析来样颜色

由于牛仔布经纱底色不同、经纱上所使用的浆料种类及用量不同,客户所需的风格不同等,因此所有的面料在进入仓库后必须根据产品情况,进行颜色分析(图2-1-2)。如分析来样颜色有误,就会造成时间、人力和资源浪费,并且控制大货颜色难以把控。

2. 确定洗水工艺

按照客户来样的要求,进行洗板和试布,以确定洗水的方法及工艺。一般分为以下几个步骤:

(1) 洗版是根据客户要求,先用用洗板机或板缸根据生产经验进行洗小样,调配出合适的生产工艺和配方,保留洗水配方并存档洗前布样。洗板要包含服装颜色的深度、图案以及漂白等各项标准指标,在客户对样品确认后,批量生产即可进行,而样板则作为生产各阶段的质量标准。

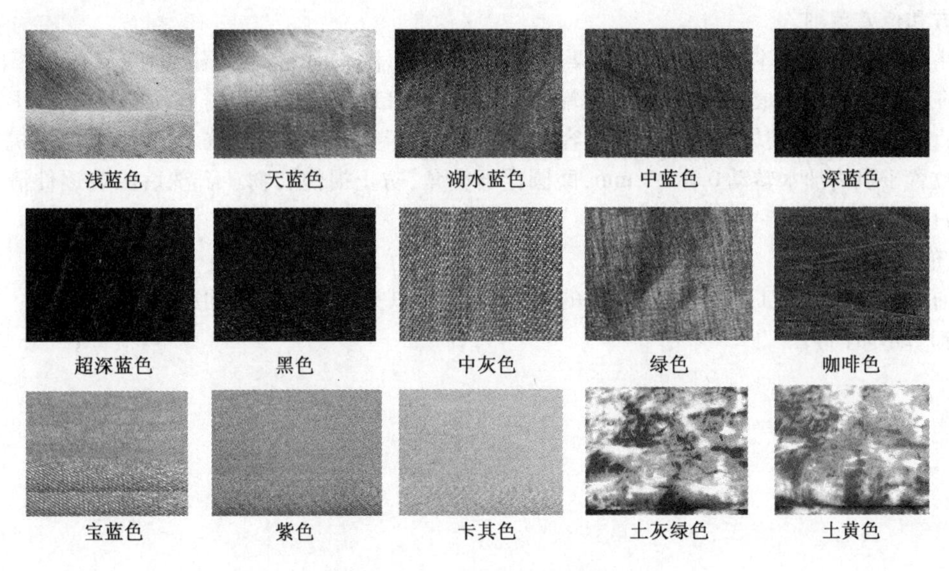

图2-1-2 各种颜色的牛仔面料(彩)

(2) 试布(Fabric Test) 试布就是将大货布每疋剪疋条写上疋号,缝在一起根据洗水要求试洗并分色(又称百家衣 Wash Blanket)。试布分色的步骤一般如下:

① 百家衣布片为10英寸×10英寸(25 cm×25 cm)的布块,在缝制百家衣之前,应对未洗水的批条分摊在分色台上进行成品的初步分色,形成成品布分成不同色级,将同色级布片缝到一起,制成洗水百家衣。

② 对于10英寸×10英寸(25 cm×25 cm)的布块,用记号笔注明布卷编号、码长,再将相同批色的编号布块连成片缝制成百家衣,建议百家衣大小为4块×4块以上。(注:百家衣应缝制两份,一份不要洗水,一份按要求进行洗水。)

③ 洗涤程序(酵磨洗水方法)

在指定的洗水机内注入清水到洗衣机横梁处,将百家衣展开投入机内充分搅拌。

a. 加温70~80℃,退浆20 min,过一次清水。

b. 加酵素粉,加温至酵素粉说明书规定温度,运行规定时间后,查看百家衣的褪色情况,如果褪色很少应继续洗水,直到达到出现比原布发蓝发白有一定的洗水表现色为止,然后过一次清水。

c. 取出百家衣脱水1 min,温度60±5℃烘干。弹力布要注意注意温度控制在下限,防止断弹现象的发生。

④ 将烘干的百家衣取出,冷却10 min,根据洗水颜色结果进行分色,符合《色织牛仔布》色差标准规定的即为同色号布,当洗水后的百家衣需要提供给客户时,应重新整理,将相同批色号的小方块布片合并一起,即同一块百家衣为同一个批色。

(3) 调整洗水配方 根据洗样跟洗货所用洗缸容量、浴比、布色光等因素,对洗水配方进行修正。

(4) 试缸 主要用作最后决定大货配方,同时也可以把色光不同的成衣一起洗,得出相应的配方和色差范围。

牛仔服装洗水基本上采用工业洗染机、砂洗机进行，洗水前需要将服装上的长线剪除干净，避免在洗水过程中造成纠结，对服装的端部，如袖口、领口、袋盖等部位需要预先熨烫，打上尼龙襻，防止翻卷。设备装填量约为设备总容量的40%，对于要进行石磨的洗水工艺，需要空机先将浮石放置于机内加水转动0.5～1 min，磨圆浮石棱角，防止损伤衣物。石洗后服装逐件清理浮石，防止后道工序中产生疵点。

3. 验布

通过进行样板加工，对其进行相应的理化测试，可以查验布的质量问题，如强力、弹性、纬斜(扭骨)、缩水率等。

第二章

湿加工技术

第一节 退浆与普洗

一、浆纱及浆料

浆纱的目的是增强、减磨、保伸,以提高经纱的可织造性能。经纱上浆是牛仔布生产工艺中非常重要的一环,其重要性是由牛仔布的特性决定的。牛仔布系粗支高密织物,织物密度系数高,重磅牛仔布的织物密度系数在100以上。牛仔布布面要求平整、纹路清晰,为达到这种效果,织造时要采用大张力、强打纬工艺。牛仔布在织造前经纱先经过染色,而这一过程对纱线的损伤很大,需要经过浆纱来弥补,以适应织造。

我国牛仔布经纱上浆用浆料早期采用以原淀粉为主的半熟浆,原淀粉主要有小麦淀粉、玉米淀粉、木薯淀粉。中期以原淀粉为主,加入适量丙烯酸胶水。再后随着高速织机的使用对经纱上浆有了新的要求,浆料主要为变性淀粉作主浆料,加少量乳化油的配方。目前企业大量使用变性淀粉、丙烯酸浆料、PVA、乳化油等组成的各类配方。

1. 原淀粉

用于牛仔布浆纱的原淀粉主要有玉米淀粉、小麦淀粉和木薯淀粉。玉米淀粉颗粒硬,低温容易凝冻,浆出来的纱手感较硬;小麦淀粉浆液的黏度较玉米淀粉低,黏度热稳定性较好;木薯淀粉浆液透明,但黏度稳定性比玉米淀粉差,浆出来的纱手感粗硬,落浆较多。原淀粉成本较低,但质量难控制,现已基本不单独使用。

2. 变性淀粉

变性淀粉改变了原淀粉分子结构,使淀粉黏度降低或增高,提高黏度的稳定性。通过不同的变性工艺在淀粉分子上结上其他基团,改善淀粉的某些性能。变性淀粉主要有氧化、酸化、交联等较低黏度的淀粉,性能表现为黏度低、热黏度稳定性好、浆料与纱线的黏结力大。

3. 聚乙烯醇(PVA)

PVA是浆纱过程中普遍被使用的浆料,其浆膜强度高、黏结力大、耐磨性好。牛仔布在织造过程中受力大,纱线需要很高的耐磨性能,仅采用变性淀粉浆达不到要求,传统上一直依赖PVA浆料来提高浆纱的耐磨性能。但PVA内聚力强,浆液表面张力大,上浆后分绞困难,再生毛羽多,且浆膜粗硬,吸湿性差,织造时浆膜容易剥落。更重要的是,PVA 退浆困难,在自然界中难以降解,对环境污染严重。

4. 丙烯酸类浆料

丙烯酸类浆料水溶性好,浆液表面张力小,干分绞顺利,毛羽贴伏度好;浆膜柔软、富有弹性、吸湿性好,织造时剥落较少。它退浆容易,能较大弥补淀粉及 PVA 的不足,已取代 PVA 在牛仔布经纱上浆中的地位。丙烯酸类浆料有固体粉状和液体胶水两种类型。

5. 牛仔布浆纱组合浆料

单一组分的浆料上浆容易造成浆纱质量缺陷,多组分的浆料配方则组分复杂,调浆程序繁杂,操作不方便,容易因人工配料操作差错引起质量问题,不利于浆纱质量的稳定。牛仔布组合浆料克服了前两者浆料的缺点,具有操作方便、性能优越、配方稳定、质量稳定、适用范围广等特点。

二、退浆

对于牛仔洗水厂而言,除了个别产品(如丝光布)在印染企业进行了退浆处理外,一般的产品都需要进行退浆处理。不同类型的浆料由于分子结构不同,因此其退浆方法也有差异(表 2-2-1)。如果采用不当的方法对牛仔服装进行退浆处理,一方面浆料不能退却或者退不干净,浪费时间和染化料,还会导致后道加工工序布面质量不稳定;另一方面,不当的退浆方法还有可能损伤纤维,导致强力下降。

表 2-2-1 浆料种类与退浆方法的选择

浆料种类	退浆方法	退浆难易程度	环境污染	适用纤维类型
淀粉及其衍生物	碱、酶、氧化剂	容易	小	纤维素纤维
聚乙烯醇(PVA)	氧化剂	难	大	合成纤维
聚丙烯酸类浆料	表面活性剂	容易	小	天然纤维

(一) 验浆

为保证产品质量,洗水厂在成衣洗水前最好做好验浆工作。快速简易的定性鉴别主要包括如下几个方面:

1. 淀粉浆料

通过碘液测定法鉴定,碘分子能与淀粉作用而生成蓝色或蓝紫色物质。检验时可从以下两种试剂中取其一种滴在布上,过几分钟后观察布上的颜色。一种试剂是碘的乙醇溶液,利用碘蒸发时的蒸气与淀粉发生反应而显色。另一种是用碘与碘化钾配成的试剂,加入醋酸,滴在布上边也能显色,但若淀粉分子量很高,则不显色。这种方法可用于测试织物上是否采用淀粉上浆,可在布上先滴几滴盐酸溶液使其分子量下降,过几分钟后,在原处滴上碘和碘化钾溶液,若呈深蓝色,则说明还有相当量的淀粉存在。

用淀粉上浆的织物,一般采用碱、酶和氧化剂退浆。碱退浆实质上是促使浆膜溶胀,在水洗时经机械作用将其从织物上除去。酶退浆是利有淀粉酶,将淀粉裂解成葡萄糖碎片和小分子后用水洗去。氧化剂退浆是利用氧化剂,将淀粉中的伯醇或仲醇基氧化成羧基,使之成为可以溶解的氧化淀粉分子。强烈的氧化剂也可进一步使分子链断裂而获得良好的效果,使用的氧化剂主要有次氯酸钠、双氧水和过硫酸盐。

2. PVA 浆料

铬酸法。铬酸能与 PVA 反应形成棕色的络和物,而铬酸对淀粉、CMC 等浆料均不起反应,因此可用铬酸定性鉴定 PVA。此法灵敏度高,在织物上滴上几滴试液,不到半分钟,就可鉴别织物上是否有 PVA 浆。若事先制备好标准的 PVA 与铬酸的比色卡,还可做粗略的定量分析。

PVA 与强氧化剂反应,可以使羟基氧化成羰基,进一步氧化成羧基,同时还可使分子链断裂;特别是在酸或碱存在时,能使 PVA 的主链裂解,从而降低黏度、黏附性和薄膜强度;而加热更可使 PVA 的主链迅速断裂。因此,使用氧化剂退浆可以迅速和彻底地将 PVA 浆退尽。

3. 聚酯或丙烯酸盐浆料

使用的试液包括:Astrazon 红 F3BL 0.5%(阳离子染料)、醋酸(30%)0.5%。测试时,将织物浸渍在近 30℃、新配制的染料溶液中 5 s,然后取出,在玻璃板上放置 30 s,最后用蒸馏水淋洗 1 min。若出现红色,则表明有聚酯或丙烯酸盐浆料存在。

(二)退浆原理

1. 碱退浆法

碱退浆法是将产品浸渍碱液后保温,使浆料溶胀,然后使含羧酸基的浆料溶胀,成为水溶性的羧酸钠而被洗除。碱退浆法对于 PVA 浆料来说,碱会令其凝聚而难于洗除;特别是在有重金属离子存在时,将严重地影响其退浆效果。

2. 酶退浆法

酶退浆法适用于淀粉浆料。酶的作用对象具有专一性,淀粉酶只能使淀粉水解而不损伤纤维素纤维,这是酶退浆的独特优点,而其他退浆法会在不同程度上损伤纤维。酶的另一个优点是易于生化降解,酶退浆使淀粉水解成糊精,糊精能为生物所降解。在酶退浆的废水中,虽然生物耗氧量指标较高,但盐和有害化学品的含量很低,化学耗氧量指标极低。用酶退浆法产生的废水危害性较小,不属于废水污染源。

目前生产的淀粉酶主要有三种,即高温淀粉酶、中温淀粉酶和宽温幅淀粉酶。国产 BF7658 淀粉酶属中温淀粉酶,采用枯草芽孢杆菌经深层发酵提炼,制成 A-7658 淀粉酶,其作用温度为 50~80℃。高温淀粉酶采用地衣芽孢杆菌经发酵提炼制成耐热的 A-淀粉酶,其作用温度为 80~115℃。淀粉酶的激活剂一般采用 6~60 mg/kg Ca^{2+},其适用 pH 值范围为 4~10,大部分为 6~7。宽温幅淀粉酶能在较宽温度范围内起作用,其适用温度范围为 30~115℃,具有应用范围广和使用方便等特点。

淀粉酶退浆中的温度控制,应依据所选淀粉酶的种类而定,处理时间则取决于织物带浆量。处理时间长,虽然可以提高退浆效果,但容易造成织物磨损,因而时间不能太长,以 10~20 min 为宜。必要时可适当增加淀粉酶的用量,以缩短退浆时间。目前,淀粉酶退浆一般使用中温淀粉酶,即作用温度 50~60℃,用量为 1 g/L,处理时间 10~30 min。

酶退浆工艺还可分为浸渍、保温处理和水洗 3 个阶段。

(1) 浸渍阶段　这个阶段包括织物吸收酶溶液,使浆料凝胶化。其主要目的是使织物被酶溶液充分润湿,充分保持酶的稳定性,使浆料凝胶化。退浆液的温度、pH 值和钙离子含量,必须控制在推荐的范围内,以防止淀粉酶活性的损失。对于厚重织物,淀粉的凝胶化需格外小心。

为了加快浸渍过程,织物可在较高温度下进行预热洗;尤其是在加工难以润湿或含有酸性、以及存在对酶有害的抗微生物防腐剂的织物的情况下,更有预热洗的必要。

(2) 保温处理阶段　酶溶液与浆料接触后,就开始将淀粉水解成水溶性糊精。若想达到令人满意的分解程度,就必须根据酶的浓度调节保温时间和温度。如酶的浓度较低时,则处理的时间需较长;如要求处理时间短,则要有较高的酶浓度和较高的处理温度。

(3) 水洗阶段　水洗时最好采用高温,然后用洗涤剂水洗。对于厚重织物,则可用碱液洗涤。

3. 氧化剂退浆法

氧化剂退浆法适用于各种类型的浆料,可使各类浆料裂解成可溶性物质而被去除。氧化剂退浆法存在以下问题:

一是经氧化剂退浆法的浆料被裂解而除去,使浆料无法回收再利用,致使污水中的COD较高;二是氧化剂退浆工艺必须严格掌握,而酶退浆则相对较易控制;三是易受到金属离子影响,金属离子会导致氧化剂分解,且有脆布的危险。常用的氧化剂包括双氧水、过硫酸盐、亚溴酸钠等。

注:化学需氧量COD(Chemical Oxygen Demand)是以化学方法测量水样中需要被氧化的还原性物质的量。水样在一定条件下,以氧化1 L水样中还原性物质所消耗的氧化剂的量为指标,折算成每升水样全部被氧化后需要的氧的毫克数,以mg/L表示。它反映了水中受还原性物质污染的程度,该指标也作为有机物相对含量的综合指标之一。

4. 表面活性剂退浆法

利用表面活性剂的润湿、分散、净洗作用,将浆料除去,一般采用阴离子和非离子表面活性剂的拼混物。表面活性剂退浆特别适用于聚酯和聚丙烯酸类浆料,它们都是可溶于水的浆料。退浆时应利用表面活性剂的润湿作用,使浆料充分润湿,而后迅速溶胀,再溶于水而除去。用表面活性剂退浆,除了能去除浆料之外,更主要的是去除合成纤维纺丝时上的油剂,因此表面活性剂的退浆兼有去除油剂的作用。

5. 热水退浆

许多厂家为了节约成本,都采用热水退浆。由于热水只能溶解部分的水溶性浆料,但并不能使浆料降解,因此热水退浆的工作液黏度较高,部分已经脱离面料的浆料会返沾回服装上,其退浆率较低。

6. 其他退浆方法

除了上述的退浆方法外,还有酸退浆和洗衣粉退浆等方法。酸退浆能降解淀粉,同时对一些金属锈渍有一定的清除能力。但由于纤维素纤维不耐酸,因此酸退浆会损失面料强力,并使靛蓝染料出现返染;而洗衣粉一般为碱性,其有一定的去浆效果与净洗效果,但是会造成靛蓝返沾的问题。

在退浆过程中为纺织牛仔成衣中退浆或酵素洗过程中,脱落的靛蓝染料回沾到口袋布或一些经过手擦的部位,一般企业都会加入防染粉或防染枧油。防染产品一般为耐酸、耐碱和耐电解质的非离子表面活性剂,其应用温度范围在20～100℃,60 min内具有持续的防回沾效果。根据企业对环保方面的要求,防染产品不能含APEO和磷,一般为低泡沫配方,使用后便于过水清洗，加工过程中能与酵素粉同浴，并能增强酶的活力，具有防止染斑、白底沾色的作用，提高水洗牢度及颜色鲜艳度的特点。

注：APEO 中包括壬基酚聚氧乙烯醚（NPEO）占 80% ~ 85%，辛基酚聚氧乙烯醚（OPEO）占 15% 以上，十二烷基酚聚氧乙烯醚（DPEO）和二壬基酚聚氧乙烯醚（DNPEO）各占 1%。

APEO 系列产品因具有润湿、渗透、乳化、分散、增溶、去污等多种优异功能，所以纺织助剂中涉及的品种多用量大。但 APEO 同时具有毒性较大、生物降解性差，而且降解代谢物也有毒性等危害。因此，世界上一些国家从 20 世纪 80 年代开始就逐渐限制或禁止使用 APEO 产品。欧洲议会和欧盟委员会在 2003 年 6 月 18 日就颁布了指令 2003/53/EC，内容涉及限制某些危险物质如：Nonylphenol/NP 壬基酚，Nonylphenol ethoxylate/NPEO 壬基酚聚氧乙烯醚的使用、流通以及排放。2003/53/EC 中规定，如果产品中 NP 或 NPEO 含量或在排放物中的 NP 或 NPEO 含量等于或高于 0.1%（重量比），该物质就不能用于生产。

（三）企业退浆实操

对于常规的牛仔成衣洗水，其退浆工艺如下：

（1）对退浆要求不严，不会影响后道工序加工的产品，可采用 50 ~ 60℃热水洗涤 5 min 左右进行退浆；

工艺流程 1：加水→放蒸汽升温（50℃）→加料转 10 min→放水→过水两次→脱水→干衣（80℃ ×40 min）→吹冷风 10 min

工艺流程 2：加水→加防染剂 1% ~ 2%（o. w. f），70 ~ 90℃，10 ~ 15 min→放水→过水两次→脱水→干衣（80℃ ×40 min）→吹冷风 10 min

（2）含 70% 以上的淀粉浆的则可采用退浆酶 2 ~ 4 g/L，35 ~ 40℃，30 min，进行退浆；

（3）全为 PVA 浆料或丙烯酸浆料或是以上两种浆料含量超过 30% 时，则采用纯碱 1 ~ 2 g/L，枧油 1 ~ 2 g/L，防染剂 1 ~ 2 g/L，60℃，10 ~ 20 min，进行退浆。

（4）其他退浆方法

① 碱退浆工艺及配方：

纯碱（g/L）	2
渗透剂（g/L）	1
温度（℃）	80
时间（min）	20
柔软剂（g/L）	2
硅油（g/L）	1
时间（min）	1

② 酶退浆工艺及配方：

诺 LTC（g/L）	1
防染剂（g/L）	0.5
时间（min）	20
温度（℃）	45

pH 值	6.8
转速	高
纯硅油(g/L)	1
硅油(g/L)	0.5
时间(min)	1

(四) 退浆洗注意事项

(1) 设定退浆工艺时,应仔细分析工艺的全过程,即退浆效果对后道工序可能产生的影响。

(2) 须分析客户的各种要求,如色牢度等,对易掉色、沾色的产品,应先加防染剂,转匀后才能加入衣裤进行退浆。

(3) 应考虑工艺洗涤的程度(轻、中、重)和骨位效果及保色性等。在采用退浆酶退浆时间应在 20 min 以上。如果洗涤效果要轻且须保色,则运转 10 min,采用浸泡的方式,每 5 min 点动一次即可。

(4) 对洗涤效果中须重喷或全扫马骝再泡或喷树脂的产品及须下漂的产品,可以采用重退浆工艺,可适当增加温度或时间,加大纯碱、枧油和渗透剂用量。

(5) 一般硫化黑织物都要加纯碱进行退浆。

(6) 厚重或容易起皱的布料要打气或打水泡(打气:将蒸汽打入裤筒内形成完成裤型后再将裤子放入洗水缸浸水;打水泡:将牛仔产品充分润湿后迅速放入洗水缸内退浆。打气与打水泡加工与直接将成衣放入洗水缸退浆相比,棉纤维分子受到水的作用,内部分子之间的内应力减少,有效缓解了分子之间的内应力,产生塑性变形,其对外力承受能力提高,能减少加工中折痕的产生)或加软油退浆。

(7) 部分客户对布面质量要求高的,可以进行翻面退浆以减少退浆过程中面料之间摩擦产生磨痕,并可以起到保色、减少花度等问题。

(8) 一般情况下,退浆水位应进行控制。水量过少,会使退浆不尽,易出现折痕和沾污的现象,而水位过高,造成产品漂浮,影响退浆力度,增加成本。

(五) 退浆方面的质量问题

(1) 退浆不净(或化纤的油剂没退净),底色不稳定。

(2) 退浆不净(或化纤的油剂没退净),喷马骝不匀或喷不上去。

(3) 退浆不净(或化纤的油剂没退净),浸树脂后影响色光或产生晕状斑。

(4) 退浆不净(或化纤的油剂没退净),加色后可能产生形状不同,颜色不同的斑状物。

(5) 靛蓝染料返染造成的口袋、缝纫线、绣花线沾色。

(6) 退浆工艺不当造成的色光改变、亮度下降、强力损伤、起毛起球等。

(六) 普洗

普洗即为普通的洗涤。普洗是一种简单的洗涤方法,即水温保持在 50 ~ 80℃,加入一定的洗涤剂(洗衣粉或枧油),洗涤大概 15 min 左右,过清水加入柔软剂即可。

通常根据洗涤时间的长短和化学药品的用量多少,普洗又可以分为轻普洗、普洗、重普洗。通常轻普洗为 5 min 左右,普洗为 15 min 左右,重普洗为 30 min 左右 ,这三种洗法没有明显的界限,差异在于洗涤时间和洗涤剂用量不同,视各工厂的加工条件而异。产品经过普洗后在手感上得到软或滑等感觉,视觉上获得清新、自然效果。它具有颜色改变较小,磨损度轻,成衣洗后尺寸稳定性提高等特点。

普洗工艺及配方：洗水（洗衣粉 1 g/L，防染剂，50℃，5 min）→过水（2 次，25℃）→制软（纯硅油 2 mL/L，阳离子软片 10 mL/L，40℃，10 min）→脱水→烘干→整烫

第二节　石洗、雪花洗与沙炒

一、浮石

浮石又称轻石或浮岩，密度小（0.3 ~ 0.4 g/cm^3），是一种多孔、轻质的玻璃质酸性火山喷出岩，其成分相当于流纹岩。此处的浮岩是由于熔融的岩浆随火山喷发冷凝而成的密集气孔的玻璃质熔岩，其气孔体积占岩石体积的50%以上。浮石表面粗糙，颗粒密度为 450 kg/m^3，松散密度为 250 kg/m^{3}左右，天然浮浮石石孔隙率为 71.8% ~81%，吸水率为 50% ~60%。因孔隙多、质量轻、密度小于 1g/cm^3，能浮于水面而得名。它的特点是质量轻、强度高、耐酸碱、耐腐蚀，且无污染、无放射性等。成衣洗水厂常用的浮石规格一般有直径为 1 ~2 cm、2 ~3 cm、3 ~5 cm 和 5 ~7 cm 等几种。体积太小的浮石，摩擦力小，难以与织物摩擦起花。而太大的浮石，容易造成衣物过度磨损，影响布面效果。

世界上产浮石的国家主要有美国、土耳其、意大利、德国、冰岛、新西兰、日本、印度尼西亚、菲律宾等。目前企业常用的浮石为印尼浮石、土耳其浮石和国产浮石（图 2-2-1）。

A. 土耳其浮石

B. 印尼浮石

C. 国产浮石

图 2-2-1　浮石

土耳其浮石（亦称白石）含有铬、锰、镍、铜、钇等 30 余种对人体有益的微量元素及稀土元素，该石的放射性物质含量极微，其主要成分为碳酸钙。它是一种独特的方解石微晶，其晶体粒度远远小于细晶岩类和粉晶岩类，故其在应用于人体时让人感到舒适，且在敲击时可发出金属样声音。印度尼西亚浮石（亦称黄石）有铬、锰、镍、铜、钇等元素，但其含量极微少。印尼浮石在洗水加工时具有洗涤效果好、损耗较大等特点，一般用于轻涂颜色衣服的水洗打磨，其水洗液颜色偏暗；而土耳其浮石具有洗水效果较重、经久耐用等特点，其耐磨性比印尼浮石约高 1/3，常用于一般浅色服装或对验针要求较高的牛仔服装洗水。国产浮石与印尼浮石相比，颜色更深更黄，其耐磨性更差，但其价格便宜，一般适合于颜色要求低的产品加工。

由于天然的浮石含有矿物质比较多，尤其含铁较多，因此难以通过验针机检验。已经进入成衣的金属物质难以从服装上清除。另外，浮石在水洗过程中，因为浮石之间、浮石与衣物之间、浮石与设备之间的摩擦作用，其会造成磨损和破碎，这一方面会造成服装损坏，如服装脱线、破损等；另一方面，洗水过后成衣的口袋内有大量的碎石，需要大量的人力去清理，并产生大量的碎石和粉尘石灰，造成环境污染。针对浮石洗水所存在的问题，目前市场上开发了针对各种洗水风格的人造浮石和洗水胶球，如果客户要求牛仔服装外观要达到石磨外观效果并有验针要求的，生产中只能选用人造浮石或胶球（图2-2-2和图2-2-3），它们的使用也能有效减少清理碎石的麻烦。

人造浮石通过化学方法加工而成，其颗粒非常均匀，具有损耗小的特点，可达到一般的石磨效果，但价格较贵。胶球是一种用有机树脂合成的表面很粗糙的球状胶体，一般用于较轻度的打磨（图2-2-4）。

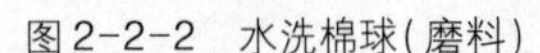

图2-2-2　水洗棉球（磨料）

图2-2-3　洗水炒雪花硬质胶球（磨料）

图2-2-4　洗水炒漂弹力硅胶球

近年来由于环保的要求和生物酶技术的发展，浮石将逐步被各种合成石（如橡胶球）、纤维素酶等替代，以减少浮石的使用率。但从实际生产中发现，目前还没有一种物品能真正替代浮石的洗涤效果。

二、石洗

石洗也称为石磨，即在洗水中加入磨石或者胶球，根据服装风格不同，可在洗水机加入黄石、白石或AAA石、人造石、胶球等（注：使用浮石之前，应充分清洗浮石，并认真去除异物）。缸内的水位以衣服完全浸透的低水位进行，以使浮石能更好地与衣服接触摩擦，产生研磨作用，一般在退浆后进行。洗后牛仔服在手感上得到较大改善，颜色变浅，表面出现较多绒毛，产生磨白作用，呈现灰蒙蒙效果，衣物及衣衫骨位等地方有明显磨损现象，整体呈现虽新如旧、干净如新的特殊效果。经石洗后的牛仔服装富有立体感，穿起来更舒适。

洗涤工艺的基本原理是：在石洗过程中，织物表面的纤维被磨损脱落，露出里面圈状的白色纱线，这样织物表面就呈现出蓝白对比的效果。磨擦程度的不同，服装各部位会呈现出不同的磨损效果。比如腰头、口袋、裤腿侧缝、裤脚等缝纫针迹处和折边处均具有自然的深浅不同程度和轻微的波纹形花皱色彩的特征。

石洗受以下几个因素的影响：

（1）浮石的大小　直径1～7 cm的浮石均适用于石洗、面纱洗、柔洗；轻柔砂洗则使用较小的浮石。

(2) 浮石的比率　浮石过多,衣物容易磨坏;浮石过少,磨洗不充分。

(3) 浴比　浴比太小,磨洗过频繁,容易磨坏衣物;浴比过大,磨洗不充分,达不到磨洗效果。

(4) 时间的长短　时间太短,达不到效果;时间太长,衣物容易磨坏。

(5) 服装的数量　服装数量太多,浮石比率降低,磨洗不充分。

另外,为保证洗水质量,使用浮石前要充分清洗,并认真除去其他异物,以免洗涤效果受影响。

图 2-2-5　石洗加工

图 2-2-6　石洗与漂洗结合的牛仔成衣

生产实践

工艺流程:退浆→过水(1 次,25℃)→石磨→过水(1 次,25℃)

工艺配方:

浮石(o. w. f.)	100%
布重∶石头重	1∶5
时间(min)	5
浴比	1∶30 ~ 40

在石磨前可进行普洗或漂洗,也可在石磨后进行漂洗。漂磨后的牛仔服装可获得色彩鲜艳、质地柔软的效果。漂磨后出来的色光深浅取决于漂水的浓度和时间。

工艺流程及配方:退浆→过水(1 次,25℃)→加浮石(2 ~ 4 号,10 min,25℃)→过水(1 次,25℃)→漂白→过水(1 次,25℃)→脱氯(焦亚硫酸钠 2 g/L,2 min)→过水(1 次,25℃)

漂白配方:

漂水∶水(L)	1∶100
碳酸钠(g/L)	2
温度(℃)	50
时间(min)	2

三、雪花洗(炒雪花)

雪花洗是一种比较特殊的加工方式,它用将浮石作为一种载体,将其用一定浓度的漂水或高锰酸钾等充分浸泡后取出(图 2-2-7),在不加水的情况下与衣物在洗水机中一起转动。在洗水设备转动下,浮石与成衣开始打磨,吸附在浮石内的化学物质与衣物上的染料发生反应,使染料发生剥离。由于浮石与成衣的接触并非均匀,因此其打磨效果也是不均匀的,在打磨后面料各处就会存在不均匀、不同程度的破坏,结果在衣物上产生雪花的效果。对于纯靛蓝牛仔服装,面料上就会产生白色的雪花般的效果;对于一些经过染料套色的牛仔成衣,其外观会随着染料与所浸泡的化学药剂所发生的化学反应程度不同,而呈现不同的颜色变化(图 2-2-8)。

图 2-2-7 经过高锰酸钾浸泡的水洗棉球

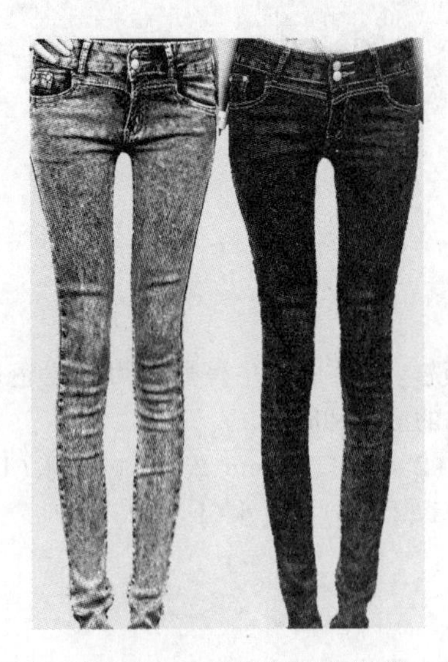

图 2-2-8 雪花洗后牛仔服装

图 2-2-9 意大利成衣洗水浮石与成衣自动分离设备

雪花洗一般分三步进行:

(1) 前处理工艺 主要目的是对牛仔服装进行退浆处理;

(2) 雪花洗工艺 用化学溶液浸透晾干,将浮石放入石磨机内与服装一起洗;

(3) 后处理工艺 牛仔服装水洗、排水,然后重新进水并升温,加化学药剂对成衣上的氧化物或残留物进行清除,清洗,进行漂洗,最后进行上柔软剂、甩干、烘烫。可根据需要在上柔软剂前增加增白剂来进一步提高服装白度(图 2-2-9)。

(一)浸泡高锰酸钾溶液

退浆→普洗→脱水
浸泡浮石
—浮石与衣物干磨(10 ~ 30 min)→雪花效果对版 →取出衣物(清洗石尘)→草酸还原(1 ~ 5 g/L, 50℃, 20 min,重复两次)→加双氧水漂白(30% 浓度,3% ~ 4%)→水洗→上柔软剂→脱水→烘干→整烫

(二)浸泡次氯酸钠溶液(漂水)

退浆→普洗→脱水
将浮石和胶球放入石磨机,加入稀释的漂水,转动几分钟,使浮石吸收均匀浸泡浮石
—磨 20 min 左右→对版→取出衣物(清洗石尘)→换水→加入硫代硫酸钠脱氯→水洗→加入烧碱、增白剂等去黄增艳→水洗→上柔软剂→脱水→烘干→整烫

四、生产注意事项

(1) 服装处理前要剪去缝纫时留下的长线头以避免洗磨中服装缠结,出现不匀。对扭曲的袋盖、领子、裤角、袖口等位置要烫平,打上尼龙襻以防止翻卷;

(2) 洗水机装填量约为设备容量的 40% 左右,水太多易出磨花(水线),加水量少会降低生产效率,太少也易磨花成衣;

(3) 浮石先在机内加水轻转几下,把棱角磨圆,捞出上浮的轻石备用,不使用下沉的浮石;

(4) 衣石重量比一般是 1:1,石磨时间约 20 min 左右;

(5) 石磨完毕后,将服装取出设备,并逐件将服装上(包括口袋里)的石屑清洗干净,并进行清洗;

(6) 成衣上的浆料洗得越干净,布身越软,石磨后死折越少,磨花越轻。因此退浆时可以加渗透剂,提高退浆效果;对与靛兰返染原白纱问题,渗透剂也有一定的防沾作用。石磨时加适量柔软剂(如软片)也可防止死折,减轻磨花的作用;

(7) 雪花洗加工注意事项:①要先把服装退好浆,脱水后把衣服抖开,伸平;②洗水机里必须干净干燥;③炒雪花用的浮石一定要干燥,以便更多的吸收高锰酸钾溶液;④浮石浸泡两个小时左右,然后晾干;⑤在石磨机内放一层衣服加一层含高锰酸钾的浮石,如此反复多次(衣石重量比为 1:3),关门开机 10 min 左右就可打开机门,抖去浮石,将衣服投放在大苏打水溶液中,中止高锰酸钾的氧化反应,再用热草酸洗去附在织物上的二氧化锰。

五、沙炒

沙炒是近年来牛仔产品加工中的新方法。先采用高锰酸钾溶液浸泡沙子然后晾干,再将吸入少量的高锰酸钾溶液的沙子与一定含湿量的牛仔成衣一同投入洗水缸内,开动设备,使沙子与成衣之间充分接触。在接触过程中,沙子中含有的少量高锰酸钾溶液与面料上的靛蓝染料发

生化学反应，将靛蓝分解。处理后的成衣需要草酸或焦亚硫酸钠进行清洗，并进行相关柔软处理。

（一）加工流程与生产要点

流程：选沙 → 筛沙 → 洗沙 → 浸沙 ┐
　　　　　　　　　选膜 → 铺膜 ┘→沙炒 → 清沙 → 去锰清洗 → 过水 → 柔软处理 → 烘干

1. 选沙

沙子尽量不要选用河沙，因为其含泥量较高，加工时容易成淤状，晾干后部分成块状。沙子颗粒大小、洗水性会直接影响产品外观，可根据所需面料结构、厚度、产品风格进行挑选，在生产前必须进行小样测试。

2. 筛沙

选好沙子后要进行筛网过滤，清除杂质，提高所沙子颗粒的均匀度。沙子均匀度越高，产品外观均匀度越高，档次越高。

3. 洗沙

筛好的沙子要用水清洗干净，一是去除沙尘沙土，二是沙子来源不同，所含有的成分要较大差异，其中的一些成分可能会对加工质量有影响。清洗完毕后进行晾晒。

4. 浸沙

晾干的沙子可浸泡在一定浓度的高锰酸钾溶液中，让其充分吸收溶液，时间一般在15～30 min，浓度可根据所需风格进行控制，一定要进行小样测试。浸泡完后的沙子可以进行晾晒。

5. 铺膜

加工前要在洗水机内铺设干塑料膜，它可以防止加工中沙子掉落进设备各个缝隙造成设备损伤、管道堵塞等问题，同时也可防止沙子磨损内缸。

6. 选膜

加工所用塑料膜，要选用厚实的塑料膜，并在每次使用前一定要检查膜的质量，其主要原因是：

（1）膜在使用中与成衣、沙子之间发生摩擦，造成磨损；

（2）膜与高锰酸钾之间也有接触，氧化性极强的高锰酸钾会对膜造成损伤；

（3）膜使用中或使用后因为保管不当，受到其他损伤造成破损；

（4）使用后的膜要用草酸溶液低温清洗晾干，防止黏在其上的高锰酸钾影响下批次产品的质量。

7. 清沙

加工后取出成衣后，要将进入成衣的口袋的沙子清理干净。

8. 注意事项

（1）加工量控制　每次投放设备内的沙子和成衣的量不能太高，一般不能超过缸体积的1/3，沙子与成衣比例大概1∶1～2∶1。投入量太大会造成沙子与成衣为面接触，而非点接触，同时，投入量太大也会造成成衣与沙子无相对运动，加工后产品外观难以实现立体效果；沙子投入量太少，加工后产品“白点”少，达不到所需效果。

（2）成衣的含水量控制　成衣含水量太高，成衣中的水直接与沙子上的高锰酸钾反应，由于纤维一般都具有毛细管效应，成品上的白点会化开，降低档次；成衣含水量太低，沙子上的高锰酸钾难以与靛蓝发生反应,其加工效果也不明显;对于轻薄类、平滑类面料可采用较低的含水量;而对于厚重类,立体感强的面料、提高"蓝白"对比效果的产品则可提高成衣的含水量。

(3) 加工所用的沙子可以用水冲洗晒干后反复使用,每次使用前必须进行筛沙和吹沙(用风扇吹),清理加工中成衣掉落的杂质、纤维绒毛、已经受损的沙子和沙尘。

(4) 沙炒可能会造成涤棉类产品出现起毛起球问题,会引起部分含黏胶类产品强力下降问题,在使用前后要做好相关理化测试。

(二) 产品特点

(1) 与炒雪花(使用浮石或胶球)的牛仔产品相比,由于沙子体积小,为非空心结构,不具备吸收大量高锰酸钾的能力,所以其带液量非常低。因此,沙炒产品基本能保持原来的底色,外观为点状,无雪花状效果。

(2) 沙子体积小,因此它能与成衣的各个部位,尤其是接缝处充分接触,所加工产品外观均匀度好。产品远观是色调柔和的浅色产品,近看是蓝点与白点交错,立体感非常强(图 2-2-10)。

(3) 沙子在加工中除了会释放高锰酸钾外,它还与成衣发生磨擦,使得面料表面如使用砂纸轻柔打磨的效果,加工后产品手感柔软。

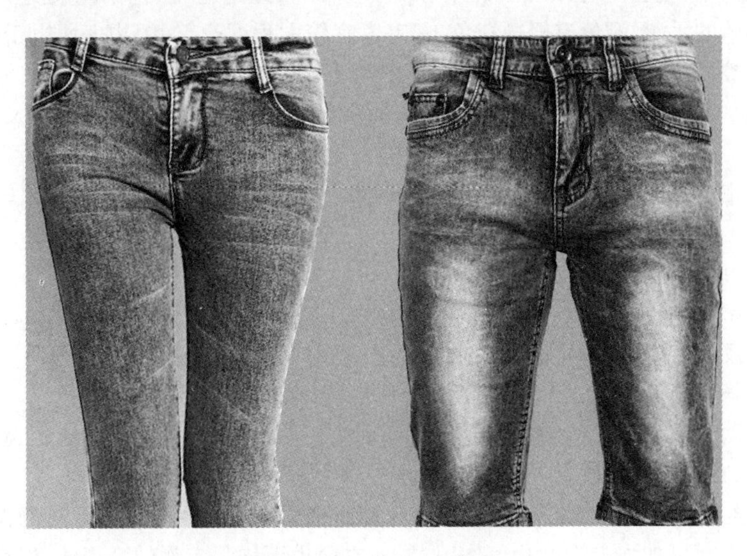

图 2-2-10　沙炒牛仔服装

第三节　酵素洗与酵石洗

石磨由于浮石与服装不断摩擦会严重损伤牛仔服饰的局部,且浮石会残留在织物上、机器中,刺激皮肤,损坏设备,所以较为温和有效的酶洗工艺应运而生(表 2-2-2)。

表 2-2-2　酶在棉织物染整加工中的应用

纤　　维	加工工序	酶种类
纤维素纤维	退浆	α-淀粉酶
	精练	果胶酶、纤维素酶
	漂白	葡萄糖氧化酶、过氧化氢酶
	沤麻	半纤维素酶、木质素酶、果胶酶
	抛光整理	纤维素酶
	牛仔服返旧	纤维素酶、漆酶
	染色后去浮色	漆酶

酵素洗又称酶洗，它是一种先进的、环保的洗水方法。在牛仔产品洗水中，加入适度的生物酶，不单不会引起织物强力的过度损伤，还可赋予织物独特的光泽和柔软的手感，同时能减轻浮石对设备的磨损，增加设备的处理能力，从而提高生产效率。另外，生物酶可降解，其污水易处理，不会对环境产生破坏。

在实际生产中，生物酶可以与浮石并用或代替浮石，经过适当调整用量处理后，能使牛仔面料得到滑爽柔软的手感，颜色有轻微褪色，起毛度有较大程度改善，织物表面由于纱线本身结构或经过洗水摩擦后形成的杂乱长毛变为较规则短毛或无毛，织物磨损度相对较轻，骨位处有一定效果，牛仔服装呈现少许陈旧感。根据酵素的分量、洗涤时间和风格，酵素洗又可以分为重酵或轻酵。

纤维素酶在服装洗涤中的应用已经得到了充分的认可，与石磨整理织物比较，其性能可发生如下变化：

（1）悬垂百分率降低，织物柔软性改善；

（2）压缩率增加，织物膨松性增加；

（3）表面反射率降低，织物蓝白对比度增加，织物石磨效果好；

（4）断裂强度降低，这是由于纤维素酶降解引起织物失重所致。

采用生物酶洗技术替代传统的石磨技术处理牛仔布，可缩短工艺生产流程，减轻劳动强度，降低生产成本，减少污水排放。

酵石洗是在酵洗中加入浮石（或棉球/胶球），让成衣同时经受酵素与浮石的作用，加大其磨损。酵石洗一方面可加强衣物的褪色作用，另一方面也可增强衣物的磨损性，以突出其陈旧感。它在手感、磨损程度、褪色等方面都要较酵素洗夸张，去毛也比酵素洗多而干净（表 2-2-3 和表 2-2-4）。

表 2-2-3　酵石洗前后织物性能对比

	手　感	起毛度	磨损度	陈旧感
洗水前	较硬，挺括	一定绒毛，杂乱	光滑、纹路清晰	颜色鲜明，色泽均一饱满
吸水后	柔软，较光滑	绒毛短而均一	不均一浅度磨痕	褪色较多，泛灰白

表 2-2-4　石洗、酵素洗与酵石洗优缺点

	优　　点	缺　　点
浮石(橡胶球)机械式磨擦	花度好,直接成本低	机器和衣物损耗大,同时浮石的石粉会影响手感,沉淀物多
单用酶/酵素	效果均匀,损耗小	成本高,工艺要求相对高,对控制时间、水温、pH 值要求严格,同时也要顾及回染和过度分解纤维令强度下降等问题
浮石磨加纤维酶/酵素	取两者之长	

一、酵素

酵素,即纤维素酶中的一种,它是一种由生物产生的多组分混合蛋白质,在适当的条件下,能水解 β-1,4-葡萄糖苷键,将纤维素降解为纤维二糖和葡萄糖,主要包括 C_1 酶(又称外切葡聚糖酶),C_X 酶(又称内切葡聚糖酶),和 β-葡萄糖苷酶(即 BG 酶)等 3 种组分。纤维素酶降解棉纤维素需要 3 种酶协同作用,各种酶均具专一性。

纤维素酶因其特殊的结构和对纤维素的有效作,用被广泛应用于靛蓝牛仔布的水洗返旧整理中,纤维素酶具有很多优点:

(1) 来源广、专一性好、催化效率高、易降解、无污染等;

(2) 催化条件易控,通过调节反应条件可控制其对织物纤维的剥蚀程度;

(3) 可清除纤维表面的茸毛(即微原纤维),使纤维表面光滑、洁净且效果持久;

(4) 可以改善纤维的结构,使纤维的部分结晶区向无定型区转变,使织物结构松弛、悬垂性增加,手感柔软;

(5) 在脱短毛的同时,可将吸附在纤维内部的靛蓝剥落,产生石磨洗的外观,提高牛仔服饰的档次和质量。

(一) 常用酵素的分类(表 2-2-5)

表 2-2-5　酵素分类

分类方式	品　　种
按 pH 值分	1. 酸性酶(pH 4.5~5.5):酸性纤维素酶对牛仔布的除毛效果好、剥色率高,但在酶洗过程中去除的靛蓝染料会再次吸附到牛仔布表面,影响服装的档次和质量量。废水中靛蓝质量浓度比较高,处理成本低,对织物机械性能损伤大,而且易返沾色。 2. 中性酶(pH 6~8):它对棉等纤维素纤维的作用比酸性纤维素酶弱,对织物损伤较少。要达到同等的整理效果需较长处理时间或需较高的酶浓度,对织物机械性能损伤小,如果工艺处置恰当,可以很少、甚至没有返沾色,但除毛效果差,剥色率仅为6.5%。通过延长水洗整理时间,可以提高除毛和剥色效果
按使用温度分	1. 冷水(低温)酵素(20~45℃); 2. 热水(中温)酵素(30~55℃) 水浴温度越高,返沾污现象越严重

（续 表）

分类方式	品　种
按形态分	1. 酵素水：由纤维素酶、营养液、防腐剂和渗透剂等组成。 2. 酵素粉：由纤维素酶、pH 值缓冲组分、填充剂及其他添加物组成。 3. 稻糠粉：效果较差，品质不稳定，成本低廉，大多用于低档牛仔服装的水洗。

对于不同的酵素来说，脱色、柔软、抛光各有侧重，酶的活率也有差别，酶洗处理时要有针对性地进行选择。另外，酶处理时间与用量有关，一般提高用量可以缩短时间，具体可根据助剂供应商提供的酶剂的使用说明书进行操作，也可根据实际将酸性酶配合中性酶使用。

（二）酵素的作用机理

牛仔布酵素整理就是利用纤维素酶对纤维素纤维的水解（侵蚀）反应，很少剂量的酵素可代替数公斤的浮石。在剥蚀织物表面的同时，染料也借助水洗设备的摩擦和揉搓作用而随之脱落，从而达到牛仔布所具有的仿旧感效果。在洗水过程中，使用浮石越少，对衣物的损伤越小，对机器的损耗也小，洗涤环境中的砂尘也少。随着洗涤机浮石量减少，衣物放置数量可以增加，因此酵素洗比传统石磨洗生产效率方面大大提高。

酵素中的 C_X 酶仅能作用于可溶性的纤维素衍生物，膨胀和部分降解纤维素，使纤维素出现更多的分子端基，为 C_1 酶的水解创造条件；C_1 酶仅能作用于纤维的结晶部分，主要分解产物为纤维二糖；β-葡萄糖苷酶可将纤维二糖进一步分解为葡萄糖。天然纤维素结构越紧密，C_1 酶和 C_X 酶的作用效果越显著。

一般情况下，酶只在织物表面和浅层起作用，其在一定条件下催化弱化棉纤维，弱化后的棉纤维在机械作用力下与染料一起脱落入水中（图 2-2-11 和图 2-1-12）。

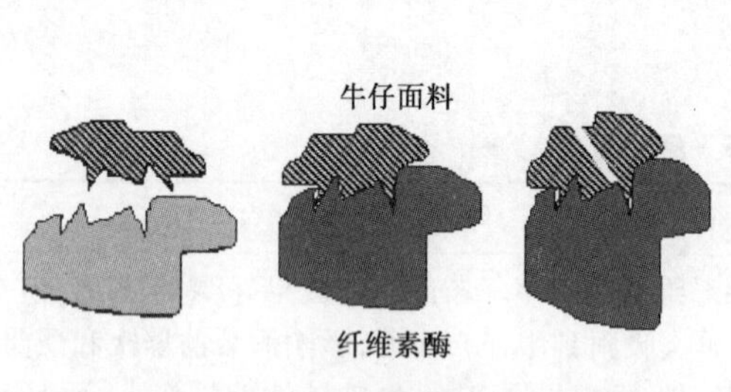

图 2-2-11　酶的催化性过程

图 2-2-12　酵磨机理

酶作用后，牛仔织物表面的靛蓝染色层变松，同时，削弱了纤维表面突出的小纤维，使之极易从纤维上折断。变松的染色层再经石磨机转鼓壁磨擦和织物间相互磨擦就很容易被磨损，未磨擦到的地方，经水溶液的打击力，也能去除一部分表面的靛蓝染料。最终使染色制品获得永久性的柔软手感、柔和的绒面光泽等仿旧效果。同时织物悬垂性大大增加，斜纹织物的纹路更为清晰，凹凸感显著增加。

经过生物抛光酶整理过的衣物，表面几乎难以见到绒毛，不易产生起毛起球现象，衣物吸湿性、悬垂性、手感都有明显改善。加工处理时，应控制衣物失重、强力损伤和部分颜色色光变化较大等问题。

酵素在使用时一定要注意其活力,在特定条件下,1 min 内转化 1 μmol 底物所需的酵素量为一个活力单位(U)。温度规定为25℃,其他条件取反应的最适条件。不同的酵素有不同的活力单位。一般情况下,酵素生产商会在酵素产品说明书上都有标出其标准活力,低于此标准活力则该批产品不合格,在实际应用中表现为洗水效果差。

基于目前的实际情况,洗水厂无法检验酵素的活力单位是否合格,只能看实际的洗水效果,结合活力单位检测和实际洗水效果来判断酵素的功效。在选择时最好选择品牌产品,最主要是因为质量较为稳定,批差极少。另外品牌产品质检严格,并有相关售后服务。

(三)返染问题

在牛仔产品酵素洗的过程中,都会出现脱落的靛蓝染料返染到织物上的问题,返沾污、泛蓝现象直接影响牛仔服装的花纹清晰度、对比度、立体感、底色、饰品、缝线和配布色泽等。

1. 造成返染的原因

(1) 纤维素酶对靛蓝的亲和力包括纤维素酶对靛蓝的聚集作用和与靛蓝的相互吸附作用。

(2) 纤维素酶对棉纤维的结合和水解能力。

(3) 其他因素　酶的浓度、酶活性、洗涤剂、整理时间和机械作用力等。

(4) 纤维素酶(酸性)的浓度较低时被迅速吸附到织物上,随酶浓度的升高,靛蓝的返染程度增大;底物浓度一定时,在纤维素酶和底物达到最大吸附量后,织物上吸附的酶蛋白含量随酶浓度的升高而降低。

2. 返沾色问题的处理办法

(1) 纤维素酶的选择　使用冷水中性纤维素酶水洗。

(2) 添加适量的助剂　利用纤维素酶对牛仔布水洗整理时都加入一些防染试剂(一般是表面活性剂),促进酶在维表面的移动并加快分解产物及靛蓝染料向水相分散。由于表面活性剂通常会影响酶的活力,所以表面活性剂的化学结构、乙氧基化度(非离子性表面活性剂)和使用浓度等也需要考虑在内。如一些非离子表面活性剂和中性盐对酶活有一定的激活作用,而一些重金属盐则有明显的抑制作用,有的非离子表面活性剂可以通过胶束对染料的增溶作用,有效减少靛蓝染料的返沾色;也可以使用其他洗涤剂、分散剂等进行复洗,消除部分返沾色,并使过多的纤维素酶失活,以防止其对牛仔布的过度处理。

(3) 控制反应条件　通过控制搅拌速度来控制纤维素酶对织物的水解作用,减少酶对纤维素的损伤,也可控制酶的浓度及整理时间等来减少返沾色。

(4) 其他酶与纤维素酶联合应用　可以选用其他种类的酶(如漆酶)与纤维素酶联合应用,进一步改善纤维素酶的返旧处理效果,有效减少返沾色。

对于已经产生的沾污现象,可以加入洗涤剂(次氯酸钠、双氧水等)漂洗除去。

(四)漆酶

漆酶是含铜的多酚氧化酶,广泛存在于担子菌、子囊菌等微生物中,尤其是担子菌中的白腐真菌。漆酶通过电子转移,氧化底物产生自由基,该自由基不稳定,会进一步发生聚合或解聚反应,它可以氧化酚类及其衍生物、芳胺及其衍生物、羧酸及其衍生物、甾体激素和生物色素、金属有机化合物等。

漆酶属于木素酶系，不能催化降解棉纤维素，所以漆酶不会结合在棉纤维上来水解纤维，也不会对织物造成损伤；而且漆酶不能直接氧化靛蓝类分子质量小于8 kDa的小分子染料，只能通过加入介体促进反应，漆酶氧化介体产生的自由基再与靛蓝分子作用，从而促进靛蓝的降解脱色。靛蓝脱色机理如下式所示：

利用漆酶对靛蓝的脱色作用，不但可以减少染整废水中的靛蓝含量，降低环境污染，而且由于漆酶对纤维素纤维不起作用，所以不会对纤维造成损伤。漆酶虽然能够催化很多酚型化合物的氧化反应，但由于其氧化还原电势较低，只能够氧化酚型木素结构，而对非酚型类木素结构化合物如靛蓝不能氧化降解。若在某些氧化还原介质帮助下，漆酶能够氧化非酚型的有机化合物，有效解决效能和毒性方面的问题。

漆酶对靛蓝染料的分解效率很高，可以获得织物的全新风格，整理后织物手感厚实、表面光洁平整、色泽明快淡雅；当漆酶与酸性纤维素酶协同作用时，既可使牛仔服在除毛、剥色等方面保持酸性纤维素酶的处理效果，又可显著减少返沾色，提高服装色泽对比度，获得独特的“雪花”效果。与常规纤维素酶水洗相比，漆酶水洗可使靛蓝降解脱色，减少脱落靛蓝对织物的返染程度，且不会对织物强力造成影响。最后，由于漆酶在使用中只要pH值保持在6.0～4.8的范围，加工后无需灭活，生产方便，因而漆酶已被大量应用于牛仔布的脱色返旧整理。

表2-2-6 漆酶的应用情况

加工工序	加工要求	工艺与配方（低浴比1∶5～1∶10）	优 点
退浆和磨洗后	加强中度磨洗力度/中度漂白效果	1.0%～2.0%(o. w. f.)，15～30 min，一次处理	减少加工时间，最小的强度损失，不加浮石磨洗
退浆和磨洗后	清楚再沉积	0.5%(o. w. f.)，15～30 min，一次处理	减少加工时间，相对于传统的洗涤剂，清洗效果更佳
退浆和短时间/低纤维素酶制剂量磨洗后	快速磨洗：减少磨洗时间	1.0%～2.0%(o. w. f.)，15～30 min，一次或两次处理	减少加工时间，最小的强度损失，不加浮石磨洗

（续 表）

加工工序	加工要求	工艺与配方 （低浴比1:5~1:10）	优　点
退浆和磨洗后	重磨/高度漂白效果	1.0%~3.0%(o. w. f.),15~45 min,多次处理,每次15 min	最小的强度损失,不加浮石磨洗
次氯酸钠漂白 注:次氯酸钠和过氧化氢会使漆酶失活	天蓝色的洗旧色调	1.0%~2.0%(o. w. f.),15~30 min,一次或两次处理	最小的强度损失。不加浮石工艺,所需的次氯酸盐剂量会更低
退浆(无磨洗)后	灰色、平缓、低对比度的整理效果	1.0%~2.0%(o. w. f),15~30 min,一次或两次处理	不经磨洗的退色,最小的强度损失,不加浮石磨洗

(五) 生产实践

1. 酵洗

工艺流程:定水位→放蒸汽升温40℃→加料→放水→过水两次→脱水→干衣(80℃×40 min)→吹冷气10 min

工艺配方:防染剂:　1 g/L
　　　　酵素LTC:　1 g/L
　　　　除毛酵素:　1 g/L
　　　　粗粒酶:　1 g/L

影响酵洗的因素:

① 温度20~45℃,pH值6.0~6.5,水质硬度不能超过0.03%,时间一般不超过40 min,否则底色返染严重,酵素也基本失去活性;

② 残留未失活的酶可能使衣服出现的强度损失,可加减调节pH至10或将温度升至80℃,并保持10 min的方式灭活;

③ 除毛酵素用量不超过1 g/L,粗粒酶用量不能超过1.5 g/L。

2. 酵石磨

酵素洗也可与浮石同时并用,称为酵素石洗或酵素石磨洗,是目前普遍采用的磨洗工艺。

若牛仔裤退浆后,先用浮石水洗,再用酵素水洗,便会出现较细腻的花纹;若先用酵素水洗,再用浮石水洗,便会出现较粗的花纹。只要工艺控制适宜,便可做出陈旧但不破烂的效果。

工艺流程:加石头→加水→放蒸汽升温(45℃)→加酵素→放水→过水两次→脱水→干衣(80℃×40 min)→吹冷气10 min

工艺配方:天然浮石　根据需要
　　　　防染剂　0.5 g/L
　　　　酵素　1 g/L
　　　　粗粒酶　1 g/L

注意事项:

① 厚重布料用较大型号的人造石,薄布料用小天然石,花度粗的用大石块,花度细和磨到布底面的用小石头;

② 做样板时，浮石用量不可太多；新的浮石要先打磨5～10 min后才能使用；深色磨洗的时间要考虑大货的可复制性；

③ 酵石磨过程要注意袋布和受力位置车缝线是否有断线现象。

3. 漆酶

工艺流程：水→蒸汽升温60℃→加酶→在加冰醋酸→煮15 min→过水（两次）→干衣（80℃×40 min）→冷风10 min

工艺配方：IIS漆酶　0.5～1 g/L
　　　　　绿光漆酶　0.5～1 g/L
　　　　　冰醋酸　0.15～0.25 g/L（调节pH和消除色光）

注意事项：

① 适合的pH值范围：4.5～5.0，60～65℃效果最佳；

② 漆酶有酵石磨的效果，主要目的是为了增加花度，但是要严格控制时间；

③ 温度控制，温度到60℃时再加入漆酶，对样板效果时，衣物要取出设备；

④ 漆酶的褪色反应在开始的15～20 min内就完成80%～90%，因此时间应控制在20 min之内；

⑤ 绿光漆酶溶解性较低，一定要充分溶解后方能加入缸内；

⑥ 加冰醋酸后，色光一般偏红；

⑦ 过水一定要干净。

4. 生物抛光

为提高服装的光泽和亮度，可以通过酶洗进行生物抛光。经过生物抛光酶整理过的衣物，表面绒毛几乎难以见到，不易产生起毛起球现象，衣物吸湿性、悬垂性、手感都有明显改善。用控制衣物失重3%～5%的方法来判别光洁效果，对强力没有过度损伤。但经生物抛光整理后，有部分颜色色光变化较大，在使用中要注意。

抛光工艺：生物抛光酶（g/L）　1
　　　　　防染剂（g/L）　0.5
　　　　　温度（℃）　45～55
　　　　　时间（min）　15

5. 双酵

双酵加工是为了达到某种极度怀旧的石磨效果而作出的工艺方案。顾名思义，也就是在做成品打磨或是底色打磨时有过两次加入酵素粉（石头）进行处理，使牛仔布表层出现花度白点的工艺过程。双酵主要分以下三种：

（1）双酵漂怀旧　退浆→过清水→打磨→过清水→二次打磨→过清水→下漂→烘干喷马骝或是后处理色光及过硅软→出机。

（2）双酵磨怀旧　退浆→过清水→打磨→过清水→二次打磨→过清水→烘干喷马骝或是后处理色光及过硅软→出机。

（3）双酵染怀旧　退浆→过清水→打磨→过清水→染底色→过清水→二次打磨→过清水→烘干喷马骝或是后处理色光及过硅软→出机。

退浆→过清水→染色→过清水→打磨→过清水→二次打磨→过清水→烘干喷马骝或是后

处理色光及过硅软→出机。

(六)质量控制

1. 用量

用量应根据效果来定。太少达不到酶洗石磨效果;太大会损伤织物(织物强力下降过大),并增加成本。对于厚重、耐磨的牛仔布可以在纤维素酶处理的同时加入少量浮石,提高效果。

2. 浴比

太小,织物带液太少,摩擦不均匀,影响酶洗效果;太大,酶的用量就要高,增加成本,液体量多使织物容易漂浮在液面与酶的相互接触不紧密,摩擦也不充分,酶洗效果差。浴比一般控制在1∶10~15。

3. 温度

酶是蛋白质物质,要发挥酶对纤维素的作用,就要保证酶的活力。酶的活力只有在特定的温度条件下才能保持最佳。温度过高或过低都会使酶的活力下降,甚至丧失催化作用。

4. 时间

过短,磨洗效果差;过长,容易造成织物磨损过度,强力下降过大而影响服用效果。如果用酸性酶处理时间过长还会导致较为严重的沾色。

5. pH值

每种酶均有其最适宜生存的pH环境,只有在此环境它才能充分表现出最高的催化剂活性。

6. 灭活

酶洗后可以通过升高温度或加入碱剂来终止酶的活力。一般温度在80℃或pH值在10以上酶就失去了活性,最后采用60℃皂洗。

第四节 漂 洗

漂洗是水洗厂最常见的一种方法,漂洗的目的是用氧化漂白剂对牛仔面料上的靛蓝或硫化染料进行破坏,使其剥去部分颜色,同时改善牛仔面料色泽、鲜艳度及亮度等的加工方法。常规的漂洗主要包括氯漂、氧漂和高锰漂,新型的漂洗还包括臭氧处理和激光处理。常规漂洗的工艺流程如下:

准备(分色,调整配方,固定部件等)→退浆→清洗→漂洗→清洗(还原清洗或脱氯)→中和→洗涤、增白(皂洗→增白→清洗(两次))→柔软→脱水(烘干)

一、氯漂

氯漂工艺是在漂洗过程中使用次氯酸钠作为漂白剂,氧化性强并且价格便宜,工艺成熟。漂白剂次氯酸钠是一种选择性低的氧化剂,对棉织物上的杂质及染料都有很好的漂洗作用。另外,氯漂工艺漂洗时间较短、成本较低,便于控制。

(一)次氯酸钠

次氯酸钠是一种强碱弱酸盐,其水溶液呈碱性,能逐步分解成氯化钠、氯酸钠和氯,是强氧化剂。次氯酸钠在中性或酸性时很不稳定,在弱碱时也很不稳定,只有在强碱时才比较稳定。市售的次氯酸钠含有大量的烧碱。次氯酸钠在加热或在光作用下分解速度加快,次氯酸钠的含量随溶液 pH 值的降低而增加,溶液由碱性变为酸性时,次氯酸钠溶液中的主要生成物质依次为 NaClO—HClO—Cl_2因此次氯酸钠溶液在中性和酸性条件下均不稳定,在碱性条件(pH 值在 9 以上)较稳定。

其分解产物随溶液 pH 值的不同而不同,因此,在不同 pH 值下具有不同的氧化性:

pH 值 =2 时,绝大部分为 Cl_2;

pH 值 =2 ~3 时,主要为 Cl_2和 HClO;

pH 值 =4 ~5 时,多数为 HClO,少量为 Cl_2;

PH 值 =5 ~6 时,主要为 HClO 和 NaClO;

pH 值 =9 时,主要为 NaClO。

次氯酸钠的水溶液以如下状态存在:

$$NaClO + H_2O \rightleftharpoons NaOH + HClO$$

但次氯酸很不稳定,分解生成氯化氢和新生氧:

$$HClO \longrightarrow HCl + [O]$$

(二)漂洗原理及影响因素

次氯酸分解出的新生氧,氧化能力很强,漂洗作用的产生也可能是由于新生氧破坏染料结构,牛仔服装的靛蓝被氧化成靛红,靛红可溶于水,从而靛蓝染料被除掉,而达到漂洗目的。另外,次氯酸钠对纬纱也有一定的漂白作用,对面料有一定除杂作用,因此其加工出来的产品颜色对比度更高,颜色更加艳丽。

漂洗的影响因素包括漂洗时间、次氯酸钠浓度等。

1. 漂洗时间

漂洗时间会直接影响到牛仔服装漂洗的效果。随着时间的增加,次氯酸钠分解出来的新生氧数量逐渐增多,氧化性加强,破坏染料的能力增强,同时对纤维和纱线的结构也会产生一定的影响,影响到牛仔服装的强力、色光、白度及厚度等。

漂洗的时间根据牛仔服的颜色深浅而决定,一般为 10 ~20 min,反应时间在 15 min 时,牛仔服装各物理性能较好。但随着时间继续增加,纤维受损程度加剧,强力开始大幅度降低,白度提升不大。

2. 次氯酸钠的浓度

次氯酸钠的浓度直接关系着新生氧的数量。漂洗中次氯酸钠的浓度以不牺牲牛仔布强力为前提,并达到所需的漂洗效果为最佳。浓度过高,纤维的受损程度加剧,纤维的强力下降,牛仔布的强力也相应下降。

3. 漂白温度

漂白温度不可过高,以减少有效氯的挥发,防止漂白速度过快。氯漂一般分三种方式:冷水漂、加温漂和中温漂。在牛仔的水洗中,最常用的是中温漂洗,冷水漂适合于底色要求深的牛仔服装,低温漂则适合于极浅色的牛仔服装产品。

4. pH 值

pH 值应控制在 10~11,有利于减少对纤维的损伤,控制漂白速度。

5. 浴比

浴比太小,残留氯太多;浴比太大,水洗不充分。

6. 增白剂

用量太多,白度过高,水洗效果不好。

7. 纯碱

纯碱要充分溶解,脱氯后,必须充分清洗,以防止氯残留在衣物上。

8. 碳酸钠

在脱氯时加入适量的碳酸钠,有助于加快释氧速度。

9. 柔软剂

柔软剂使用温度不能过高,用量不能过多。

表 2-2-7 各种牛仔服装经过次氯酸钠漂洗之后性能变化

	靛蓝牛仔服装	硫化黑牛仔服装	套染牛仔服装
强力损失	15%左右	5%左右	5%左右
白度升幅	5%左右	3%左右	白度下降 3%左右
厚度损失	10%左右	5%左右	5%左右

经氯漂后,服装上始终有部分未分解的次氯酸钠残留氯。残留氯的存在不仅对人体健康有一定的危害,还损伤纤维的性能。特别是对出口服装,不允许含有游离氯,所以一定要进行脱氯。最常用的方法是用大苏打进行处理,方法如下:

(1) 服装漂洗后→2%~3% $Na_2S_2O_3$(大苏打),40~50℃,10~20 min→充分洗涤。

(2) 服装漂洗后→焦亚硫酸钠 1~2 g/L,室温 2 min→再充分洗涤。

(三) 氯漂加工特点

(1) 氯漂的褪色效果粗犷,多用于靛兰牛仔布的漂洗。浅色及普通蓝通过氯漂能获得更加艳丽的天蓝色,特深蓝也能漂洗成深蓝与天蓝的混合色。氯漂对硫化牛仔面料和套色牛仔面料作用不大。

(2) 在漂洗过程中控制相对比较困难,很难在重复操作中得到相同漂洗程度。

(3) 布料漂后易泛黄,需要增白处理。

(4) 氯漂对纤维强力损伤较大,加漂白洗涤剂的方向应与转缸方向一致,以避免衣物因与漂白剂直接高浓度接触,而出现漂白不均的现象。

(5) 漂白时应控制时间和温度,避免漂的时间太长造成强度下降,尤其是弹力面料,加工温度一般比常规纯棉牛仔氯漂温度低 5~10℃。

(四) 实际生产工艺

1. 工艺流程

加水→蒸汽升温(45℃)→化料(烧碱)→加烧碱转 2 min→加漂水(顺转,时间根据实际颜色而定)→过水两次(加一下蒸汽)→加焦亚硫酸钠(冷水转 5 min)→过水两次→脱水→干衣

(80℃ ×40 min)→吹冷气 10 min

2. 工艺配方

烧碱	1 g/L
次氯酸钠(漂水)	15～25 g/L
焦亚硫酸钠	2～2.5 g/L

烧碱先加入转 2 min 后再把漂水倒入,加入烧碱的作用是保护纤维,防止纤维强度被过度破坏。漂白时应控制时间和温度,避免漂的时间太长造成强力下降。在漂的当中应边漂边取出对样,对样可以采用生产样湿样烘干部分与来样对比,也可以将客户样和生产样一起泡在清水中进行对比,后者比较准确。

经氯漂后,服装上始终有部分未分解的次氯酸钠残留液。残留液的存在不仅对人体健康有一定的危害,还损伤纤维的性能。特别是对出口服装,不允许含有游离氯,所以一定要进行脱氯。

3. 生产注意事项

(1) 配液　先稀释烧碱,过滤后加入洗水机内转 2 min,再加漂水;工作液 pH 值为 11～12,(不可超过 12)。配液温度不能过高,温度一般小于 45℃。

(2) 非弹力布漂洗温度控制在 55℃左右,漂水用量不可超过 40 g/L,时间不可超过 20 min;弹力布漂温度在 55℃时,漂水用量不可超过 30 g/L,时间不可超过 20 min,或调整漂工艺,减少对弹性纤维的损失。

(3) 如特殊需要,漂洗时可加纯碱用量 2 g/L,此工艺不适用于重漂。

表 2-2-8　各种牛仔布氯漂后颜色变化(彩)

面料	特深蓝	黑牛	灰牛	路蓝	墨绿蓝	亮鲜蓝
轻漂						
中漂						
重漂						

(4) 漂完之后过水时要放一下蒸汽,目的是为了冲出蒸汽管内残余的漂水,避免影响其他

工序。

二、氧漂

氧漂是利用双氧水在一定 pH 和温度下的氧化作用来破坏染料结构,从而达到褪色、增白的目的,一般漂后布面会略微泛红。由于其作用较温和,因此白色衣物的漂洗多用双氧水。

(一)漂洗原理

双氧水是一种无毒但有较强腐蚀性的氧化漂白剂,是一种弱的二元酸,不稳定,易分解,在酸性条件下稳定,在碱性或高温条件下很快释放出氧气。双氧水主要利用过氧化氢离子的氧化作用来改变染料的结构,以达到漂洗的目的,一般漂布面会略微泛红。在碱性条件或遇到金属离子时分解加速,其分解产物为 HOO^-,是漂洗的有效成分。因此,在漂洗过程中溶液的 pH 值应为碱性或加入一些金属离子来提高双氧水的漂洗速度。

双氧水适宜对硫化黑牛仔服装进行漂洗,硫化黑牛仔服装经过双氧水漂洗之后,染料结构发生了变化,增加了 C—H 基团,这些基团致使漂洗后的硫化黑牛仔服装颜色明亮,有光泽。

氧水漂洗工艺简单,不会对环境造成污染,漂洗废水中也不含有毒的化合物,废弃物易生物降解。氧漂工艺适应性强,漂洗后稳定性好,漂洗无污染,被国内外的企业广泛采用。

(二)影响因素

双氧水的用量视染色织物的色深程度而定。衡量双氧水用量是否合理的一条重要准则是:在100℃下处理布样 15 ~40 min 颜色深浅的变化是否符合要求。若在短时间内剥色太快,会造成剥色不均匀的现象,则需减少双氧水的用量,或者降低反应温度;若在100℃处理 40 min 仍不能足够剥色,则需要增加双氧水的用量。

当双氧水的用量一定时,剥色的程度主要取决于温度。对耐双氧水较差的染料时,建议在80℃以下处理,方便控制剥色程度;颜色较深时,应该升高反应温度。

双氧水漂洗的工艺至今还存在一些不足,比如双氧水蒸煮工艺需要在高温下处理 1 h 才能完成漂洗作用,耗能高,对纤维的损伤较大。

影响氧漂的因素主要包括漂洗时间、双氧水浓度和漂液 pH 值等。

1. 双氧水漂洗时间

漂洗时间对漂洗效果有直接影响。随反应时间的增长,双氧水分解生成的过氧化氢离子数量增加,氧化作用增强,对染料及纤维影响逐渐增强,反应时间在 20 ~30 min 时,面料的的强力、白度及色光变化较为稳定。

2. 双氧水浓度

氧漂时双氧水的浓度应以能达到一定剥色的效果,又要使纤维损伤最小为原则。双氧水浓度控制在 5%(o. w. f.)左右时面料强度降低不大,并能达到一定的白度要求;浓度再高则强力开始降低,厚度开始下降,白度上升幅度不大。

3. pH 值控制

常规漂洗时漂液 pH 值在 10.5 ~11 范围内,因此企业一般在氧漂配液时加烧碱调节 pH 值。烧碱是双氧水的活化剂,它能促进双氧水的分解,使双氧水生成具有漂洗作用的过氧化氢离子,在 pH 值为 10.5 ~11 的情况下,双氧水以中速分解达到漂洗的目的。但在漂洗过程中烧碱的用量较大,使漂洗很不稳定,加速了双氧水的分解,不仅造成浪费,而且会导致纤维降解使织物脆损。烧碱浓度在2%(o. w. f.)时强力损失较小,白度增量较大(表2-2-9)。

表2-2-9 各种牛仔服装经过双氧水漂洗之后性能变化

	靛蓝牛仔服装	硫化黑牛仔服装	套染牛仔服装
强力损失	10%左右	10%左右	10%左右
白度升幅	10%以下	25%左右	10%以下
厚度损失	10%左右	10%左右	10%左右

注:对于弹力牛仔布,在氧漂的过程中,布样收缩变形,厚度增加。

(三)生产实践

1. 工艺流程

加水→加纯碱与防染剂转一圈(冷水)→开蒸汽升温至(50℃)→关闭蒸汽→加入已对水双氧水(顺转)→转5 min→过水两次→脱水→干衣(80℃ ×40 min)→冷风10 min

2. 工艺配方

配方1:

防染剂	0.25 g/L
纯碱	1~1.5 g/L
双氧水	2~2.5 g/L

配方2:

烧碱	1~2g/L
30%双氧水	6%~7%
硅酸钠(稳定剂)	0.1%~0.5%
渗透剂	1%~2%
增白剂	0.5%~1%
温度(℃)	95~100
时间(min)	40~60

3. 生产注意事项

(1)双氧水漂白最有效的pH值为10.5~11,纯碱的用量为3.5 g/L;

(2)常要求白度较纯,鲜艳度要求相对好的才用双氧水漂;

(3)如用40~50℃煮漂双氧水时,在升完温度后再加稀释的双氧水,如高于50℃煮漂的,在50℃时加入稀释后双氧水,再升温煮漂;漂前拉链要拉上、钮扣要扣上,防止有拉链齿印和钮扣印。

三、高锰酸钾漂洗

在漂洗中除了使用次氯酸钠和双氧水外,目前高锰酸钾也是流行的漂洗剂。高锰酸钾是一种黑紫色晶体,在使用前先经溶解,再用清水稀释至需要的浓度才能倒入缸内,且缸内不能加温,以免高锰酸钾溶液在高温下氧化过快造成漂花(表2-2-10)。

表 2-2-10 漂水、双氧水与高锰酸钾漂洗优缺点

	优 点	缺 点
漂水/双氧水	成品强度损伤小、还原方便	对 pH 值敏感,具挥发性,炎热天气下效能每天可下降 15%,所以稳定性较难控制。
高锰酸钾	粉状存放方便稳定	布面色光偏暗,还原工艺要求相对高

(一) 高锰酸钾漂优缺点

(1) 双氧水漂黑色牛仔只能漂成中灰或中浅灰色,不能漂很浅,也不能把黑色牛仔布漂白,而高锰酸钾漂则可以。

(2) 高锰酸钾漂黑色牛仔,漂后织物表面有一层白毛,类似于雪花洗效果,而双氧水漂出来面料里外颜色都较呆板。

(3) 在对色方面,高锰酸钾本身颜色较深,很难看准底色的深浅度,对操作人员要求很高。

(4) 使用高锰酸钾进行漂白,如果加入磷酸加强效果,车间会产生难闻气味;但不加磷酸,则漂出来的牛仔服色光不够鲜艳,如果服装缝合的位置渗透不好,还很容易漂花,出现深浅色斑。

(5) 经高锰酸钾漂后,都需要大量草酸还原,温度过低服装上残留的锰化物就会清洗不干净,温度提高则会产生难闻气味。而且草酸用量太大的话,服装面料会出现强力降解。

(6) 一般黑色牛仔染料掉色少,用双氧水加烧碱高温漂洗即可,对于要求很浅的的就必须用高锰酸钾进行漂洗。高锰酸钾成本较低,但漂洗质量不稳定。

(二) 漂洗原理

高锰酸钾在酸性或碱性介质中都具有氧化性,可以分解出新生氧,具有特殊的强氧化性,但在两种介质中的作用不同,在酸性介质中氧化能力更强。

在碱性介质中:

$$2KMnO_4 + 5H_2O \xrightarrow{[OH^-]} 2KOH + 2Mn(OH)_4 + 3[O]$$

在酸性介质中:

$$2KMnO_4 + 3H_2SO_4 \longrightarrow K_2SO_4 + 2MnSO_4 + 3H_2O + 5[O]$$

高锰酸钾在牛仔服装漂洗中无论在酸性或碱性都能对靛蓝、硫化等染均能褪色,用高锰酸钾不需加热,在酸性介质中氧化性较强。

(三) 影响因素

影响高锰酸钾漂洗的因素主要包括高锰酸钾溶液的酸碱性和高锰酸钾的浓度。

1. 高锰酸钾的氧化作用取决于溶液的酸碱性,pH 值的大小是影响漂洗效果的重要因素之一

高锰酸钾在碱性条件下会生成 MnO_2 沉淀,对处理不利。较低的 pH 值有利于高锰酸钾氧化性的发挥,反应生成浅肉色 Mn^{2+},使织物表面色泽暗淡,反应生成的二氧化锰被还原成溶于水的锰离子,不会影响布面效果。

高锰酸钾在适当的酸性条件下,能分解出氧化性极强的活性氧,且数量不断增多,在破坏染料结构的同时,对纤维产生一定程度的损伤,纤维强度下降,牛仔服装的强力也会相应降低,布

样厚度也会下降。磷酸对高锰酸钾的氧化性有催化作用，磷酸浓度增加，高锰酸钾分解出活性氧的速率加快，氧化性加强，浓度过高，致使分解加剧，造成高锰酸钾的浪费。磷酸浓度在1% ~ 2%(o. w. f.)，反应时间在5 ~ 10 min时牛仔服装的强力保留率较高，各性能指标较好。

2. 高锰酸钾的浓度

高锰酸钾的浓度直接关系着活性氧的数量，活性氧的数量越多，氧化性越强，对纤维和纱线的结构影响越大，造成纤维脆化且直径下降，使纤维强力降低，影响牛仔服装的强力及厚度等物理性能。综合考虑其他各项物理性能，高锰酸钾浓度在2% ~3%(o. w. f.)时，牛仔服装的各项物理性能较空白布样损失不大。浓度继续增加，布样白度继续增大，但强力及厚度均大幅度下降(表2-2-11)。

表2-2-11 各种牛仔服装经过酸性高锰酸钾漂洗之后性能变化

	靛蓝牛仔服装	硫化黑牛仔服装	套染牛仔服装
强力损失	10%左右	5% ~10%之间	5%左右
白度升幅	150%左右	50%左右	30%左右
厚度损失	10%左右	6% ~8%	6% ~8%

生产实践

1. 高锰酸钾漂

(1) 工艺流程

加水→加高锰酸钾溶液(冷水)→过水两次(加点蒸汽)→中和(冷水)

(2) 工艺配方

高锰酸钾 15 ~25 g/L

(3) 生产注意事项

① 漂前高锰酸钾应加水稀释，加料后及时用清水清洗机盖；

② 使用高锰酸钾漂洗时，需加入一定量的酸，在漂洗过程中，先加入高锰酸钾漂洗数分钟后再加入酸，以免高锰酸钾在酸性条件下氧化过快，出现漂花现象；

③ 对板前一定要将样板清水后，再进行中和(用草酸双氧水或焦亚硫酸钠)，对完版后必须用清水洗干净残留的(草酸双氧水或焦亚硫酸钠)，再入机漂；

④ 操作过程其他除对板部分需中和外，其他部位不可黏到中和剂(焦亚硫酸钠或草酸)；

⑤ 加高锰酸钾时，机器一定要顺转。

2. 淋高锰酸钾

(1) 工艺流程

配制高锰酸钾溶液→边转边淋(1 ~2 min)→再转1 ~2 min→出机充分反应→中和

(2) 工艺配方

高锰酸钾(按照一定的比例配制)

(3) 生产注意事项(图2-2-13)

① 洗水机里必须干净干燥；

② 在淋高锰酸钾的时候，一定要在洗水机在转动的时候淋，而且速度要快，否则布面会变成

一点点。

图 2-2-13　淋高锰酸钾加工

一般来说漂水都是用于漂蓝色牛仔服装,高锰酸钾漂蓝色牛仔服装除非是做酵染怀旧,一般都用于漂黑色牛仔及灰色牛仔服装。高锰酸钾和漂水漂出来色光与风格是不同的。漂水漂黑色牛仔织物所呈现的色光是暗黄或者暗红色,而高锰酸钾所漂色光是灰色(表 2-2-12)。

表 2-2-12　各种牛仔布高锰酸钾漂后颜色变化(彩)

面料	特深蓝	黑牛	灰牛	路蓝	墨绿蓝	亮鲜蓝
轻漂						
中漂						
重漂						

高锰酸钾处理后使用焦亚硫酸钠或草酸进行解漂。焦亚硫酸钠解漂速度快,色泽好,价格稍高;草酸解漂后布面颜色偏黄,价格低(图 2-2-14、表 2-2-13 和表 2-2-14)。

A. 靛蓝氯漂(轻/中漂)

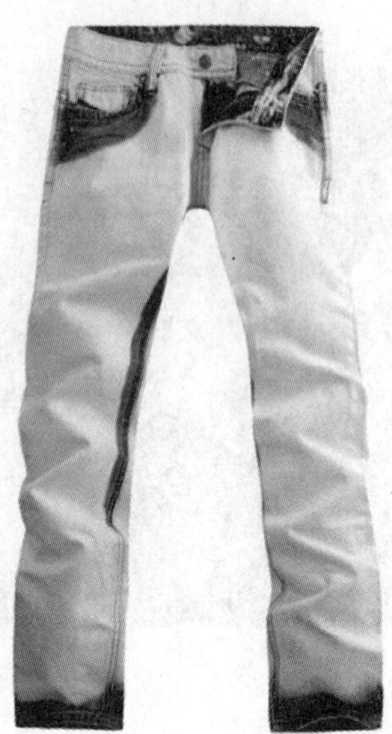

B. 靛蓝锰漂(重漂)

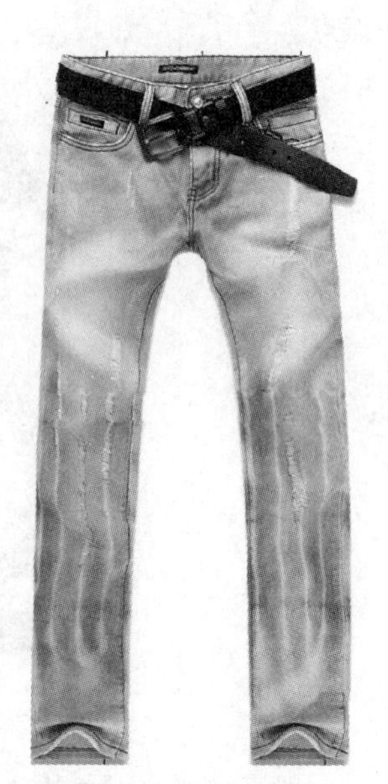

C. 硫化锰漂(重漂)

图 2-2-14 漂洗后的牛仔成衣(彩)

表 2-2-13 耐漂程度分析

颜色	颜色稳定性					
	漂水轻漂	漂水中漂	漂水重漂	高锰轻漂	高锰中漂	高锰重漂
特深蓝	良好	良好	一般	良好	良好	一般
深蓝	良好	良好	一般	良好	良好	一般
浅土灰	差	差	差	良好	差	差
蓝黑	一般	较差	较差	一般	一般	较差
亮鲜蓝	良好	一般	较差	良好	良好	一般
超特深蓝	良好	一般	较差	耐漂	一般	差
紫灰蓝	一般	差	差	一般	差	差
路蓝	一般	较差	差	一般	一般	差
大海蓝	良好	一般	差	良好	一般	差
墨绿蓝	良好	良好	一般	良好	良好	较差
黑牛	差	差	差	良好	良好	一般
灰牛	差	差	差	良好	良好	一般

表 2-2-14 不同颜色牛仔布洗水方法

牛仔布颜色	染色工艺说明	建议的洗水方法
特深蓝	纯靛蓝染色	适宜高锰、漂水漂白
深蓝	纯靛蓝染色	适宜高锰、漂水漂白
浅土灰	三种硫化染料法混拼染色	适宜高锰轻漂;不可漂水漂
特深蓝+青	较深的靛蓝套硫化染料	适宜高锰、漂水轻漂;不宜重漂
蓝黑	较浅的靛蓝套较深的硫化染料	适宜高锰、漂水轻漂;不宜重漂
加亮鲜蓝	还原染料套靛蓝,还原染料底色易波动	不适宜高浓度高锰、漂水漂
超特深蓝	较深的靛蓝套硫化染料	适宜漂水漂;高锰轻漂;不宜高锰重漂
紫灰蓝	较深硫化染料套较浅的靛蓝	不适宜高锰、漂水漂白
新亮灰蓝	较深的硫化料套较深的靛蓝	不适宜高锰、漂水漂白
路蓝	较浅的靛蓝套较浅的硫化料	不适宜高锰、漂水漂白
大海蓝	浅的靛蓝套较深的硫化染料	适宜高锰、漂水轻漂;不宜重漂
墨绿蓝	中等深度靛蓝套硫化染料	适宜高锰、漂水轻漂;不宜重漂
灰牛	三种硫化染料混拼	适宜高锰轻、中漂;不可漂水漂
黑牛	纯硫化料染色	适宜高锰漂;不可漂水漂

除了上面所提及的氯漂、氧漂和高锰酸钾漂外,市场上还有保险粉漂和无盐素漂。保险粉漂是使用保险粉对牛仔服装进行漂白处理,其漂白效果不及氯漂及锰漂,因而使用较少;无盐素漂是用无盐的靛蓝脱色剂配合烧碱,水温在 80~90℃ 漂白,蓝色牛仔面料在达到高温的时会呈现绿色,比对的时候相对有难度,中和后恢复原状。此方法除非有特殊要求,一般不会使用。

第五节 炒　漂

炒漂是将成衣放入洗水缸内(有时也会加入泡沫,海绵球,石头等),在洗水机转动时洒入高锰酸钾溶液,随着设备转动,成衣与工作液在不同角度和不同位置发生作用(加入的泡沫,胶球,石头也会吸附一些工作液,在内部与成衣发生作用),使牛仔成衣产生不同程度的褪色变白的工艺过程。

一、炒漂的分类

1. 目前市面上的炒漂类型主要种类

(1) 退浆后脱水炒或不脱水炒。

(2) 扎花炒或不扎花炒。

(3) 加其他辅料(海绵球、泡沫球等)或不加任何辅料炒。

(4) 单炒(炒一遍)或是双炒(炒两遍)。通常双炒的第二遍都是用石头或是泡沫块炒。

(5) 先放牛仔成衣再边炒边加高锰酸钾溶液或是先将高锰酸钾溶液淋洒于辅料之上再放入牛仔进行漂洗。

2. 鉴别方法

(1) 未经脱水炒漂的牛仔成衣经过加工后的都会有黑(蓝)白相间的花斑,其白度的边缘有非常好的过渡缓冲效果,且除打枪位置之外牛仔的其他大部黑(蓝)白相间效果不是很明显。而脱水炒的效果恰好相反。

(2) 扎花炒漂牛仔成品在面料表层不仅有漂洗黑(蓝)白相间的效果,而且还有一些人为的水痕效果;不扎花的牛仔成衣只是表层仅有漂洗效果而不会有水痕效果。

(3) 如果牛仔在漂洗时不加任何辅料,炒出来的效果通常比较规整,在蘸有高锰酸钾溶液处通常也都是均匀的一块白斑;而加过泡沫球漂洗出来的牛仔,可以看到牛仔的白斑处通常会有深浅不匀的效果。

(4) 单炒的效果既是普通的漂洗效果,双炒的效果则是在普通的漂洗效果基础上多了一些不规则的白点。这些白点通常是第一遍炒完解漂,然后烘干(或需喷马骝)之后多炒一遍红石或是多炒一遍淋洒过高锰酸钾溶液的泡沫块。

(5) 先放牛仔成衣再淋洒高锰酸钾的漂洗方法是一般性的漂洗,而先在海绵球或泡沫球上淋洒一遍高锰酸钾然后再平铺上需要漂洗的牛仔成衣进行漂洗的,则白斑处会有很清晰的黑白点的效果,黑白相间的明显程度高于后加高锰酸钾溶液淋漂的牛仔成衣。

二、加海绵球炒漂工艺

加海绵球炒漂所加入的海绵球直径为4.8 cm。用海绵球漂洗的方法通常为两种,一种是混炒,另一种是淋炒(淋漂),其使用方法及效果如下:

1. 混炒

混炒是先将一定量的海绵球及牛仔成衣(已湿过水的)同时加入机缸,轻微点动洗水机使牛仔服装与海绵球融为一起,然后再转机,按样板的炒白程度加入高锰酸钾溶液。加工出来的成品白度面积大,能够摩擦到很多死角,如牛仔裤裆部、牛仔衫腋下等。脱水不是很干燥的牛仔服装在漂洗之后,炒白的区域明显能看到白色点状效果。而如果是脱水很干再进行漂洗的牛仔服装更是可明显地看出炒白区域几乎是由颗粒状的雪花点构成。

2. 淋炒

淋炒即是先把高锰酸钾溶液的浓度调好,然后用喷壶向机缸内的海绵球喷洒,洒够一定的湿润度后关机门点动数圈,以调适机内海绵球吸收高锰酸钾溶液的均匀性。之后将牛仔服装加入机缸,平铺于海绵球之上,完成后即可转机开始漂洗。此时无论牛仔服装漂洗前的干湿程度如何,大货的炒白区域都是由白点构成,而不会有片状或块状的炒白效果。这是因为牛仔服装上的炒白区域全部由海绵球上的高锰酸钾溶液摩擦而成,而海绵球与牛仔服装的接触面只能是很小的点状区域,所以最终炒出的白点颗粒效果较之于混炒的白点颗粒效果更加清晰。

三、蓝天白云炒

将牛仔成衣(已湿过水的)加入机缸,然后转机,按样板的炒白程度加入高锰酸钾溶液,不加任何辅料(如海绵球、泡沫球、泡沫块、毛巾等)进行加工,这种方法也是行业中所谓的传统的蓝天白云炒法(图2-2-15)。

图2-2-15 蓝天白云炒的牛仔裤

加工流程:退浆(或是简单浸水)→捞出脱水(或是不脱水)→加入机缸(未脱水的空转几分钟)→加高锰酸钾溶液→清水过一至两遍→解漂(或是捞出脱水拔胶针再解漂)。

不加任何辅料混炒的牛仔服装通常都会因为漂洗时间过短而导致局部漂洗不匀或是死角无法炒到的现象。

四、生产注意事项

1. 白点

炒漂无论是大货还是打样,一旦控制不好,都会容易出现白点现象。白点就是在牛仔布面大面积正常的炒漂白度中出现的白斑现象,它的出现主要原因可分为以下几类:

(1) 炒漂时高锰酸钾溶液未完全溶解就投进设备内,造成炒漂中部分未融化的高锰酸钾直接黏着在布面上与该处染料进行反应,形成斑点。

(2) 炒漂前退浆工序退浆不干净,部分浆料返黏到布面上。浆料对高锰酸钾的亲和能力要高于面料本身,部分附有浆料的地方高锰酸钾会被吸附到浆料上,造成局部地方浓度过高而形成斑点。

(3) 加工过程中,大货半成品成衣脱水过干,当高锰酸钾溶液顺机缸渗水孔流入时,由于棉纤维湿润不足,高锰酸钾溶液无法全面、均匀渗透到纤维中,造成流入机缸的高锰酸钾溶液被部分含水量高的棉纤维吸收后立即小范围扩散,分解该处的靛蓝染料而产生白点。因此,在生产加工中应尽量保证面料的湿润度,在样板布面并没有蓝白非常分明的情况下,生产可以减少脱水工序。

(4) 洗水机操作人员在对板时,将洗水机电源关闭或运行按钮关闭,使洗水处于静止状态。而静止的洗水机上端的高锰酸钾溶液仍会沿渗水孔垂直滴落于机缸内的牛仔布面之上,如此便产生了白点现象。避免此类问题的方法是看缸人员在对板时,迅速取出需对板的牛仔裤,然后关机门继续自转运行即可。

(5) 操作人员没有做好清洁处理,洗水设备内海绵球没掏干净;或者服装过水时,海绵球解漂不彻底,还有高锰酸钾残留,造成色点。

2. 白毛

炒漂大货烘干后,在牛仔面料表层有一层不规则白色的白块称之为“白毛”现象。白毛现象产生仅限于牛仔面料表层的纤毛变白,而经纱布底的靛蓝还能清晰可见,这是因为高锰酸钾没有完全的渗透于布底。这类情况的原因及解决方法同白点,另外造成白毛问题的原因可能是:

(1) 高锰酸钾溶液中磷酸的比例太高,布面含水度不足;

(2) 面料没有经过酶处理,面料上的有绒毛或者绒毛长度不均匀,炒漂时高锰酸钾溶液被绒毛托住,没有渗透到织物中。

第六节 常规工艺所产生疵点及产生原因

常规工艺所产生的疵点及其形成原因见表2-2-15。

表2-2-15 疵点及原因

疵点	产生疵点工艺	疵点产生原因
浆斑	普洗、石磨、石漂、漂洗	1. 退浆工序中操作不当 2. 未充足退浆,退浆率低 3. 染整过程中上浆不匀
白痕	普洗、石磨、石漂、漂洗、酵素洗、炒雪花	1. 入缸时,未充分吸水润湿 2. 服装本身有折痕,在洗水加工前没有熨烫或吹气撑开折痕 3. 入缸的衣服太多,或加水量过少 4. 衣物所含成分中涤纶较多,在水中僵硬 5. 退浆工序未能正确贯彻工艺要求 6. 烘干时,温度太高且衣物过多 7. 衣物堆置时间过长 8. 洗水设备运转不正常,转速不匀 9. 退浆不彻底,退浆率低
回染	普洗、石磨、漂洗、酵素洗	1. 入缸衣物过多,退浆时,剥落的染料浓度过高,造成衣物重新上染 2. 退浆时温度过高,造成染料上染速率增大,使衣物吸附上染 3. 退浆温度不当,造成酶失效 4. 退浆浴比过小,造成染液浓度增大,使衣物重新吸附上染 5. 在石磨、酵素洗中,浴比过小,且工作过长,造成衣物重新吸附上染 6. 没有加防染剂 7. 吸水后脱水不足,并且防止时间过长 8. 清洗次数不足,或没清洗干净 9. 烘干温度过高

(续　表)

疵点	产生疵点工艺	疵点产生原因
浮色	普洗、石磨、漂洗、酵素洗	1. 皂洗不干净,过水不彻底 2. 退浆后,洗涤不充分
漂花	漂洗	1. 漂白工序中,投入 NaClO 时,设备停止运转或顺时针运转而造成 2. 洗水设备运转速度过低 3. 在中和工序时,洗水设备停止运转也会造成漂花 4. 在输送过程,溅滴上化学药剂
石花	石磨、石漂	1. 在磨洗工序,浮石偏大 2. 在石漂工艺中,由于磨洗后,未充分除尽衣物中剩残的浮石,使漂白工序中产生石花
泛黄	漂洗、石漂、酵素洗	1. 漂白工序中,漂水用量过大 2. 中和不彻底,使有效氯残留在衣物中过多 3. 增白工序,未能正确操作 4. 水质严重浑浊,且钙离子、铁离子、镁离子过多
偏色	普洗、石磨、石漂、漂洗、酵素洗	1. 准备工序中,选色、配色不当 2. 在漂白工序中,漂水的用量过多 3. 在漂白工序中,对色不准确
手感差	普洗、石磨、石漂、酵素洗、雪花洗	1. 退浆率低,退浆温度、时间未达到工艺要求 2. 漂白时,漂水用量过多,增加了中和的负担 3. 洗涤不充分,特别是皂洗后清洗不彻底 4. 水质差,硬度过高 5. 柔软工序未贯彻工艺要求 6. 烘燥温度过高,时间过长,且未透风
有异味	漂洗、酵素洗	1. 中和不彻底,洗涤不干净,衣物上残留的氯过多 2. 使用了不洁净的水源
拉链或钮扣变色	漂洗	1. 拉链质量不好 2. 加工前没做好相关测试 3. 加工前没预先将相关部件包缝好 4. 在加工时没加金属保护剂 5. 使用了氧化性强的酸或其他化学药剂 6. 过水不清
成衣破损、强力下降	酵素洗、漂洗、石磨、石漂、酵素洗、雪花洗	1. 加工时间过长 2. 加入的化学药剂过量 3. 加入的化学药剂对纤维有损失
失弹	退浆洗、漂洗、烘干	1. 聚氨酯型弹力纤维不耐碱,采用碱性退浆会引起水解 2. 聚醚型弹力纤维不耐氯,氯漂温度过高,时间过长会引起降解 3. 烘干温度过高,弹性纤维裂解
尺寸变化	酵素洗、漂洗、石磨、石漂、酵素洗、雪花洗	1. 面料中再生纤维含量较高,加工中机台速度较高 2. 加工中时间过长,入缸的衣服太多 3. 成衣在湿态时受到长时间拉伸 4. 弹力面料成衣加工前前预缩不足,洗水厂没做好相关测试

第七节　碧　纹　洗

随着牛仔服装的盛行，为迎合人们对牛仔的时尚性、个性化追求，牛仔成衣涂料染色逐渐得到发展和扩大，大大丰富了牛仔布的色彩，从而改变了牛仔布以靛蓝色调一统天下的局面。

碧纹洗也叫单面涂层或涂料染色，是指这种洗水方法是专为经过涂料染色的服装而设的，其作用是巩固原来的艳丽色泽及增加手感的柔软度。

相比染料（活性、还原）染色，涂料成衣染色的时间较短，大大缩短了工艺流程，且用水量少，减少了污染排放。这种产品同时具有非常明显的洗水感觉，再经酶洗加工后，其衣服表面泛白、陈旧感等区别于染料染色的效果就更加明显，而纤维空隙间则保持原有染色效果，产生层次分明的立体效果。它既有牛仔的风格，又以其色彩多样化而优于传统牛仔，更是染料染色所无法比拟的。

成衣的涂料染色工艺采用改性技术使纤维带有阳电荷，而涂料分散体系中带有一定量的阴电荷，使纤维对涂料的吸附性提高，从而提高了涂料染色的深度。新型的改性涂料染色工艺为节能、节水、少污染等清洁生产开创了一条新的染色途径。涂料染色一般不能染黑、深红、藏青等深色，若需染这些颜色，可在涂料染色前先用活性染料打底再进行涂料染色。一般视客户对骨位效果的要求来决定打底色的深度，骨位要求浅的，可打七分底；骨位要求深的，可打三分底；染浅色时可不打底。

一、染色工艺

1. 工艺流程

成衣→改性处理→60℃水洗→冷水洗→超细涂料染色→冷水洗→固色→成衣半成品→酵素洗→脱水→烘干→服装熨烫→成品

（1）改性处理　在应用时，为保持水分散稳定性，涂料中一般会加入阴离子表面活性剂，通过氢键和范德华力等与涂料颗粒发生吸附，从而使涂料表面带负电荷，与在水浴中带负电荷的织物无亲合力；涂料粒子不溶于水，不能以单分子态渗入纤维内部，因此涂料染色时需依靠助剂来增加亲和力。在牛仔成衣表面引入阳离子基团或化合物，使纤维表面带正电荷，从而能与带负电荷的涂料颗粒之间以静电引力吸附，提高纤维对涂料的吸附，起到促染作用。阳离子化时吸尽率和匀染性可通过温度、浴比、时间和加料等来控制。

阳离子化助剂用量过高，不但增加废水处理的难度和浪费染化料，而且会因上染过快而导致染色不匀；用量过低，会因织物表面所带正电荷过少而降低涂料吸尽率，导致成衣表面得色量低。阳离子化助剂的用量取决于涂料用量。

阳离子化助剂用于牛仔成衣时，pH 值宜控制在中性或略碱性以确保均匀吸尽。采用环保型涂料改性剂在弱碱性即 pH 值达到 9～10 条件下，对棉纤维阳离子改性处理，有利于涂料和纤维产生静电吸附，从而赋予棉纤维和涂料一定的亲和性。

加工中涂料的使用量不能太大。因为涂料用量大，对黏合剂的需求也大，造成牛仔成衣手感发硬且达不到湿牢度要求。增深剂只需少用量,用量控制在2% ~5%(o. w. f.)。

(2) 改性后的水洗　衣服经改性剂处理后要充分净洗,否则加入的涂料被残留在衣服及水溶液中的改性剂吸附而凝聚使涂料的利用率大大降低。

(3) 涂料的染色　染色时,涂料必须充分溶解分散,若染色用水硬度超过150 ppm需加入螯合分散剂,降低水中的钙镁离子和涂料凝聚,利于涂料的上染和颜色鲜艳度。染色涂料一定要选用粒子小、粒径均匀、环保性的涂料,否则对染色色牢度及染深性都有降低。

(4) 染色温度与时间　为保证均匀吸附,阳离子化时一般将升温速率控制在3 ~5℃/min,升温太快上染速度很快极易染花,某些情况下升温速率要更慢些,因为升温太快会造成不可逆转的阳离子不均匀吸收;在升温阶段蒸汽不可直接接触服装,否则会造成阳离子化助剂在温度较高的部位聚集,导致涂料染色不匀现象。另外,染色时冷水入染温度要逐渐升温,当改性的纤维素纤维上染色到一定的饱和程度时,既使改变染色条件(温度和时间)涂料也不能再吸附;染色时间一般为25 ~40 min,染色后应清洗未被吸附的涂料,然后固色。

(5) 固色剂的选择和应用　改性后纤维对涂料产生静电吸附,但摩擦牢度差,需进行固色。为避免手感硬糙、制成的休闲衣服缺乏良好的蓬松柔顺手感,应选择性能好的固色剂处理。当然固色剂的用量可根据水洗脱色变化多少而确定;水洗脱色多,固色剂用量可减少;相反,用量相应增加。

二、质量问题

1. 染色过浅或过深

染色过程中,如果第一次染色过浅,第二次加色后仍达不到深度要求,再加色也很难再上染,只能排料后重新经阳离子化处理后再次染色。一般第一次染色需达到色深的七八成,之后再进行修色就较容易。在添加黏合剂烘干后,若色光仍达不到要求,可使用直接染料进行修色。修色一般不采用活性染料,因为活性染料修色会盖过涂料染色产生的骨位,而直接染料只是浮在表面,在机器甩打过程中会产生骨位。若第一次加色过深,剥色相对较难,可用酵素和浮石对服装进行酵石洗,通过酵素对纤维素表面的水解作用及浮石的物理打磨,去除部分涂料,同时还可加深骨位。酵石洗后织物手感较柔软,但处理条件过于强烈会损伤纤维,需合理控制用量和时间。

2. 染色不匀

前处理及染色过程中,由于工艺处方或操作不当,会引起染色不匀,其原因如下:

(1) 原坯成衣上可能含有柔软剂、树脂或增白剂等;

(2) 在加入阳离子化助剂前成衣没有完全润湿;

(3) 装载太多或染液量太小导致浴比过小;

(4) 阳离子化或上涂料时染浴起始温度过高;

(5) 阳离子化后脱水导致泳移;

(6) 蒸汽直接接触服装,造成阳离子化助剂在温度较高的部位聚集;

(7) 添加的助剂、涂料未预先稀释产生局部聚集;

(8) 染浴搅动不够;

(9) 阳离子化或上涂料时长袖服装和长裤纠缠在一起。

3. 色点

造成色点的原因包括以下几项：

(1) 设备未清洗，杂色剥落沾污织物；

(2) 涂料染色前，多余的阳离子化助剂未被充分洗除；

(3) 涂料或黏合剂加入染浴前未充分稀释和搅拌，涂料或黏合剂结块；

(4) 使用了不相容的消泡剂。

第八节　吊染（漂）

吊染是一种特殊防染技法。它是将需要加工的成衣吊挂起来，排列在往复运动的架子上，染槽中先后注入液面高度不同的染液，先低后高，分段逐步升高，染液先浓后淡，如此可染得阶梯形染色效果。加工后颜色产生由浅渐深或由深至浅的柔和、渐进、和谐的视觉效果（图2-2-16）。

图2-2-16　各种吊染(漂)牛仔服装(彩)

近年来，吊染面料在一些著名品牌和时装设计大师的成衣中多有采用，其朦胧渐变的特殊效果成为现代成衣和家纺设计中一种不可或缺的“艺术染整”语言。而今这种艺术元素与牛仔产品相互融合，并根据牛仔产品上染料的特殊性，衍生了吊漂工艺。

一、加工原理

服装吊染(漂)中渐变效应的形成主要是在染(脱)色过程中可以逐渐改变工作液浓度或配方形成不同的颜色的渐变,服装的不同部位在工作液中停留时间长短不同,形成着色量的渐变,使不同部位颜色不同,或者颜色相同,但浓淡不同。

渐变效应染色需要专门的染色设备(图2-2-17)。设备由染槽、吊架和升降控制装置三部分组成。染色(脱色)时把工作液配制在染槽中,把服装绷平固定在丝网架上,再把若干个丝网架平行排列安装在吊架上,通过升降控制装置使服装按设定速度逐渐浸入染浴中或者先使整个服装全部浸入染液中,然后再逐渐吊起。

吊漂与吊染差别在于:吊漂只用于靛蓝或硫化染料的牛仔产品,对该产品根据需要使用高锰酸钾或漂水进行加工,使其颜色褪变;吊染可用于吊漂后的靛蓝或硫化牛仔产品进行染色方面的二次处理,也可用于白坯牛仔布的直接染色。

图2-2-17 吊染(漂)设备

二、工艺流程

吊漂流程:定位→上夹→吊挂→脱色→去锰清洗(脱氯处理)→增白处理→洗涤→后处理→烘干

吊染流程:定位→上夹→吊挂→染色→洗涤→后处理→烘干

吊染(漂)的工艺方法是将成衣正面朝外固定在丝网架上,再将丝网架逐渐浸入染槽,或者先将丝网架全部进入染槽,之后再逐渐吊起。

三、操作要点

(1) 吊架上槽时,衣物往往浮在液面上,难以下沉,除了在染液中多加渗透剂以外,要减慢往复架下放速度.防止搞乱引起色点或染斑。

(2) 如采用漂水脱色,产品度漂白效果较高的,设备水温可适当调高。

(3) 在吊染(漂)工艺开始操作之前,先将槽内水位、温度、工作液浓度调好。

(4) 将需要吊染(漂)的牛仔服装全部上架,且所有悬挂位置、高度保持一致,防止成品出现高低不对称情况,有褶皱的地方用手抻平整。

(5) 为使得染(脱)色更加均匀,特别是一些骨位,由于厚度和面料层数较多,颜色难以均匀。因此,成衣加工要有一定的含水量,含水量一定要均匀且不能太高,含水不匀会直接导致染(脱)色不匀;含水量太高会降低工作液浓度,需要延长加工时间。

(6) 缓缓将吊染(漂)机上方的横梁往下降,降到指定高度后,开始上下一定幅度内的手动升降横梁,作出吊漂的过渡效果,否则会出现“一刀切”的外观效果。

(7) 染(褪)色最后一道工序后,应立即浸入固色剂工作液(草酸溶液)内处理,防止搭色、渗化;也可用水管由上至下淋冲已吊染(漂)好的牛仔服装。

第九节 裂 纹 处 理

裂纹技术古人早在陶瓷生产中就有应用,在哥窑的各种釉裂纹片中,“冰裂纹”排名首位,素有“哥窑品格,纹取冰裂为上”的美誉,很早就应用于陶瓷制品、玻璃制品等众多领域(图2-2-18)。

A. 裂纹陶瓷

B. 裂纹玻璃

C. 裂纹印花

图2-2-18 裂纹效果

裂纹效果印花是特种印花的一种。裂纹效果印花是指网版印刷后,在一定的条件下使印花部位清晰地呈现出有一定规律的开裂纹路。裂纹效果印花有龟裂效果和竖裂效果等。裂纹效果印花的关键在于裂纹浆料的选择和应用。

牛仔布因为其使用的印染加工方式与织物材质等原因,要实现裂纹效果,只能通过印上厚度较高的胶浆进行处理,但它在牛仔成品洗水加工中容易脱落,外观效果难以保证。为获得终身性的裂纹外观效果,可以在面料上涂上一些可以产生龟裂的浆料,让其在一定条件下开裂,然后对面料喷射能分解牛仔面料上靛蓝或硫化染料的工作液,使其在裂缝中渗透进面料,在裂纹处与染料反应,再将浆料剥离后进行后加工处理。经过处理的牛仔面料表面呈现出白色的裂纹纹路。

在牛仔布上进行裂纹处理的方式目前主要包括两种:一种是使用蜡进行处理(由石蜡、蜂蜡和松香等混合的蜡);第二种是采用市场上的裂纹浆料进行裂纹加工处理。

一、蜡处理

1. 蜡的选择

(1)蜂蜡 在所有蜡中,蜂蜡是最纯净的一种,系蜂巢提炼而成。这种蜡柔韧性高、黏性大、防染力极强,如果不经有意揉搓,其他药品不会渗透到布里面。常用它来描画比较纤细精致的图案。

(2)石蜡 也叫矿蜡,这种蜡质地坚硬,易碎裂。其松脆易碎的特性使这种蜡在图案上自然形成许多龟纹,而且价格便宜。

(3)松香 质地坚硬,呈晶体状。熔化后易变黏,是较好的黏着剂,可弥补蜂蜡、石蜡的缺点。

2. 加工流程

熔蜡→上蜡→折裂纹→喷或浸泡高锰酸钾溶液→去蜡→水洗→去锰清洗→水洗→柔软处理→烘干

3. 优缺点

优点:产品纹路清晰,在常温下短时间即能完成裂纹形成,操作简单方便;其次,蜡属于疏水性产品,加工中不会吸附工作液,喷射过程中多余的工作液可以直接回收使用,后处理中残余工作液量极低。最后,在加工过程中,如部分地方不需要进行裂纹效果的,可直接在该处补蜡。

缺点:蜡的性能不稳定,导致其熔点具有不确定性,加工中蜡温难以掌握——温度太高,蜡完全渗透进面料,包覆在每根纤维上无法形成裂纹;蜡温太低,蜡只黏附在面料表面,加工中容易脱落。另外去蜡工序中,由于蜡渗透进了面料中,因此需要 Na_2CO_3 和洗衣粉在 85℃以上水中进行脱蜡处理,之后还需要多次洗涤,因而其后处理需要消耗大量的水资源和化学药剂。另外,洗涤后的面料上总会残留零星的蜡点,会影响后续加工,影响最终成品的外观质量。

二、裂纹浆处理

裂纹浆加工流程:

刮裂纹浆→高温烘干→折裂纹→喷高锰酸钾→水洗、搓浆→去锰清洗→水洗→柔软处理→烘干

市场上的裂纹浆料需要在 130~160℃左右进行 15~30 min 的焙烘,让其产生裂纹,去浆一般只需要机械揉搓或用温水浸泡揉搓即可清除。

与蜡处理相比较,裂纹浆对液体有一定吸收能力,因此加工中所需的工作液量较大,造成浪费;其次,加工后产品不立即处理的话,工作液会渗透,导致产品花纹不清晰;最后,残留在浆料中的大量工作液由于含有较多的锰离子和带有一定的酸性,其会随着其被弃置而破坏生态环境。

在加工中一定要预先打小样。一般情况下,涂浆厚度越大,裂纹越粗;厚度越小,裂纹越细;另外,不同供应商的裂纹浆成分不同,其焙烘温度、时间则不同,所能形成的裂纹效果也有较大差异(图 2-2-19)。

图 2-2-19 不同类型裂纹浆料加工的牛仔裤

第十节　其他艺术加工处理技法

对于牛仔产品的艺术加工，除了上述介绍的方法外，还有砂洗、化学洗、破坏洗、烂花处理等方式。

一、砂洗

砂洗是采用工业水洗机，组合使用一些碱剂和氧化性助剂，目的是使衣物洗后有一定褪色效果及陈旧感。若砂洗配以石磨，洗后布面会产生一层柔和的霜白茸毛。砂洗时使用的碱剂主要起膨化作用，经膨化后衣物纤维疏松，再借助砂洗剂进行摩擦，使疏松的纤维表面产生丰满柔和的茸毛。与此同时，摩擦和氧化剂起协同破坏作用，使服装表面褪色并产生一定的花纹效果，整体风格较为怀旧。早期的砂洗剂依形态和硬度来进行选择，以达到不同的水洗效果。另外砂洗可以使用一排水平放置的滚筒，滚筒上可裹上砂纸，牛仔服装套在滚筒上，对凸出的部分进行磨砂处理。

该工艺目前已较少采用，大多使用在休闲服装和仿牛仔料上，纯牛仔极少。有资料认为，纱织物砂洗效果优于线织物，粗支纱优于高支纱，低捻度优于高捻度，组织浮点长的优于浮点短的。目前市面上的石磨粉就是这类产品。

1. 砂洗用剂

（1）膨化剂　根据纤维的类别，织物的组织结构和紧密程度而选定膨化剂和浓度，温度、时间等膨化条件，纯棉衣物砂洗时可以采用碱性膨化剂（如纯碱）来加以膨化处理。

（2）砂洗剂　衣物经膨化后，纤维疏松，再借助特殊的砂洗进行摩擦，使疏松的表面纤维产生丰满柔和的茸毛。欲使绒面丰满，必须选用不同形态，不同硬度的砂粉，如可选用菱形砂（使松散的纤维产生绒毛）、多角形砂（使绒挺立）或圆形砂（使绒毛丰满）。

（3）柔软剂　用于砂洗的柔软剂要求达到柔软带糯性，使织物能增重，悬垂性要明显改善。因此这类柔软剂碳链要长，且具有阳离子性，能在织物上吸附而达到增重的目的。

2. 砂洗设备

目前一般采用工业洗水机进行膨化、砂洗和柔软处理，用离心泵脱水机脱水，干烘采用针织厂烘干鹅绒的转筒烘干机。

3. 砂洗工艺

棉布衣物可根据组织结构，经纬密度和纱支的粗细、捻度的强弱来决定膨化剂的类别、用量、温度和时间、以及砂洗粉、柔软剂的用量和处理温度、时间，一般来说，选择纱织物砂洗效果优于线织物，粗支纱优于高支纱，低捻度优于高捻度，浮点长的优于浮点短的产品。

参考工艺：

AAA 石（1 ~ 2 cm）与布重比	2∶1
起毛剂（g/L）	0.1 ~ 0.3
冰醋酸（g/L）	0.1
浴比	1∶40
温度（℃）	65 ~ 70

时间(min)	20~35

二、化学洗

化学洗主要是通过使用强碱助剂(NaOH、Na_2SiO_3等)来达到褪色的目的,洗后还要用醋酸对碱进行中和。洗后衣物有较为明显的陈旧感,再加入柔软剂,衣物会有柔软、丰满的效果。如果在化学洗中加入石头,则称为化石洗(Chemical stone wash),可以增强褪色及磨损效果,从而使衣物有较强的残旧感,化石洗集化学洗及石洗效果于一身,洗后可以达到一种仿旧和起毛的效果。磨损程度视加工时间而定,绒毛短而多,整体效果优于砂洗。

工艺流程:

退浆→化学洗→清洗(洗衣粉 1 g/L, 50℃, 5 min)→过水→过酸中和(冰醋酸 0.1 g/L, 40℃, 5 min)→过水→制软(软油 1 g/L,50℃, 25~30 min)→脱水→烘干→整烫。

参考工艺:

NaOH(g/L)	2
Na_2SiO_3(g/L)	3
浴比	1:40
温度(℃)	50 左右
时间(min)	5

三、破坏洗

随着人们审美观点的改变,破坏洗越来越流行,一般破坏洗多用于较厚的斜纹布(帆布)。服装在破坏洗中经过浮石打磨和化学药品的作用,在一定部位产生一定程度的破损,使得本来较为紧密硬挺的组织结构变得相对稀松柔软,色泽灰蒙陈旧,产生很"破"的效果,有一种柔圆滑腻的感觉。

成衣经过浮石打磨及助剂处理后,在某些部位(骨位、领角等)产生一定程度的破损,风格粗犷。

四、烂花处理

所谓的烂花处理,是两种或两种以上纤维组成的织物,利用它们之间对某些腐蚀性化学药品稳定性不一样,在其上涂抹或印制相应的腐蚀剂,经烘干、处理使某一纤维组分破坏而形成图案的工艺(图 2-2-20)。

对于牛仔产品而言,一般是对涤棉成分的产品进行加工。此类产品一般是以涤纶为芯,棉、黏胶、麻等纤维分别进行包覆或混纺,织成牛仔面料。根据它们对酸稳定性不同的性质,在织物上用酸浆腐蚀炭化其不耐酸的纤维(即棉、黏胶、麻等纤维素纤维),保留其耐酸的纤维涤纶,形成半透明的花纹。烂棉后,洗水,涤纱形成比较膨松的立体效果,同时也可使涤纶上色。

参考配方及工艺

印/描/擦/涂烂花浆→烘干/晾干压烫/焙烘→清洗

注意事项:

(1) 适用于涤/纤维素纤维 交织及混纺织物;

(2) 焙烘或压烫工艺:100～130℃, 10～120 s,温度确定以烂花处变黄发脆为准,具体需要根据面料的不一样来合理选择,注意不要出现发黑,否则不易去除;

(3) 焙烘/压烫后沾有浆料的地方的纤维素纤维被破坏,需水洗方可去除,水洗温度不宜过高,否则可能出现涤纶泛黄现象。

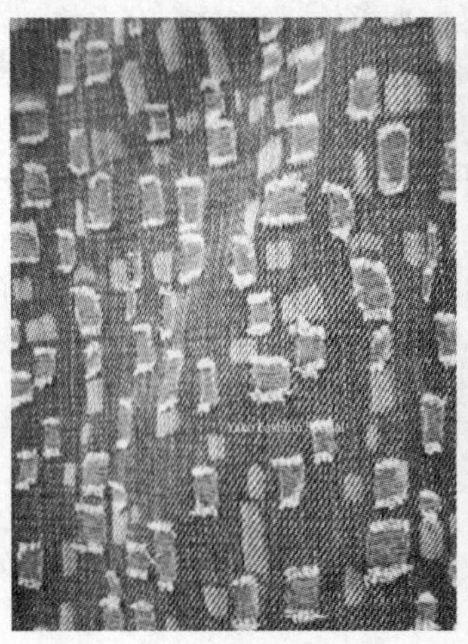

图2-2-20 烂花处理后的牛仔面料(彩)

五、其他处理

除了以上方式,近年来还流行金银粉处理、PU 皮膜处理、酵洗发泡处理、三防处理等(图 2-2-21)。

A. 光亮皮膜涂层

B. 金色皮膜涂层

C. 金银粉涂层

图2-2-21 涂层牛仔(彩)

第三章

干加工技术

第一节 马 骝

所谓的马骝是将牛仔裤特定的部位磨白，如最典型的臀部磨白后酷似猴子（粤语：马骝），此工艺也因此得名。马骝的加工分为机械式加工和化学式加工。机械式包括手擦（砂纸）和机擦（尼龙、碳素纤维或陶瓷纤维做成擦头）马骝；化学式包括手擦（毛巾或鬃毛刷沾高锰酸钾）马骝和喷马骝。很多企业化学式的加工方式为 PP，PP 实际就是高锰酸钾的英文名称 Potassium Permanganate，即是高锰酸钾的英文名称两个单词第一个字母之缩写，如喷 PP 为喷马骝，手扫 PP 为手扫马骝。

一、机械式（手擦和机擦马骝）

手擦或机擦是在洗水前，利用砂纸或者高速旋转的特殊磨头在张力均匀的经纬面料上磨擦，使表面的染色基层被剔除，产生立体褪色的独特效果。加工的部位通常是大腿位置或臀部，人为地机械褪色，让牛仔裤在洗水后显得自然怀旧和泛白（图 2-3-1 和图 2-3-2）。

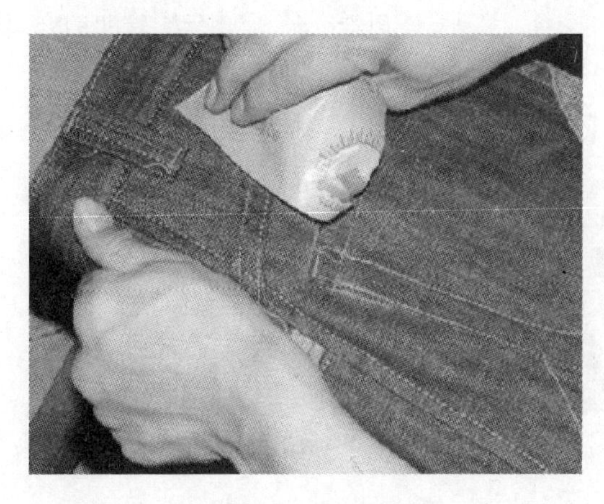

图 2-3-1 传统手擦加工

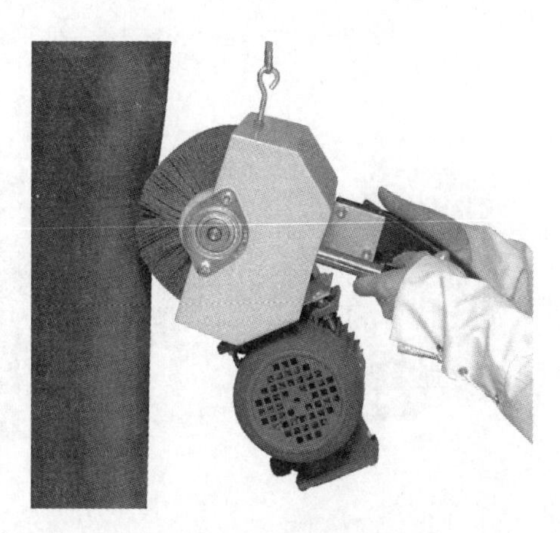

图 2-3-2 传统机擦加工

手擦和机擦工序是一道破坏性工序，如果出现生产质量不合格将直接导致产品报废，造成损失。

手擦用的砂纸一般要求防水、防油，颗粒锋利，作用在被磨物上能产生良好效果。质量好的砂纸底部一般采用进口牛皮纸，采用静电工艺处理，在使用过程中不会掉砂或折断。

常用的砂纸型号有320#、360#、400#、600#、800#。数值越大砂粒越细。

砂纸手擦通常用400～600#砂纸，号数低的砂纸由于砂粒较粗、磨擦速度高，对面料磨损较大；而号数高的砂粒较细，适合于轻薄和强力较低的面料。

常用的机擦磨头类型有240#、280#、320#和400#。数值越大，刷毛越细。

240#和280#可用于粗牛布，擦出效果反白，但洗后效果一般。

320#适用于常规的蓝色牛仔布；400#适用于轻薄类型牛仔布、黑色牛仔布、再生纤维素纤维牛仔布和含有二次加工纤维的牛仔布（二次加工纤维主要指在纤维在第一次做成牛仔布后，由于各种原因不合格或者是成衣裁剪后的边脚废料，将其重新拆分为纤维状后，混入新棉再纺纱织造成的面料，一般含量在20～30左右）。这是因为黑色牛仔布的底色深，在机擦时需要反复多擦几次才能有黑白的外观效果，如果用320#的磨头，裤子很容易被磨破；轻薄牛仔布、再生纤维素纤维的牛仔布和含有二次加工纤维的牛仔布受其自身厚度、强力等方面的影响，其耐磨性较差，因此除了要使用细磨头外，一般还需降低擦机的转速。

加工时，为防止两个裤管出现马骝高低位，会先用粉笔定出马骝的起止位置，再进行操作（图2-3-3～图2-3-6）。

图2-3-3　电动钻头外包砂纸的机擦棒

图2-3-4　气动砂纸与毛刷组合的砂纸轮

图2-3-5　半自动机擦马骝机台

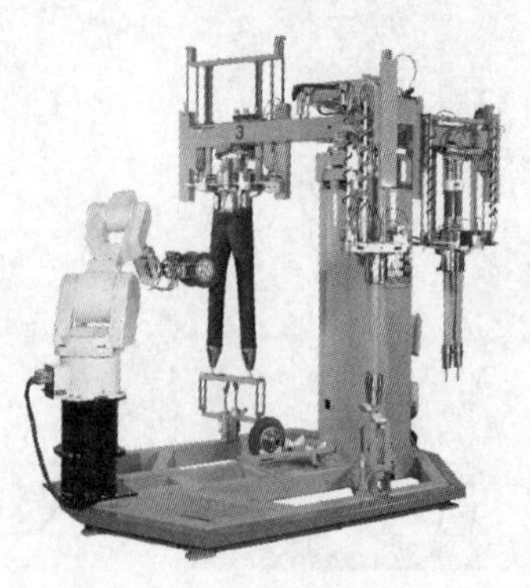
图2-3-6　意大利自动机擦设备

二、化学式(手擦马骝)

(一) 工艺流程

使用毛巾或者鬃刷蘸高锰酸钾溶解→尽量拧干后→在牛仔服装上进行擦拭→高锰酸钾溶液与靛蓝染料进行反应(紫红色变成棕褐色)→使用草酸或焦亚硫酸钠进行还原清洗→水洗(2次)→晾干

(二) 注意事项

(1) 加工时一般选用涤/棉成份的毛巾(棉含量通常低于30%)。因为毛巾中涤纶的吸湿能力较低,在加工时容易控制带液量。但毛巾受酸性高锰酸钾的氧化和与牛仔面料的摩擦作用,加工中容易有破损和出现起毛起球等问题出现,影响加工效果,需要及时更换(图2-3-7)。

(2) 毛巾或者鬃刷加工时,每次蘸液量受人为因素影响较大,其带液量容易出现不稳定,经清洗后发现,成品白度有不稳定现象(图2-3-8)。

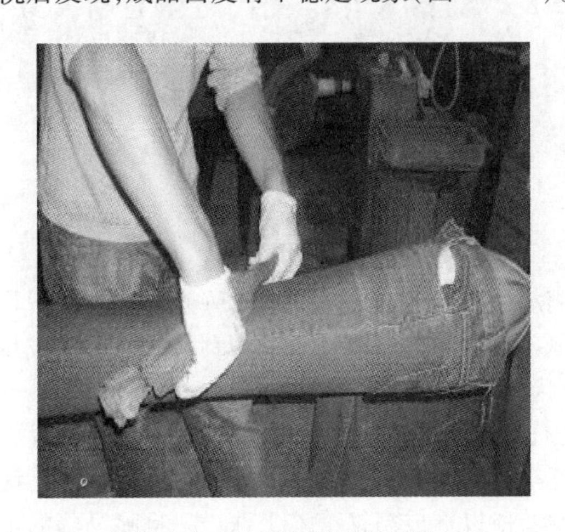

图2-3-7　化学式毛巾抹马骝

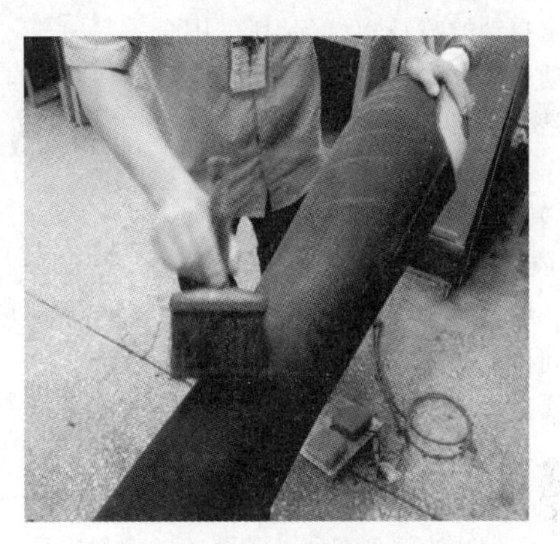

图2-3-8　化学式鬃刷扫马骝

(3) 受人为操作影响,产品容易出现左右两个裤管的马骝有高低位问题。

使用鬃刷与使用毛巾相比,鬃刷不会被氧化,也无起毛球球的问题。但加工中其鬃刷有掉毛问题,掉在成衣上的还带有工作液毛,会给服装造成疵点。另外,由于其加工速度较使用毛巾低,因此现在企业较少使用。

三、化学式(喷马骝)

喷马骝是利用雾化很好的一种空气喷枪对调制好化学液体(高锰酸钾或次氯酸钠)进行喷涂,前提是成衣面料必须保持平整,以保证液体小颗粒能散落至面料每个点。喷马骝常用高锰酸钾作为药水(图2-3-9)。

图2-3-9　人工喷马骝

1. 生产加工

服装水洗前先用喷雾器在需要的地方喷2% ~5%高锰酸钾,高锰酸钾液滴均匀地与牛仔面料结合,产生反应,致使面料褪色(高锰酸钾与靛蓝染料反应后产生棕色的二氧化锰),然后进行退浆水洗,再用草酸、双氧水脱棕色二氧化锰。由于设备有操作都相对较为简单,这一工艺在业内也被大面积应用。

在喷射高锰酸钾溶液过程中,由于喷射的距离较近,而高锰酸钾溶液在高压下呈雾化状,容易被加工人员吸入而刺激呼吸道和沾附与皮肤上,造成不适。因此,工作时要做好防护工作。目前,市场上有全自动的喷马骝设备,其采用全自动连续式加工模式,喷社区是可视、密闭,能有效防止高锰酸钾对操作者造成不适,与人工喷射相比,其定位更加精准(图2-3-10)。

图2-3-10 意大利全自动喷马骝机台

2. 质量问题

经过喷马骝加工的牛仔成衣上会出现一些液滴点,即所谓的马骝点,马骝点一般是喷马骝车间枪手的疏忽造成。一旦出现马骝点,牛仔解漂出来之后,马骝点便会氧化成白点,给成品出货质量造成了很大的影响。马骝点主要呈现的状况有两种:

(1) 不规则型马骝点可能在整条牛仔裤上任何部位出现。特点是马骝点分布的位置不规则,面积大小不规则。原因主要是枪手在喷牛仔裤马骝位时遭遇印花胶所致。喷马骝时高锰酸钾溶液无法渗透到有印花胶覆盖的面料表层纤维,所以形成高锰溶液水珠。一旦喷马骝的枪手疏忽,没有对印花胶上的高锰溶液水珠进行擦拭,那么在与其他牛仔堆压的瞬间便使其他牛仔受到沾污,从而产生了这类不规则的马骝点。

(2) 规则型马骝点即仅出现在马骝位周边的马骝点,特点是马骝点分布的位置固定。这类马骝点出现的原因是因为接引马骝风枪的空压机气压不够。当空压机内气压不够时就无法将引到风枪内的高锰酸钾溶液完全雾化,在喷马骝位时风枪散位的边缘就极容易出现马骝点的情况。所以枪手在喷马骝之前都要先试枪,如隔空试喷、用食指按住出雾口回枪等等,都可以检测空压机气压是否充足。

3. 喷马骝与手擦马骝的产品区分的方式

喷马骝的原理是将高锰酸钾溶液用喷枪雾化后均匀覆盖、渗透于牛仔布料表层的经纱及少量裸露于经纱缝隙中的纬纱。牛仔织物经草酸或焦亚硫酸钠解漂氧化后所呈现的白度为朦胧均匀的效果,且马骝位收尾处效果自然,无明显白度深浅断层或收尾处无半(椭)圆弧度。手擦马骝的原理则是靠人工利用毛巾或是手套等工具蘸高锰溶液抹马骝,收尾处有明显的深浅断层。

4. 产品风格与质量要求

(1) 一般洗水前做马骝比洗水中做出来的马骝稍黄;喷砂马骝比手擦马骝模糊,纱织风格没那么清晰,光亮度也没那么好,需根据不同的产品设计风格要求而安排工序和生产方式。

(2) 马骝应有一定的散位,即与大身的色调过度要自然散开,要有过度的层次感。

(3) 马骝位在做喷砂时或手擦时不能使布面有断纱和起毛球现象。

(4) 上马骝水要均匀,不能有斑点瑕疵。

(5) 整体要求过度自然,色泽光亮、平滑为度。

第二节 喷 砂

喷砂的目的是获得一种局部的磨损效果,喷砂是在牛仔服装正常洗涤之前,利用压缩空气为动力,将高动能的棱角状砂料(如硼砂、棕刚玉砂)喷射到牛仔裤上。在强气流的作用下,砂料以很快的速度对面料表面冲击,致使面料染色层脱落,其区域控制性强,磨损仅限于局部,靛蓝染色的纤维在摩擦力的作用下剥离织物表面。面料被冲击后会变得柔软疏松(原因是面料中的浆料也被振松或振裂),布面的效果不具层次感,使牛仔裤起到粗化、发白效果,经化学洗水处理后的成品效果更加明显。这道工序成本消耗较高、效率较低,对工艺技术要求较高,但它能获得常规洗涤不能达到的特殊效果。喷砂在洗水中主要用在两个方面:

(1) 为达到马骝的白度,在洗水前采用喷砂将牛仔的经纱浆层进行物理破坏,以便于喷马骝时的高锰酸钾溶液得以充分渗透;

(2) 压皱工艺完成后,先前浸泡过树脂的牛仔需在焗炉内进行高温烘焙定型,焗炉完成后牛仔如需喷马骝也需先在马骝位喷砂。此道工艺中,喷砂的主要作用是将牛仔表面固化的树脂层进行物理破坏,以便于后面喷马骝时高锰酸钾溶液的充分渗透。

喷砂方式是操作者手持喷枪将砂料向需要的部位进行喷射。由于的砂尘污染非常严重,为加强生产安全保护,操作者必需带头罩和穿防服,车间需设立半密封的工作间,防止砂尘四处飞扬。长期吸入喷砂的微小砂尘,操作者会患上硅肺病。因此很多国家出于对操作工人的防护和对环境的保护,将喷砂工序列为非法加工。

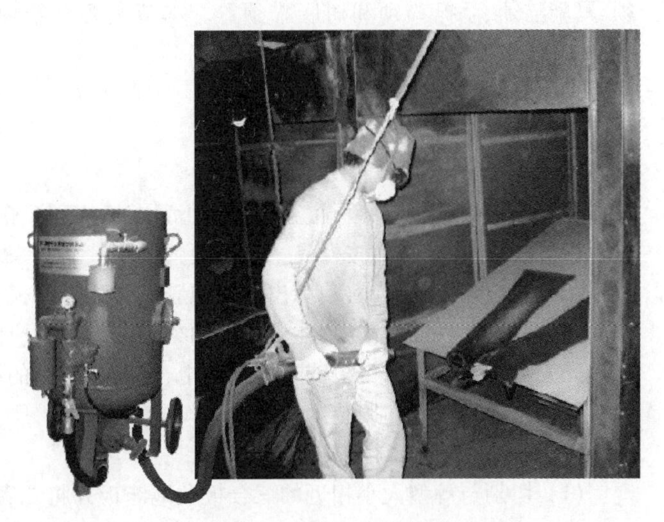

图2-3-11 喷砂加工

喷砂与手擦、机擦工艺相同之处便是它们同为以物理作用破坏牛仔表层的浆层。不同之处是手擦仅能用砂纸破坏牛仔经纱表层,白点密度不大,不透彻(即经纬纱线里外有色差断层),布面经过喷马骝工序后仍能看见黑白点,布面效果不均匀,尤其是一些织物纱线密度低的面料,其黑白点的问题更加明显。机擦是用专用机械对制品打磨,速度相对手擦来说要快很多,是人工手擦的替代工艺,但是相对手擦来说效果相对死板。而喷砂处理,由于砂料体积小,并通过气压的作用,能对纱线缝隙的位置进行打磨,甚至能达到纬纱的位置,因而其处理效果较为透彻,再经过喷高锰酸钾溶液处理后,其马骝位白度透彻,表层无明显黑白不匀现象(边隙死角除外)。

在不同类型服装上,喷砂与手擦选用是有差别的。

(1)对于一些多袋裤,由于存在较多的边角缝隙,喷砂无法处理每个点,这种情况下最好选用手擦;

(2)如果面料上有印花和绣花等加工,使用金刚砂轻轻喷射,不会对印花和绣花产生太大影响;而手擦的话印花和绣花损伤会较大;

(3)一些线密度较大的面料纱线的弯曲波较大,通过放大镜观看就可发现面料表面属于非平面。如果采用手擦形式加工,砂纸在面料表面磨擦时只能作用在弯曲波波顶上,经马骝后,砂纸磨过的地方会比没接触到的地方更白,呈现麻点效果,而喷砂就能避免这个问题。

第三节　猫　　须

猫须的英文为 Whisker。猫须顾名思义是猫咪的胡须,猫须纹的演变是人体穿着时,在关节伸曲部位产生一种自然磨旧像猫须似的纹路,它即是模仿这种褶皱效果的加工工艺。猫须常出现在牛仔裤的前裤左右侧和后裤脚处。随着怀旧风的盛行,猫须纹工艺越来越多地用在股腋、臂腕、膝腕等处,遂渐成为牛仔服深加工的主流工艺。猫须可分为普通猫须、立体猫须、手缝猫须、马骝猫须、手抓猫须和树脂猫须等。本节主要介绍模板猫须、手画猫须、手擦猫须和立体猫须。

一、模板猫须

1. 某种模板猫须制作流程

(1)用一块透明塑料板覆盖于样板上,用油性笔将客人所需花纹勾画出来;

(2)根据服装尺寸,按样品一只裤腿的大小裁剪出来坯模;

(3)按照坯模的大小,裁剪出一块橡胶板作为猫须模板;

(4)根据花纹凹凸情况,在模板上用刻刀雕刻出相应图案与对应的深度;

(5)将完成雕刻的模板铺垫在板枱上,将需要手擦的服装在模板上定位好;

(6)人手用砂纸在服装进行磨擦。

2. 另一种猫须模板的制作方法

(1)切割与裤型大小相近的三合板及泡沫板并将二者用双面胶黏合;

(2)将板裤套在模坯上,用专用的小齿轮在原板的猫须形状上走一遍;

（3）取出模坯，用磨轮将模坯形状上的多余部分呈斜面磨去，形成成品模板。

目前部分企业猫须模板是通过专业加工的不锈钢模板，加工出来的纹路比上述模板花纹清晰，但模具加工费用较高，灵活性较低，适合一些生产量较大单品的加工。

模板凹进去的地方没有发生或只轻微与砂纸磨擦，基本保留牛仔织物的原色，而突出部分则直接发生磨擦作用，服装磨擦处表面的染色基层被剔除，露出白色，产生褪色的效果（图 2-3-12）。人工雕刻的猫须模板灵活性较高，但是如果雕刻深浅度或均匀度不够的，会造成猫须不自然。

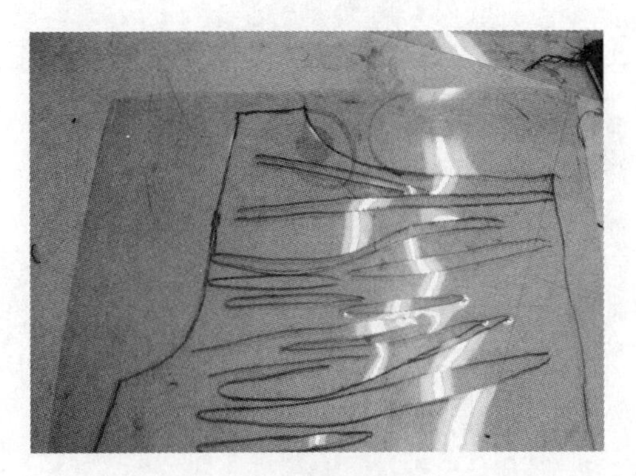

A. 描画猫须

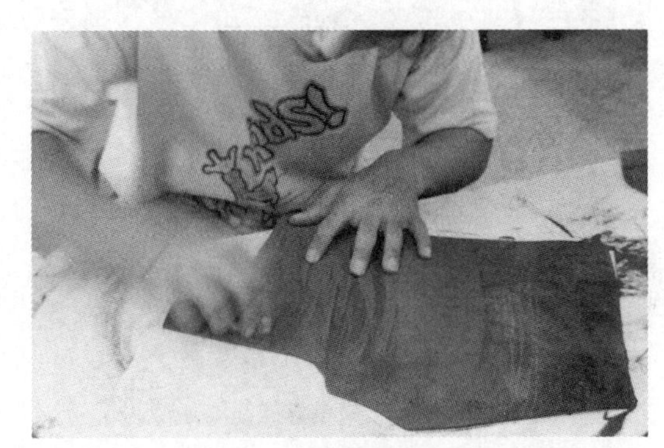

B. 刻模板

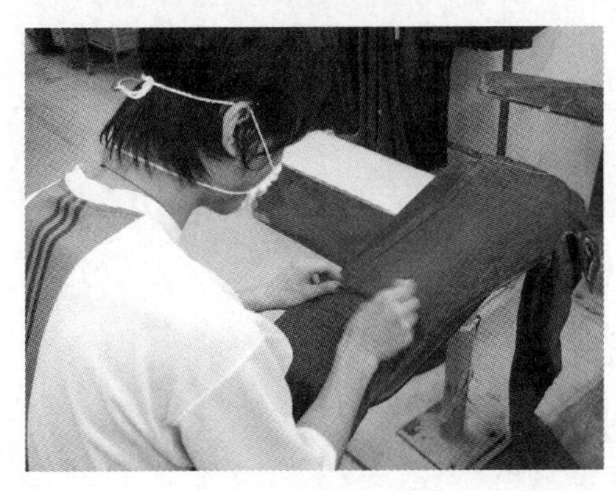

C. 在台板上擦猫须

D. 模板猫须成品

图 2-3-12　模板猫须

手擦猫须会随着服装的洗涤，花纹效果逐渐模糊。这种方法对操作者要求不高，磨出的效果比较统一，但所加工的猫须效果比较呆板，缺少变化。

（二）手画猫须

手画猫须相对模板猫须来说，无需制模，所以前期无需做大量的前道工序准备。只要准备好一根二指宽的竹木片，然后将选定好目数的砂纸背面层层捆裹竹木片。最后按原板的猫须位置进行锉画。

手画猫须与模板猫须最大的区别就在于前者的在猫须纹往下的方向大多有明显的过渡效果，由重至轻，由厚至薄，立体效果明显。有些猫须纹可以做到上下皆重，唯中间出现真空的效果。而这些都是模板猫须做不到的。但手画猫须工艺对工艺人员的统一性、协调性以及稳定性要求极高。模板猫须最大的缺点便是收尾生硬,线条不够飘逸优美,相对手画猫须来说,立体效果不够明显。

(三)手擦猫须、手折猫须

手擦猫须、手折猫须和圆形猫须都需要借助经过浆料或树脂对牛仔裤进行定型加工(图2-3-13)。

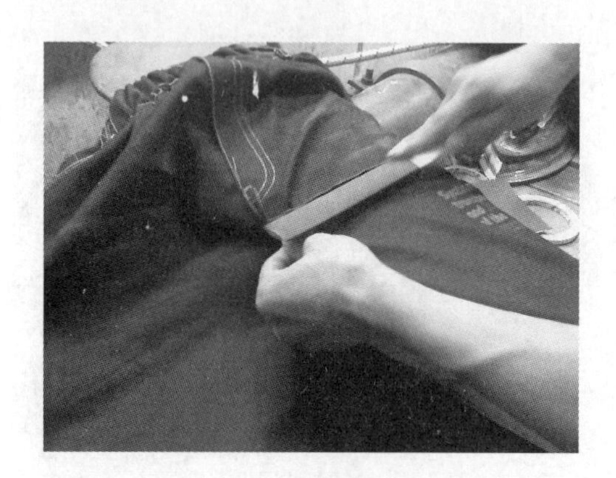

A. 手画猫须

B. 手擦猫须

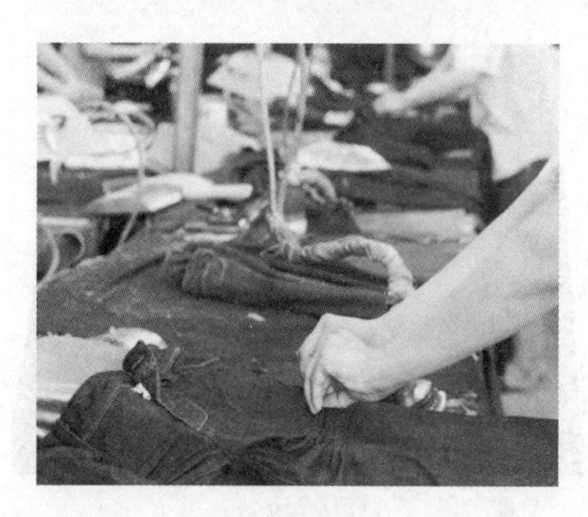

C. 手折猫须

D. 吸风式平板褶皱猫须台

图2-3-13 手工猫须

1. 手擦猫须

手擦猫须一般是指对未完全退浆的牛仔裤进行抓皱,或对褶皱加工的牛仔裤喷射树脂浆,使之定型硬挺,然后用砂纸或刀片磨花凸出皱纹,或用刀片刮出折边的花纹,再进行下一步的洗水程序。

2. 手折猫须

由操作人员将已泡树脂烘干后的牛仔裤(或在局部位置喷射树脂烘干过的牛仔裤)套在不同的机台上,进行褶皱加工(图2-3-14)。

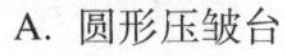

A. 圆形压皱台　　B. 卧式立体褶皱猫须台　　C. 立式立体褶皱猫须台

图2-3-14　猫须台

手折猫须的加工流程较长，其工艺流程如下：

成衣退浆→酶洗→（漂洗→大苏打脱氯）→染色→烘干→浸渍树脂→脱水（带液率60%～70%）→烘干→捏折→树脂定型→喷砂（立体猫须）→喷药（立体猫须）→中和→柔软和熨烫→烘干

捏折定型工艺的关键包括捏折、树脂定型和喷砂喷药三个方面。成衣染色后，先室温浸渍12%～16%树脂和催化剂溶液，一般浸渍5～6 min，然后用离心机甩干至带液率为60%～70%，烘至七八成干，在服装的相应部位手工捏出立体折。捏折后将成衣放入焗炉烘箱，在140～150℃温度下焙烘20～30 min，使猫须定型（图2-3-15）。此过程的目的是通过树脂与纤维的交联反应将形成的立体猫须固定下来，基本原理类似于成衣免烫加工。

A. 贴高温胶定位　　B. 胶针定位　　C. 定位后进焗炉定型

图2-3-15　定位

用于捏折定型的树脂种类较多，理论上，所有可用来对纤维素纤维织物进行树脂整理的化学品，都能用于捏折定型。但在选择树脂交联剂时，要充分考虑其甲醛释放量、定型效果、耐洗性、手感和变色等因素。改性树脂与纤维素纤维反应，在纤维的无定型区产生交联，而将形成的立体折固定下来，其反应式如下：

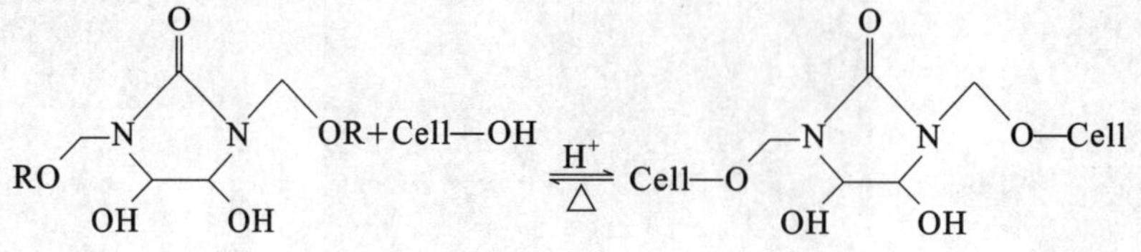

$$\underset{\text{OH}\quad\text{OH}}{\text{RO}\diagdown\text{N}\overset{\text{O}}{\overset{\|}{\text{C}}}\text{N}\diagup\text{OR}}+\text{Cell—OH}\ \underset{\triangle}{\overset{H^{+}}{\rightleftharpoons}}\ \underset{\text{OH}\quad\text{OH}}{\text{Cell—O}\diagdown\text{N}\overset{\text{O}}{\overset{\|}{\text{C}}}\text{N}\diagup\text{O—Cell}}$$

参考工艺：

树脂 PM-50(g/L)	100
树脂催化剂 NKS(g/L)	22
硅油(g/L)	15
保护剂 PA-6(g/L)	15
焗炉烘干温度(℃)	130
时间(min)	8～10

成衣的褶皱效果受烘干率、成衣数量、烘箱温度和焙烘时间等因素影响。

(1) 浸渍树脂要控制牛仔服装在焗炉中的烘干率，一般以七八成干为宜，这样捏出的折痕清晰，且立体效果较好；

(2) 捏好折的牛仔服放入焗炉烘箱进行焙烘，加工时如使用普通焗炉进行定型，应控制每次焙烘服装的数量，不宜太多，以免因为数量太多引起热风循环不够流畅，造成受热不均匀而达不到理想的定型效果；另外还要控制每批焙烘服装数量一致，以采用较低温度和较长时间焙烘为宜。如采用循环式烘箱，服装悬挂在导带上，则不需要考虑服装数量，只需控制烘箱温度和焙烘时间。

(3) 定型温度应根据树脂交联温度，经反复试验后确定。温度太高，易造成服装脆损；温度太低，则树脂交联不够充分，影响服装的定型效果。

(4) 捏折定型常会出现问题，如服装的定型效果较差、不耐水洗，此时可通过适当延长焙烘时间或增加催化剂用量来改善。

(5) 如果服装定型后的撕破强度损失较大，可适当添加纤维保护剂或调整焙烘的温度和时间。

(6) 焙烘冷却后的成衣要用喷砂机在捏折处喷砂，然后再喷药。喷砂位置一般是在捏折处，通过金刚砂与衣服表面的摩擦，达到褪色的立体效果。为进一步突出猫须的立体效果，还需在捏折处进行喷药(2%～3%高锰酸钾溶液)，以进一步提高褪色程度。

(四) 3D 立体猫须

所谓的 3D 立体猫须是利用专业的“人台”，将浸泡过树脂并烘干至七八成的牛仔服装套在人台上，人台根据成衣大小进行充气，人台在人体相关关节位置能进行一定角度的旋转和弯曲，模拟人体在各种姿势动作，裤子根据“动作”产生相应的褶皱，再人工对褶皱进行调整。普通的 3D 褶皱设备，需要将处理好的人台送入烘箱内进行烘干定型；另外还有人台与烘箱一体的综合式设备。烘干定型后的服装再进行喷砂、喷药处理,其立体效果更佳(图 2-3-16 和图 2-3-17)。

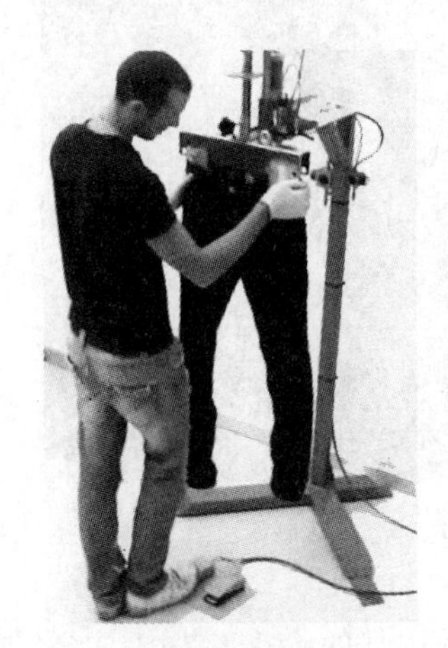

A. 固定位置

B. 根据所需效果对设备进行弯折产生皱褶

C. 3D 褶皱牛仔裤

图 2-3-16 意大利半 3D 立体褶皱设备(人台与烘箱分开)

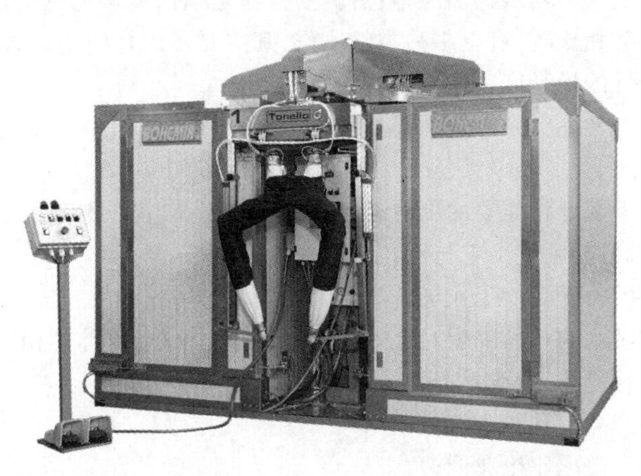

图 2-3-17 意大利综合式 3D 立体褶皱设备(人台与烘箱一体)

第四节 枪花、手针、扎花和扎网袋

一、枪花

枪花与手针是指牛仔成衣根据所需的花纹图案进行折叠,然后使用手工针或者胶针枪在折叠的地方进行加固。在洗水加工中,由于被加固的位置部分被折叠在内部分暴露在外,因此,其接触到工作液的量就产生差别,加工完毕后就会呈现出深浅不一的效果

(图 2-3-18)。

枪花的位置、高度、密集程度跟漂洗后的效果都有直接的关系。通常漂洗之后的风格和花型与枪花工艺都是密不可分的,这一点在童装牛仔上尤为突出。成人牛仔服枪花位不多,一般位于裤脚边、膝盖两侧、前袋口、前袋侧边、腰头、后袋口等位置;而童装牛仔除了成人牛仔枪花位外,还会在裤脚内外侧及所有的裤边、骨位进行加工。

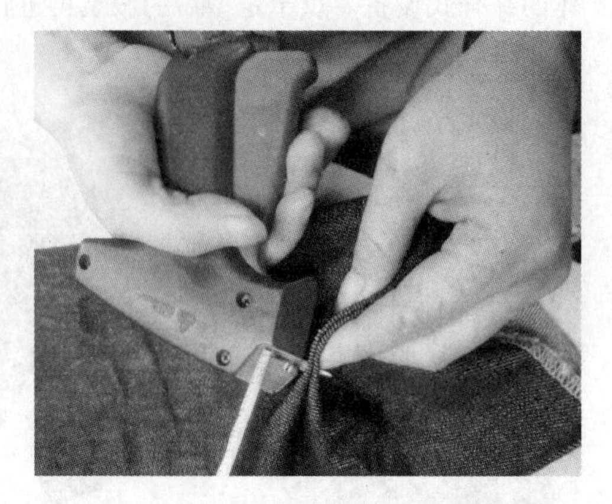

图 2-3-18 枪花制作

枪花工艺对漂洗风格影响有直接关系。如枪花立体效果高(即抓起牛仔面料后落枪位低),漂洗之后的效果是枪位周边底色面积分布为蓝多白少(或黑多白少)。反之,效果互换。因此,枪位高低可决定漂洗后枪花位周边底色面积保留得多与少。

枪花的密集程度直接影响牛仔成衣整体的底色保留面积。在成人牛仔的枪花工艺中,主要采用局部枪花,目的是要打造牛仔服装的怀旧风格。如牛仔裤膝盖两侧的枪花,就是为了仿旧人体膝盖经常弯曲所造就的骨位凸出的磨白效果;前后口袋边的枪花是模仿前后口袋经常被人们放取物件时摩擦出的一种褶皱怀旧风格;裤脚的枪花是模仿鞋子与裤脚之间的折叠状况。童装牛仔的枪花与成人装相比较,有更多另类的枪位,其主要作用是使牛仔整体效果更加花俏、夸张。加工时要注意胶针的松紧度。

二、手针

手针是使用手工缝纫针将需要的部位进行缝接,所加工产品的外观风格与枪花加工非常类似,加工时要注意针缝的松紧度。它与枪花加工的差别如下:

(1) 手针的缝接的力度受加工人员的影响,紧度有差异;

(2) 手针缝接后洗水的产品外观对比效果不如枪花的强烈,立体感稍逊;

(3) 手针适用于轻薄类、纱线强力低的牛仔服装;

(4) 手针加工的产品针孔较小;

(5) 手针加工生产效率比枪花低;

(6) 手针可以根据风格需要,在缝制中植入橡胶块等模型,洗出其他风格的产品,而枪花不可以。

目前此种方法在一些服装艺术加工方面有应用,它将复杂的花纹图案按照缝皱方法对部分地方进行保护,操作方法类似于扎染。经过洗水后服装能呈现所需的花纹图案(图 2-3-19)。

三、扎花

扎花是指产品根据设计要求在洗水后表面有自然的水纹花浪印迹,此洗水方法较为简单,产品在做底色前用布条或扎带把产品扭转并扎紧,酵磨底色时凸出的部位经磨损颜色会比扎盖部分色彩浅。此工艺在操作时主要注意轧捆时的松紧度,太紧时出现的花印会死板不自然,太松时在洗水过程中扎带会脱落而不能达到预期效果(图 2-3-20 和图 2-3-21)。

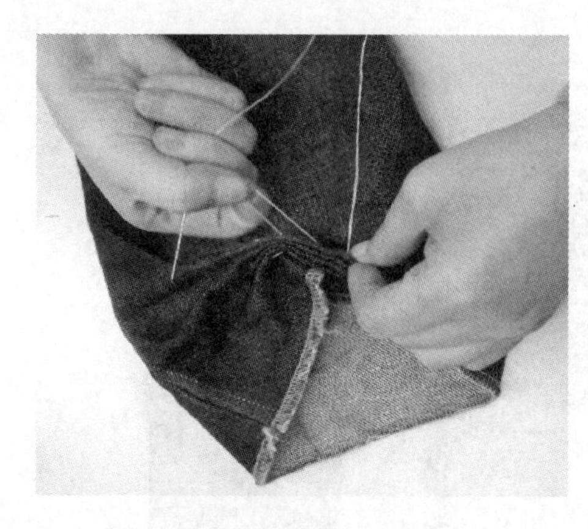

图2-3-19 手针制作

图2-3-20 扎花

图2-3-21 各种手法扎花牛仔裤(彩)

四、扎网袋

扎网袋指产品根据设计要求将牛仔产品按照一定的方式进行折叠,然后塞进网袋中,绑紧袋口后进行洗水。扎网袋洗水的产品除了会出现折叠痕迹外,还会在产品与网袋接触的地方呈现“袋痕”(图2-3-22)。

加工时要注意绑紧网袋口,防止加工中松开。网袋中成衣塞放得太松则洗后无效果,塞放太紧洗后折叠的地方过渡死板不自然。另外,每袋放入服装数量不同,服装与工作液接触的面积不一样,会产生不同效果。

扎花或者扎网袋加工时,也可在捆扎、折叠或叠放服装时加入其他物件,让工作液在不同地方产生不同的外观风格。

图 2-3-22　网袋扎

第五节　压　皱

牛仔压皱整理是近年来较流行的一种整理工艺，助剂厂商也推出了很多相关助剂，其中牛仔压皱树脂就是主要的一类。牛仔压皱树脂作用原理与免烫整理类似，通过活性基团与纤维素长链分子中的羟基发生共价交联反应，将纤维素纤维相邻的分子链联结起来，限制其之间的相对滑动，从而保证牛仔布上的褶皱不会消失，具有形态记忆功能。

一、加工方法

目前常使用的工艺是主要有喷洒法和浸渍法。

1. 喷洒法

其工艺流程为：将树脂、催化剂以及其他添加剂按照配比加入水中配制成树脂溶液→将树脂溶液均匀喷洒在衣物上→手工或者机器进行定褶成所需形状→140 ~ 150℃下焙烘 10 ~ 30 min（由于所使用的面料存在着差异，因此在工艺条件的选择上也会有所不同）→水洗。

喷洒法的优点是工艺简便，节约药剂，效率高；其缺点是在喷洒过程中会出现布面喷不匀，导致在后面水洗过程中会出现洗花、套色或染色时局部不上色、局部手感偏硬或易损等问题。

2. 浸渍法

其工艺流程为：将树脂、催化剂以及其他添加剂按照配比加入水中配制成树脂溶液→将衣物浸泡在所配成的树脂溶液中一段时间→取出→脱水处理（轧余率在 90% ~100% 范围内）→手工或者机器进行定褶成所需形状→80℃下预烘 20 min→140 ~ 150℃焙烘 10 ~ 30 min（焙烘时间与焙烘温度需根据面料确定）→水洗。

浸渍法的优点是布面颜色均匀,整理效果以及褶皱稳定性要较喷洒法好。其缺点是产品手感比较僵硬、面料整体强力下降。

注:加工中如采用热汽烫压皱,其所形成的的皱褶容易散开;而套在有热气发热的钢管压皱的皱褶形状则不易散开。

无论采用哪种方法,如果压皱部位上要求有较轻微的阴影马骝效果,则用压好皱后再做喷砂、喷马骝水的处理方法。

二、生产影响因素

1. 催化剂

压皱整理用催化剂一般为无机盐或有机酸,不同的催化剂活性不同,且许多催化剂对直接染料有影响,易引起色变。

常用的催化剂有氯化镁、柠檬酸和复合催化剂。

(1) 氯化镁作为催化剂时,在强力损失方面要高于柠檬酸和复合催化剂,而在折痕回复能力的提升方面,氯化镁作为催化剂对靛蓝牛仔的影响要优于其他两种催化剂,而柠檬酸作为催化剂则对套染牛仔的影响优于其他两种催化剂。

(2) 氯化镁和柠檬酸对于产品白度的影响较大,而复合催化剂对于白度影响较小,同时,不使用催化剂进行树脂整理时,牛仔服装因树脂滞留在织物表面而致使白度下降。

(3) 催化剂浓度对于靛蓝牛仔影响要大于套染牛仔。随着催化剂浓度的增加,树脂与纤维素纤维交联逐渐增强,靛蓝牛仔的拉伸断裂强力下降,而套染牛仔的强力变化不大,但两者的折痕回复能力均随着浓度的增加而提高。但当催化剂浓度过量时,过剩催化剂使得棉纤维氧化降解,使得断裂强力进一步下降,而且易出现泛黄现象,白度下降。

(4) 甲醛释放量主要由织物表面残留的树脂以及树脂与纤维素纤维发生交联的程度决定。加工中使用催化剂之后,甲醛释放量与无催化剂树脂整理相比要低很多,折痕回复能力也有提升也较明显。三种催化剂中,复合催化剂条件下甲醛释放量要低于氯化镁和柠檬酸,且协同催化作用下形成的交联键更稳定。

2. 增硬剂

生产中如果只使用树脂进行牛仔布压皱整理,产品立体效果不强,手感较软,回弹性不佳,不利于后续加工。一般可通过加入增硬剂(如聚丙烯酰胺)来调节布面立体感,利于后续加工,同时水洗后硬度消失,不影响牛仔衣物的服用性能。

3. 强力保护剂

经过树脂整理的纤维素纤维由于弹性模量和刚性增加,纤维不易变形,从而使整理品的断裂强力、耐磨性和撕破强力有一定下降。

4. 树脂浓度与温度

(1) 树脂太浓和温度太高,所加工产品易撕烂,产品手感太硬;而树脂不够浓度或温度不够高,出来的产品压皱效果容易磨平,保持压皱效果时间不长或没压皱的效果。

(2) 不同催化剂条件下,树脂的适宜浓度不同,而且树脂浓度对综合性能影响较小,但树脂浓度对白度略有影响,因此在浓度选择时应考虑白度变化。

（3）焙烘温度对靛蓝牛仔各项物理指标影响很大，随着焙烘温度的升高，树脂与纤维素纤维交联增加，折痕回复能力增强，但同时因纤维分子链段相对滑移减少以及纤维氧化降解，使得拉伸断裂强力损失加剧；对白度影响方面，使用不同催化剂，对不同牛仔服装存在不同。

（4）焙烘时间与焙烘温度相同，时间延长，交联增加，折痕回复能力提升而拉伸断裂强度下降，但白度出现先增大而后减小的趋势。

图 2-3-23　压皱处理的牛仔产品

第六节　磨边/磨烂/勾纱

一、人为损伤（烂边补烂）

牛仔服装为了得到一些特殊的风格或新奇的外观，可采用一些特殊的方法，如特重磨，用坚硬物（如剪刀，枪弹）制出规则或者不规则小洞，在服装表面形成局部或全面的特殊效果。按破坏的方式可分为刷擦、刮烂和磨边。

1. 刷擦

采用刷子摩擦的刷擦法，在整条裤面进行大范围的摩擦，适合前腿位、膝盖处、后臀部等较大面积的部位。马骝洗这种后整理方式一般会先用设备将裤子吹胀并固定，用刷子或磨轮直接在面料的表面进行打磨处理，使衣物表面达到局部磨白的效果，然后再用手工修整裤缝边缘、袋口边、裤脚的折边处等细小的部位，以达到特殊的效果。

2. 刮烂

采用钢锯条对牛仔服装进行横向刮烂，使牛仔服装上产生破洞，根据风格，可大可小，但注意，刮烂的破洞只是破坏经纱，纬纱是完好的，若断纬纱断裂，则判定为疵品。

3. 磨边

一般在牛仔裤前后袋口、表袋口、裤脚口等处，用纱轮进行打磨，要求到达外观有绒毛感，但又不能看到里面纱线的效果，也不能出现破洞，否则可判定为疵品。

经过人为破损加工的牛仔产品，在各种洗水加工过程中，面料的纱线会呈自然散开、断落、毛起等外观效果（图2-3-24与图2-3-25）。

A. 台式砂轮机磨烂

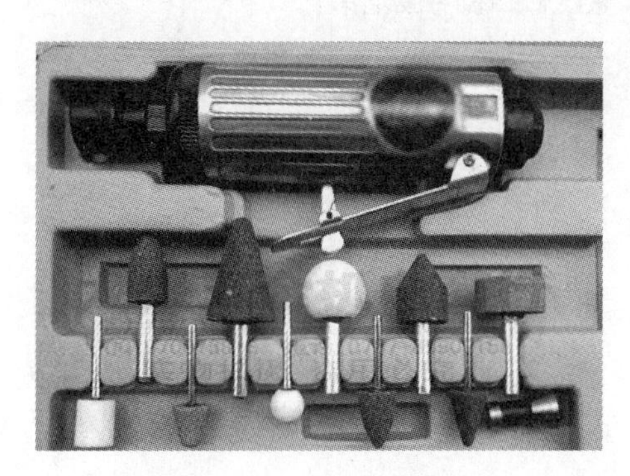

B. 气动刻磨机磨烂

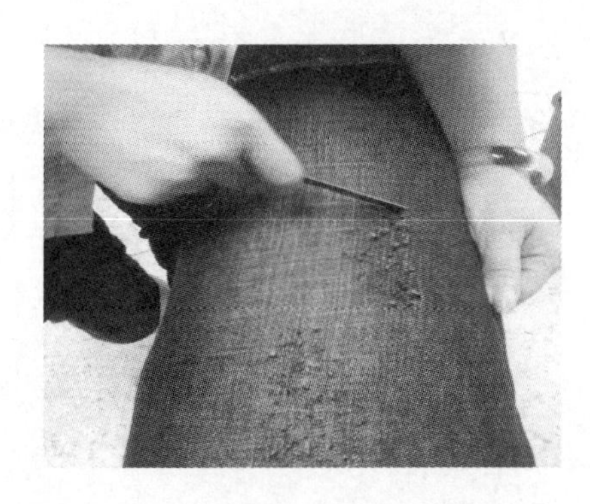

C. 锯片刮烂

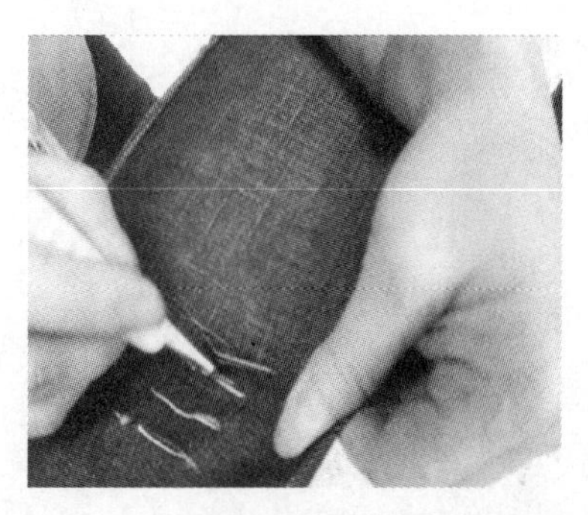

D. 刀具割烂

图2-3-24 人为破损加工

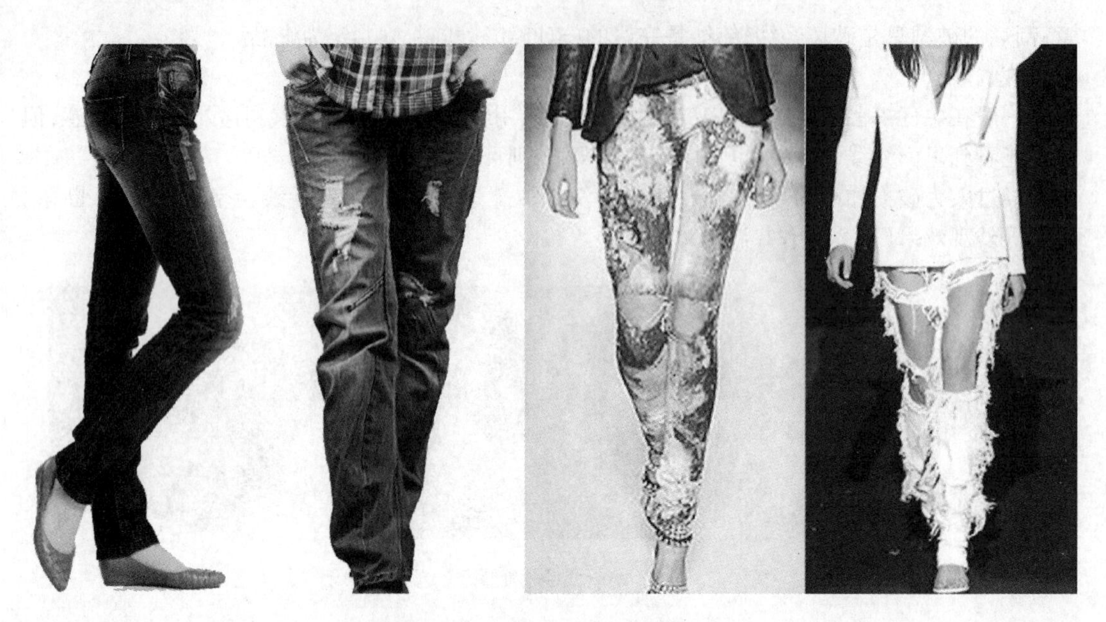

图 2-3-25　破损加工的牛仔服装(彩)

第四章

新型加工技术

第一节 臭氧处理

臭氧的密度约为氧气的1.5倍,易溶于水,它的溶解度是氧气的13倍。臭氧是自然的气体,取自于空气、消失于空气。常温下在空气中停留10~15 min,即还原为氧气。在水中的半衰期为20~25 min,不留下残存物,无二次污染和副作用。臭氧是强氧化气体,臭氧是强氧化剂,氧化能力比氯强152%,可破坏这些染料的发色和助色基团,对所有染色具有超强脱色能力。

(一) 加工原理

臭氧对各种有机染料的作用是不同的,偶氮染料更容易被氧化。染料中常见的基本组成为羟基偶氮色素,这些化合物与臭氧反应时,首先是臭氧又如羟基苯甲烷系色素的酚酞通过内酯环的可逆性开、闭环产生颜色与失色,从而可用作指示剂。碱性酚酞易与臭氧起反应。臭氧在电子丰富的C═C键位进行1、3加成反应,可切断色素骨架从而脱色。

臭氧牛仔漂洗设备是由臭氧发生器,制氧机、空气压缩机、冷冻干燥机、过滤器组成的空气处理系统与漂洗缸体组成。

压缩空气经储存气罐通过压力调节经过普通过滤同时阻止油水进入后,经过精密过滤器阻挡空气中的尘埃,由流量计和压力变送器检测压缩空气的流量和供气压力,通过冷冻式干燥机凝结水分在经吸附式干燥机进行深度除水,使气源露点达到要求的-40℃,再经除尘过滤器使粉尘颗粒度小于1 μm,成为合格的原料气源。合格的原料空气源中的部分氧气(O_2)经调节阀进入臭氧发生器电离成臭氧(O_3),在臭氧发生器的高频高压电场内,空气中的部分氧气变成臭氧,产品气体为臭氧化气体,经流量、压力调节阀调节和涡旋流量计、压力变送器及温度变送器检测流量、压力、温度,以及臭氧监控仪检测臭氧浓度后,臭氧发生器所产生的臭氧经涡旋流量计和总管压力变送器检测总流量及压力后导入臭气源。产生高浓度臭氧导入洗水缸中(衣物要先过水保湿);衣物被臭氧充分氧化后,将缸内臭氧抽出。被抽出的臭氧将会在16~40 min内转化为氧气,从而不会对环境造成影响。

与其他氧化剂比较,臭氧可以把染料分解为二氧化碳和水,其自身在反应后也可以在短时间内分解成氧气,整个工艺环保无污染。用这种新技术研发出的工艺分为干法和湿法两种:干法工艺是直接将干的衣物投入臭氧机内进行脱色处理,一般情况下臭氧的输送量不变,根据具体要的颜色对时间进行控制;湿法工艺是将臭氧溶解在水中形成臭氧溶液,然后用喷雾器将溶液喷在牛仔服需要脱色的部位。

(二)生产实践

生产中从打样到大货都离不开臭氧工艺和设备。首先打样时工艺所设定的工艺条件如臭氧的时间和浓度,所要样品的含潮率都要调试好,然后到大生产的头缸的设定和续缸的跟踪。由于小样和大样有一定的差异,所以在工艺上要有所调整。

1. 工艺流程

润湿成衣→臭氧处理→加软→过水→出缸

2. 工艺条件

衣物含潮率:60%

运行时间:30 min

在调试臭氧设备时要注意时间的参数,臭氧的泄漏情况发生问题及时处理,在含潮率的方面一定要控制好。

干法工艺需先用水润湿要加工的面料,利用不同的酸碱度 pH 值来控制脱色率,再把臭氧直接喷在脱色部位使其脱色。这种工艺效率高,时间短,可满足不同脱色图案的加工需要,成品手感柔软舒适。

臭氧的效果就是有一层灰蒙蒙的感觉,比雪花洗怀旧洗的效果要好很多,在层次上已经超过其他的洗水效果了,经过臭氧加工后,成衣一般变黄、变黑和变深。

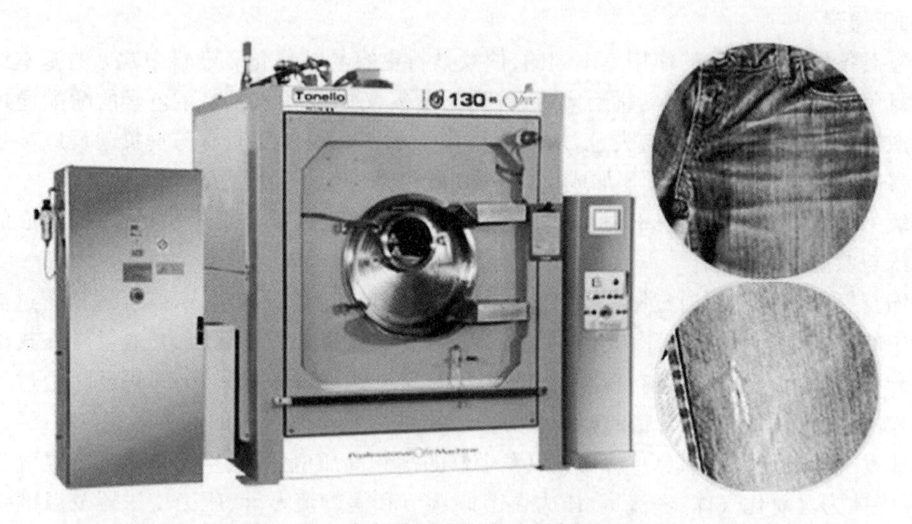

图 2-4-1 意大利 TONELLO 牛仔臭氧加工设备

(三)生产注意事项

由于臭氧含有一定的毒性,能刺激黏液膜,长时间在含 0.1 ppm 臭氧的空气中呼吸是不安全的。臭氧无色,当闻到时已有一定的危险性,在大生产车间中更要注重安全生产,设备上加装报警系统,以防万一。

第二节 激 光 处 理

随着纺织工业的发展和纺织工艺更高要求,对高科技纺织检测仪器需求也日益增大。新的纺织机械和设备给纺织工业带来了前所未有的发展和突破。激光检测技术在纺织中的应用十分广泛,可以用于纺织品检验、激光裁布和纺织服装面料激光雕刻数码图案。

传统的纺织面料制作工艺需要后期的磨花、烫花、压花等加工处理,而激光雕刻机烧花在此方面具有制作方便、快捷、图案变换灵活、图像清晰、立体感强、能够充分表现各种面料的本色质感,以及历久常新等优势(图2-4-4)。目前大量使用于纺织面料后整理加工厂、面料深加工厂、成衣服装厂、面辅料及来料加工企业。

图2-4-2 牛仔成衣用激光雕刻的图案

图2-4-3 激光镂空花纹牛仔裙(彩)

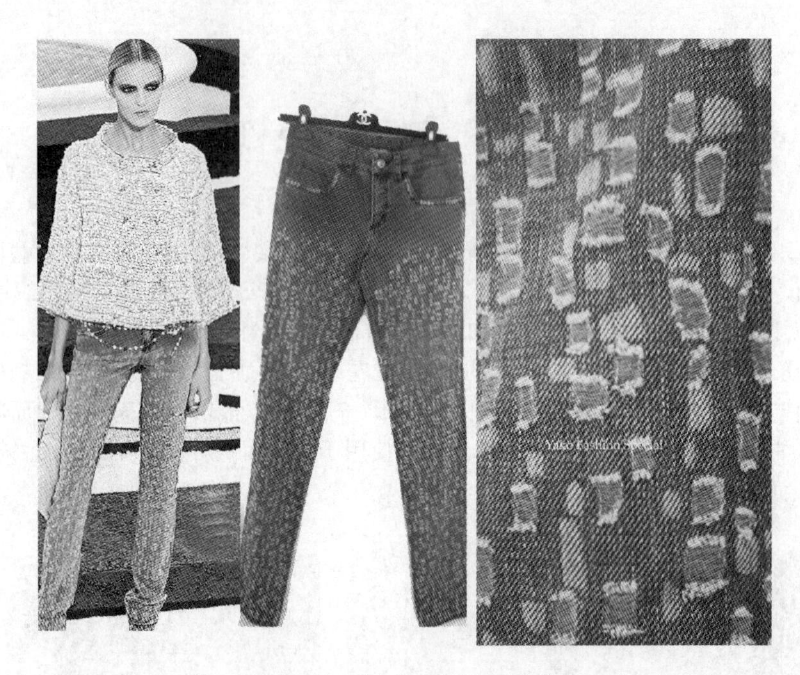

图 2-4-4 激光处理的破洞牛仔裤

用激光技术对牛仔面料进行处理,在面料上产生艺术图案,这些图案可以包括文字、数字、滑行、标志、影像,还可以通过精确工艺切割得到马骝、猫须、破烂、磨旧等效果。目前,激光处理对牛仔洗水行业而言,它不需要水和化学药剂,生产效率高,产品质量稳定。激光刻蚀工艺可选择的余地较大,无论面料、裁片、成衣均可加工,从层次感分明、图案精细的写真型图案到粗犷豪放、大胆随意的写意型图案无所不能。传统靛蓝色织、色涂牛仔布经激光刻蚀可获得图案清晰度高、装饰效果理想的效果。它是一项高效节能的加工方式,也是未来洗水行业发展的主要方向。

一、加工原理

所谓激光刻蚀即激光牛仔处理,其原理是利用计算机进行图案设计、排版,并制成 PLT 或 BMP 文件,然后使用激光雕刻机,使激光束依照计算机排版指令,在牛仔面料的表面进行高温刻蚀,受高温刻蚀部位的纱线被烧蚀、牛仔布料表面靛蓝染料被气化,在面料上制作不同艺术的影像图案、渐变花形;还可以通过精确工艺切割得到产生马骝、猫须、破烂、磨旧等效果,以获得牛仔刻花成品。形成不同深浅层次的刻蚀,产生图案或者其他的水洗整理效果。

二、生产实践

激光洗水加工设备一般有两种类型,一种是平板式加工设备,另一种是立体加工设备。两种设备的加工流程基本一致(图 2-4-5 ~ 图 2-4-8)。

加工流程:根据样品外观采集图案→根据样品尺寸设计图案(一般使用 PS 或 AI 软件制作,AI 主要画牛仔裤的轮廓,PS 主要画猫须和纱位)→定位→设置参数(镭射火力、时间)→运行设备

A. 卧式

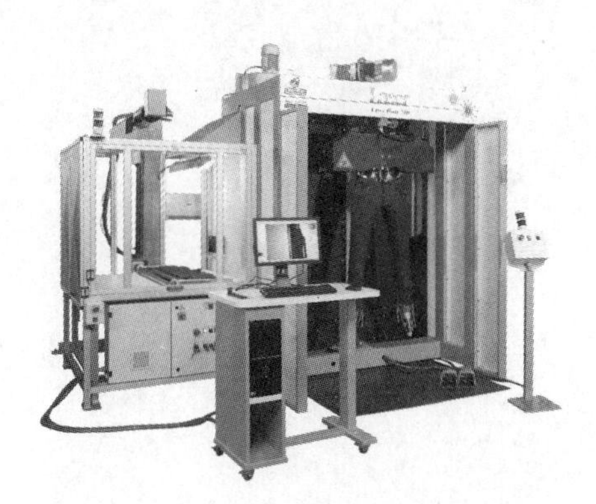

B. 立体式

图 2-4-5 意大利牛仔服装激光雕刻机

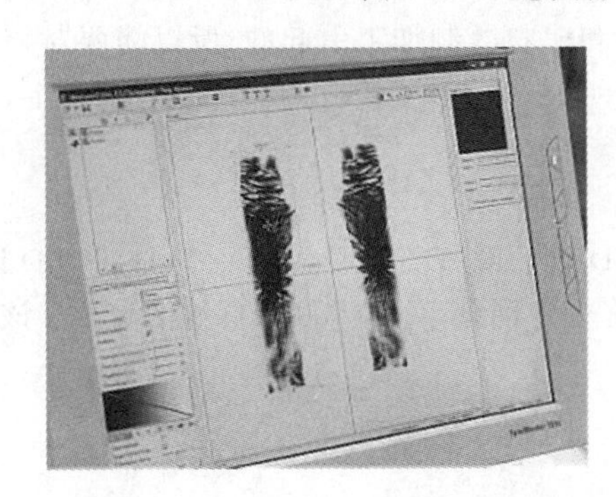

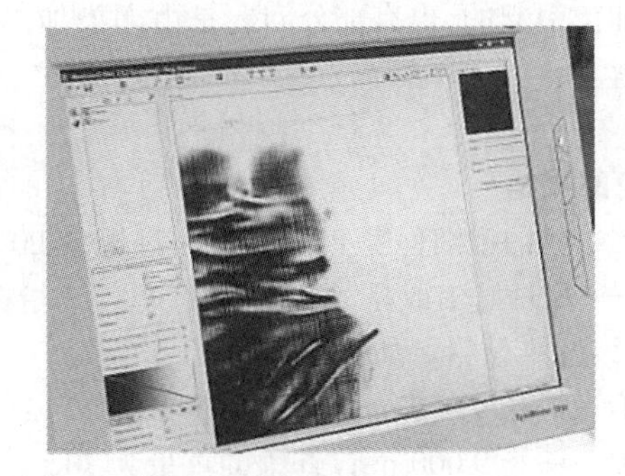

图 2-4-6 激光雕刻电脑设计图案

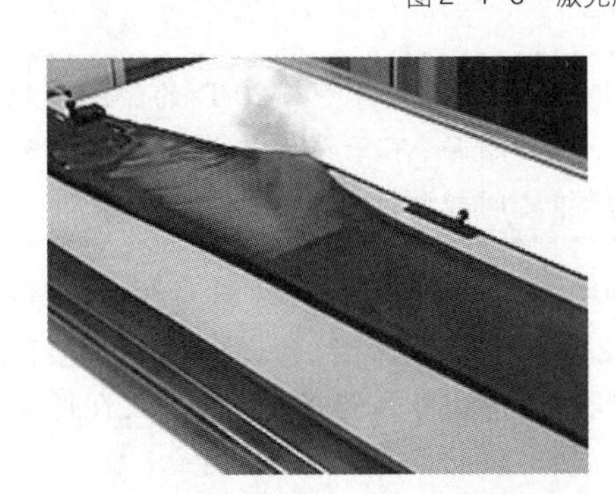

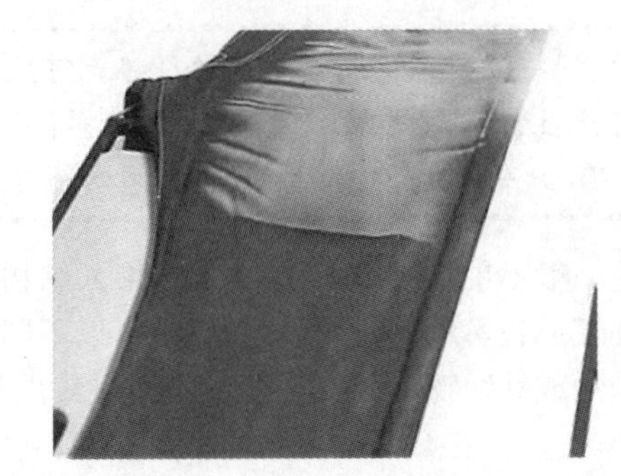

图 2-4-7 平板式激光雕刻加工设备

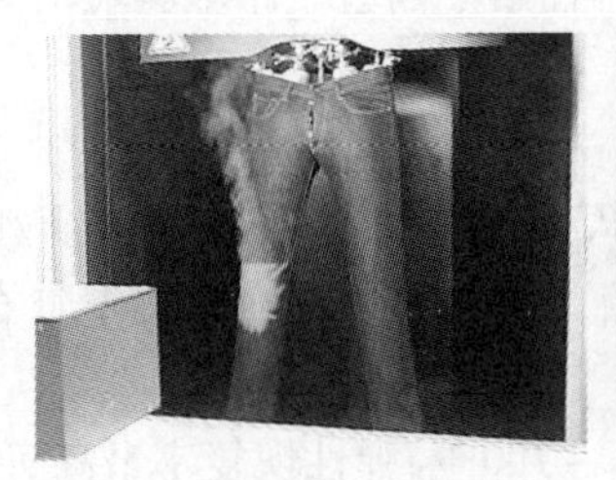

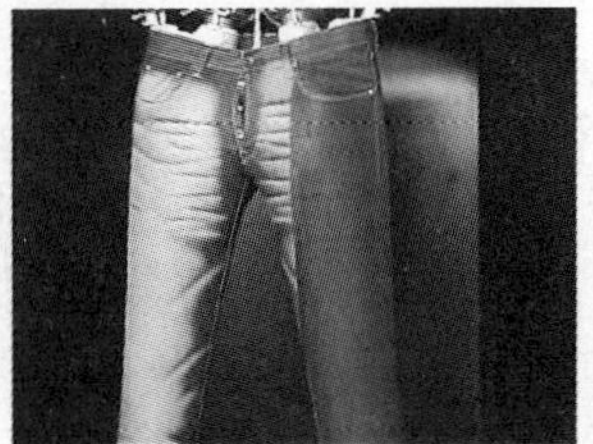

图 2-4-8 立体式激光雕刻加工设备

第五章

弹力牛仔产品加工

对牛仔洗水企业来说,处理弹性牛仔产品质量问题往往比普通纯棉产品多,部分问题是由于洗水加工引起的,也有部分问题是由印染加工和成衣缝制加工引起的,所以需要对相关情况有所了解。

一、氨纶的规格

按照纺丝的粗细程度不同,分成多种规格:20 D 以下,20 D, 30 D, 40 D, 70 D, 100 D 以上等。

D——称丹尼尔或旦,纤维的细度单位。指在公定回潮率下9 000 m 纤维的克重。该数值越大,表示该纤维越粗。如:

20 D——指9 000 m 该纤维的重量为20 g;

70 D——指9 000 m 该纤维的重量为70 g。

因此,70 D 的氨纶比20 D 的氨纶粗。

> 注:同一旦数不同材质之间的纤维无可比性。如20 D 的氨纶与20 D 的涤纶在粗细之间无可比性,因为它们本身的密度不一样;另外同一材质,不同截面形状的纤维也无可比性,如70 D 普通涤纶纤维与70 D 的空心涤纶纤维之间粗细无可比性。

氨纶一般不单独使用,而是少量地掺入织物中。氨纶可采用裸丝的形式做纺织原料,也可将裸丝加工成包芯纱、包覆纱、合捻线等,以不同的比例与天然纤维、合成纤维及其他纤维混用,生产机织物或针织物。一般在机织物中氨纶的混用比占织物重量的1% ~5%,在针织物中为5% ~10%。

一般来说,氨纶的旦数越小,纤维越细,在加工过程中抵御外力能力越差,越容易断裂或分解,最终引起面料失弹,常用在牛仔面料上的氨纶粗细一般为40 ~70 D。

二、包芯纱

所谓的包芯纱是以长丝纱为芯,其他材料为外皮纺成的纱。包芯纱的特点在于将纱芯、纱皮两个部分纤维的优点结合于一体。即包芯纱除在外观上具有皮纤维的全部特性外,内在质量又具有芯纤维的特点。

氨纶丝弹性伸长率可达500% ~700%,弹性恢复率最高可达99%(图2-5-1),初始模量小,纤维柔软,耐酸、耐碱、耐磨、耐虫蛀、耐霉菌、耐汗性好。可用氨纶长丝作纱芯,外包各种短纤维纺制氨纶包芯纱。这种纱线具有氨纶纱芯提供的优良弹性，又具有外包纤维的表面性能。近年来，以棉为外皮、以氨纶为芯的纱线被广泛用于牛仔面料（图2-5-2）。

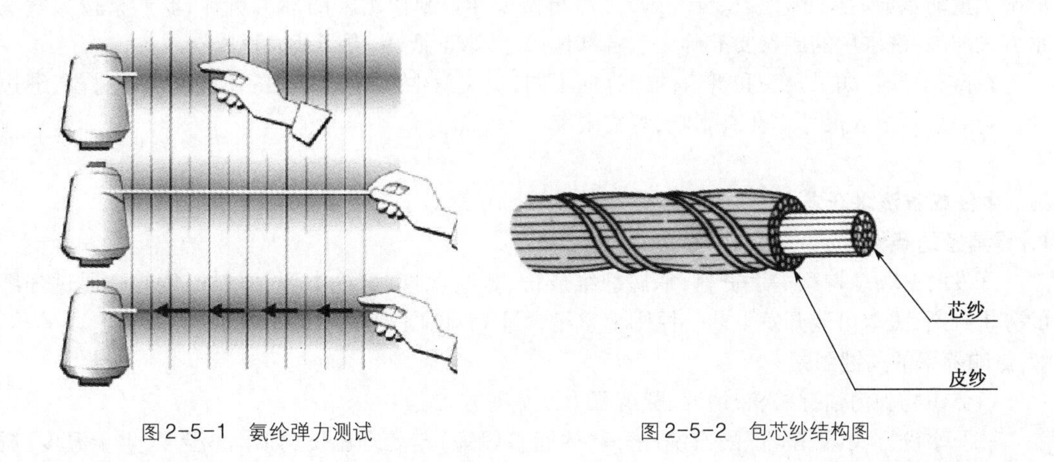

图2-5-1 氨纶弹力测试　　图2-5-2 包芯纱结构图

三、弹力牛仔分类

1. 按弹力大小分类

（1）高弹织物（氨纶5%以上）：具有高度伸长和快速回弹性，拉伸力（弹性为30%～50%，回复率小于5%～6%）。

（2）中弹织物（氨纶2%～5%），也称舒适弹性织物，其拉伸力（弹性为20%～30%，回复率小于2%～5%）。

（3）低弹织物，也称一般性弹性织物，其拉伸力（弹性小于20%，回复率3%以内）。

2. 按弹力方向分类分为经弹、纬弹、双弹（又叫经纬弹或四面弹）。

分类另外，由于受到棉纤维的弹性、纱线的结构（如捻度或纺纱工艺）和织物结构的影响，即使没有氨纶的纱线也是具有轻微的弹性的。

四、弹力织物裁剪加工注意事项

1. 松布

刚从染厂下架的布，原则上不能马上用，通常须放置7天以上进行松布，用以消除内应力。高弹织物松布48 h以上；中弹织物松布36 h以上；低弹织物松布24 h以上。

一般来讲，堆置时间越长，松布效果越好越均匀，松布时的堆布高度不要超过150码。松布时尽量减少额外张力，尽量避免放置前、中、后张力不均而产生同匹缩率有偏差。

2. 裁剪铺布

铺布尽量采用机械铺布方式，人工铺布原则上要装省力装置（滑轮），尽量减少铺布过程中的拉力和张力，铺布厚度应低于4英寸。

3. 裁剪

对高弹织物，裁剪厚度一般不要超过3英寸，防止面料相互挤压，造成牵伸张力不一致，引起成衣在洗水时产生缩率不一致。

4．纸样、排唛架

要掌握好弹力面料的缩水率。弹力氨纶布大货正确的纸样做法：先将布匹都做缩水测试，准确丈量缩水前后尺寸、记录、分类，归类后再做纸样。制作出来的标准裤样，要严格按大货洗水方式加工，洗水后的成衣要准确丈量各部位尺寸，修正纸样，再开裁大货成衣。

在做纸样时，如果腰头和裤身的经纬向不同，应注意牛仔布经纬向的不同缩率。另外，缝边和折边厚度对成衣尺寸也会有影响，都需要综合考虑。

五、牛仔成衣洗水开发

1．需具备的条件

开发时必须掌握第一手资料，掌握纤维成份、氨纶含量、氨纶类型、面料厚度等。通过仔细的分析判断，采取可能开发工艺。原则上氨纶含量1%以内，不适合开发树脂、石磨工艺。

2．影响缩率的关键因素

（1）织物弹力情况、松布情况、裁剪张力及裁剪方式。

（2）水洗方式（如酵洗、酵石洗、酵漂、树脂整理等）与处理温度，如水洗温度、烘干温度、焗炉温度等。

① 水洗温度一般为室温至60℃；

② 烘干温度（60～80℃），一定要控制前后一致；

③ 焗炉温度通常为135～140℃，宁可延长时间也不可升高温度。

（3）对弹力牛仔，浸树脂的pH值一般为4.5～4.8。棉纤维不耐酸，pH过低时，棉纤维强力损伤较大，织物容易撕裂，导致弹力面料脆损。不能用烫斗用力敲打，否则损伤氨纶，下水后会失弹。

（4）在度量弹力牛仔成衣尺寸时，要在充分冷却或者打冷风后才能进行测试，否则所测量数据会有较大误差。

（5）退浆程度和温度：一般情况下，退浆干净的成衣，其尺寸稳定性较高。对高弹牛仔织物，升温退浆有利于尺寸提高织物尺寸稳定，通常为60℃。

3．弹力牛仔加工的pH值控制

加工弹力牛仔成衣时，要特别注意调节工作液的pH值，尤其是氯漂时，最佳pH=11～12，不可超过12。同时温度不能过高，减少有效氨纶的损失，温度控制在45℃左右（表2-5-1与表2-5-2）。

表2-5-1　不同浓度漂水、烧碱与漂水＋烧碱对应的pH值

漂水浓度（g/L）	5	10	15	20	30	40
pH值	9.44	10.05	10.10	10.12	10.12	10.13
烧碱浓度（g/L）	1	1.5	2	3	5	6
pH值	12.17	12.30	12.37	12.65	12.85	12.94
漂水＋烧碱的pH值	11.74	12.13	12.19	12.42	12.48	12.53

注：① 对个别难漂的底色可升温至50℃，则烧碱的用量按标准增加20%。

② 对于个别客户要求漂后色光，同时漂水用量很少，5 kg/缸以内的，用冷水进行漂洗，可不加烧碱，对于上述两种情况必须多次试办，在保障面料弹性和尺寸前提下才能使用相应工艺。

表 2-5-2　不同浓度双氧水、纯碱对应的 pH 值(H_2O_2含量 27.5%)

双氧水用量(g/L)	3	5	10	15
pH 值	7.67	7.76	7.79	7.79
纯碱用量(g/L)	2	3	4	5
pH 值	10.93	11.1	11.1	11.2
双氧水 + 烧碱的 pH 值	10.55	10.56	10.55	10.56

注：① 双氧水漂白最有效的 pH 值为 10.5 ~ 11 之间；故纯碱用量为 3 ~ 5 g/L 时是最为经济和有效的；
② 通常对白度较纯、鲜艳度要求相对好的牛仔成衣加工进行双氧水漂；
③ 对于弹力牛仔成衣加工，加了纯碱后可保弹或防止失弹；
④ 生产中要调整工作液碱性的，尽量加纯碱，如个别生产工艺中需要加入烧碱的，烧碱用量要控制在为 0.1 ~ 0.5 g/L 范围内。

六、新型纤维 T-400 的应用

T-400 纤维由两种不同的聚酯纤维 PET 和 PTT 并列复合纺丝而成。由于两种聚酯纤维的收缩率不同，该纱线可以产生弹簧状的立体卷曲，类似羊毛的结构，而且这种卷曲在经过热处理之后仍然存在，使织物具有蓬松柔软的手感和优良的弹性。

新型复合聚酯弹性纤维 T-400 织物克服了氨纶弹力织物的缺点，不仅具有很好的弹性和尺寸稳定性，穿着舒适，易打理，而且加工过程比较容易控制，不像莱卡织物那样易形成卷边和折皱。染色后整理也比氨纶牛仔织物简单且成本低。印染加工可以进行轧碱、丝光，成衣整理可以绣花，可以进行喷砂、仿古、毛须、水洗磨白、破洞等处理。用 T-400 纤维制成的服装耐洗涤，有良好的尺寸稳定性，经向收缩率不超过 3.3%，纬向收缩率不超过 2.5%。T-400 还具有耐氯性能，有效解决以往不能用于弹力牛仔布的氯漂及洗涤工艺。T-400 的洗染加工性能如下：

1. 弹性回复性

优于常规的变形纱。它用在布料中，坯布即可显出弹性，后整理之后其弹性更有增加，其成品具有特殊手感及悬垂性。当与需要高温染色纱线如聚酯搭配时，可耐高温而不损伤其弹力，故可使成品布有优越的回复力及极稳定的收缩率。当它与棉交织时，可抗皱且维持成衣免烫的功能，并带入柔软的手感而使成衣附加值更高。

2. 固有的化学稳定性

纺织过程：织物/服装洗涤、漂白、石磨洗。

消费过程：工业洗涤、紫外线照射、耐氯。

3. 可与涤纶兼容的弹力纤维

4. 耐水洗

5. 染色效果好

染色温度可选择在 100 ~ 130℃之间，当在 120℃下时可造成双色效果。升温到 130℃时更可达到匀染的效果，其色牢度更可达到四级以上，相同于一般聚酯的染色特性。而类似产品 PBT、PTT 等皆无法达到 T400 的弹性及弹力，更无法达到相同的布面平整度。

6. 拉伸强力高

第三部分

装饰类牛仔产品艺术加工技术

第一节 扎（拔）染

扎染艺术是一种独特的手工防染艺术。

从汉语字面意义上看，“扎”即为“捆扎”之意，表示人的动作或行为；“染”即为“染色”，也就是用染料使纤维等材料着色，表示一种操作过程。扎染既包含这种特殊的防染技术手段，又涵盖使用这种技术手段所形成的图案花纹及艺术效果。

扎染是指在制作过程中，先将纺织面料、纱线、皮革等材料按照预先设计，运用捆绑、缠绕、缝抽、裹系、折叠、打结、夹结、包套等方法进行处理，然后染色的防染技术。同时，这种技术又是一种独立、独特的艺术表达形式，因而也将其称为扎染艺术。

扎染工艺不仅有把纺织面料先扎结、后染色的“织后扎染”，也有先扎经、扎纬并染色，再进行织造的“织前扎染”。但一般所说的扎染工艺多指“织后扎染”，即主要在织造好的纺织面料上扎结、染色的工艺。

由于扎结手法的多样性，染色后，经防染处理过的地方自然出现多变、神奇的特殊图案和装饰效果，广泛应用于服饰面料和室内纺织品等艺术设计和壁挂、装置等艺术创作。

此外，拔染技术也可作为“反向扎染”运用于扎染工艺中，称为“拔扎染”或“扎拔染”，以区别于拔染印花。它是先在事先染好色的织物上进行各种扎结处理，然后运用拔染剂（还原剂）或其他药剂“拔”色使原有的染色底消色。因扎结处“防拔”，因而织物上出现留有原有地色的深色花纹。不同的染料使用不同的拔染剂，民间用稀硫酸液浸泡靛蓝染料染色织物后水洗，即可拔出靛蓝布上的蓝色。烧碱一般适用于蓝靛和还原速度较慢及粒子较粗的染料，纯碱、碳酸钾适于大多数还原染料。

“拔扎染”或“扎拔染”的效果与一般扎染的“深底浅花”正好相反，“浅底深花”的反向视觉效果是其典型特征。

对牛仔产品的扎染加工，从概念上来说，它们都是面料在经过靛蓝或硫化染色的面料基础上进行加工的，因此其属于“扎拔染”。

一、工具

扎结是染色前的一道重要工序。扎结工具的选择与扎结效果的变化直接关系到产品质量的优劣，对于染（拔）色过程中色晕肌理的形成也具有十分重大的意义。

扎结工艺简便，一般都是手工操作，无需复杂的器械设备，只需借助一针一线或简单辅助工具按照一定的操作程序，运用不同的针法与技法便可制作出各种各样的图案花纹。

1. 主要工具

（1）针（吊牌枪） 一般都用棉线针或者吊牌枪（图3-1-1），其型号可根据织物厚薄和花形大小灵活选用。如果是超厚型面料，则可选用最大型号；如果是勾扎，则必须使用勾扎专用的特制钩针。

（2）线（胶针） 扎结的线材，必须具有相当的强度。扎染一般使用比较粗、韧性较好的棉线或尼龙线，这种线能经得起捆扎过程中的强力拉扯（图3-1-2）。如果是捆扎，其线材可以采用各种不同质料的线材，包括棉线、麻绳和人造纤维等不同粗细的线和绳，并根据面料的厚薄和花型的大小灵活掌握。值得注意的是，不同材质的线会对产品外观有一定影响，如棉线在使用后会吸附工作液，而丙纶裂膜线则不会，因此在制作时要根据实际情况选用(图3-1-3)。

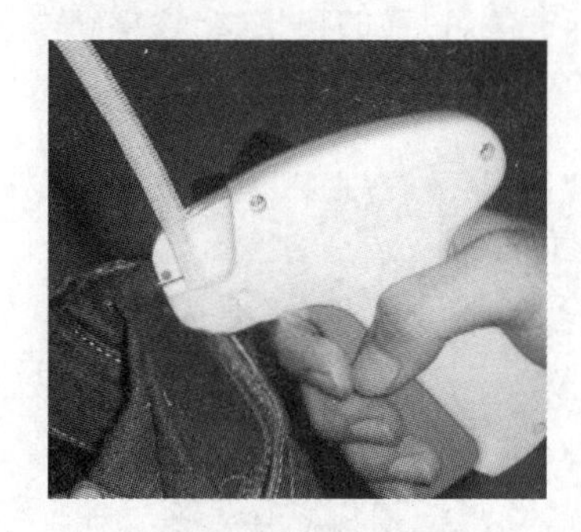

图3-1-1　吊牌枪

图3-1-2　棉线

图3-1-3　丙纶裂膜线

(3) 绳　主要用于捆、缚大的图案纹样和在质地较厚的纺织品上扎结图案纹样。绳应准备细线绳、粗线绳、松紧绳，松紧绳也应有粗、细、长、短的区别。准备这些不同质地、不同粗细和长短的绳子，用以缚、捆纺织品，主要用于被染纺织品整体折叠后捆结，以及整体纺织品套染第二次色(图3-1-4)。

除此之外，还可以使用金属丝，如铜丝、铁丝等(图3-1-5)。其效果与棉线制作的效果并没有太大的区别，只是扎出来的线条或块面的边沿会更清晰，分界会更明确。

图3-1-4　绳索

图3-1-5　金属丝

不同质料和不同粗细的线绳来串缝或捆扎织物，往往会产生不同的染色效果，获得不同形状的图案花纹。选用不同的器械和不同的扎结方法，同样也会产生不同的染色效果和不同形状的纹饰肌理。缝扎、塔扎和叠扎等较为常见的扎结方法一般都离不开针和线，但一些较为特殊的扎结方法，如夹扎、包扎和器物扎，其所使用的器件和工具可以根据实际进行变化。

(4) 锥子　用于扎结时调整布褶。

(5) 顶针　用于缝扎时便于入针。

(6) 专用台　制作扎染品的专用台架，根据不同扎结需要专门制作。专用工具的使用，会给扎结作业带来便利和轻松。

2. 辅助工具

（1）夹子　扎染的基本原理就是通过对布料施加力量，使其不能吸收或很难吸收工作液，从而达到深浅不一的色彩变化（图3-1-6）。

（2）表面有肌理的硬物　如浮石、凹凸不平的石头、塑胶球、瓷砖、粗糙的树皮、纪念章硬币、机器零件、金属网等。通过对这些硬物的捆扎，扎染画面会出现非常独特的效果（图3-1-7）。

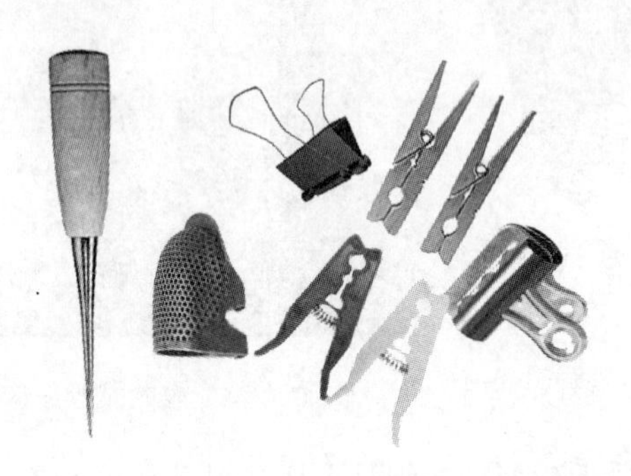

图3-1-6　锥子、顶针和夹子

图3-1-7　树皮

（3）竹帘　通过折叠捆扎，它会在布面中留下非常细密且有规律的纹理，而且色晕自然含蓄（图3-1-8）。

（4）塑料薄膜　利用其不透水的特点，通过捆扎来对布料进行局部的防染。

（5）条状硬物　如筷子、尺子等，这些条状硬物经捆扎后会出现明显阶段式的短线或长条块面。

（6）塑料管　把管壁的局部剪破，再用布料把塑料管包起来，露出塑料管的两端，这样工作液就能透过管壁的破孔反向由里向外渗透（图3-1-9）。

图3-1-8　竹帘

图3-1-9　各式水管

3. 拆线工具

（1）镊子　以尖端闭合严密、弹性适中为宜。

（2）剪刀　以尖端锋利的中、小型剪刀为宜，也可使用专用拆线剪。

4. 其他工具

（1）洗衣机　用于清洗、脱水。

(2) 喷雾器 用于折叠扎结之前喷湿面料。

(3) 温度计 用于测量室温、水温或染液温度。

(4) 量水器 用于染液配比。

(5) 电熨斗、熨烫台 用于熨烫面料及染后处理。

(6) 晾晒架 用于晾晒面料及染后阴干。

(7) 天平 用于药剂称量。

(8) 锤子、钳子、锯子等 用于圆木、木块等扎结方法的操作。

二、扎结方法分类

1. 扎结方法

扎染的扎结方法,以技法而言,大致可分为扎、缚、缀、串、勾、撮、包、夹、叠、盖等。

(1) 扎 用针线串缝纺织品后收缩扎紧。

(2) 缚 用线来捆缠织物。

(3) 缀 即缝合、连接之意,用针和线把织物局部收拨束紧。

(4) 串 即利用不同针距和线的长短来连缀、串缝织物。

(5) 勾 使用特制的勾针勾扎织物。

(6) 撮 用手指撮取织物,然后用线缠绕捆束。

(7) 包 在织物中包裹衬垫物。

(8) 夹 利用票夹和回形针之类的器具来夹束织物。

(9) 叠 将织物进行不同方式的折叠而后再行串缝或捆扎。

(10) 盖 将织物不需染色的部位用布条、塑料薄膜或其他材料包缠遮盖起来,防止染液渗透。

2. 扎结方式

可分为缝扎、叠扎、抓扎、包扎、盖扎、反扎和器物扎等几大类,其中最常用的是缝扎、撮扎、叠扎和抓扎。

(1) 缝扎 以一般的缝纫方法,沿描绘在织物上的底样轮廓线依次串缝,然后收拢打结。缝扎又分平缝、褶缝、跳褶缝和包边缝等多种类型,都是在平缝的基础上加以变化,呈现出不同形状的纹饰。褶缝是将织物对折后进行缝扎。包边缝是将织物对折后,沿折叠线进行卷绕式缝扎,此法多用于表现藤蔓和蝴蝶触须等线状花纹。

(2) 撮扎 用手指撮取织物,然后用线缠绕,捆缚如塔状,俗称"塔捆"或"塔扎"。点和线一般都用缝扎,而面的表现则主要是采用撮扎,即在缝扎的基础上,凡需显现地色的局部块面都必须用线绳反复缠绕。利用捆缠的不同方向、顺序、松紧、疏密以及不同质地的线材,可以形成不同地纹的形色变化。

(3) 勾扎 此法适用于以密集小圆点组成的所谓"一目绞"纹样,即用特制的勾针,把描绘在织物上的小圆点依次勾起,并用棉线逐一缠绕收束而后入染。采用此法,染出的花纹具有凹凸效应,立体感很强。

(4) 叠扎 根据需要,将织物进行不同方式的折叠,然后再沿底样轮廓线逐一进行缝扎。此法多用于对称、连续纹样(图3-1-10与图3-1-11)。

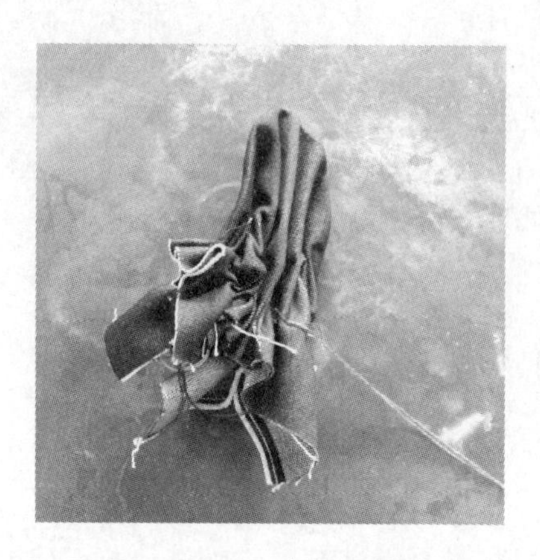

图3-1-10 折叠后缝针

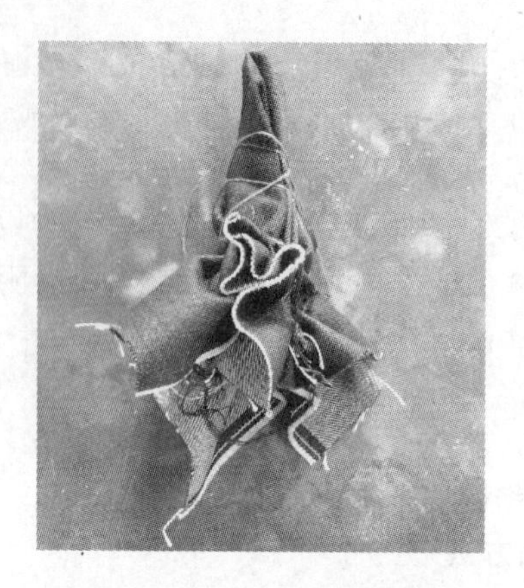

图3-1-11 捆绑固定

(5) 抓扎 此法颇具随意性,无需样稿,用捆扎的方法随意手抓线缠,意到手到,以手造型(图3-1-12)。

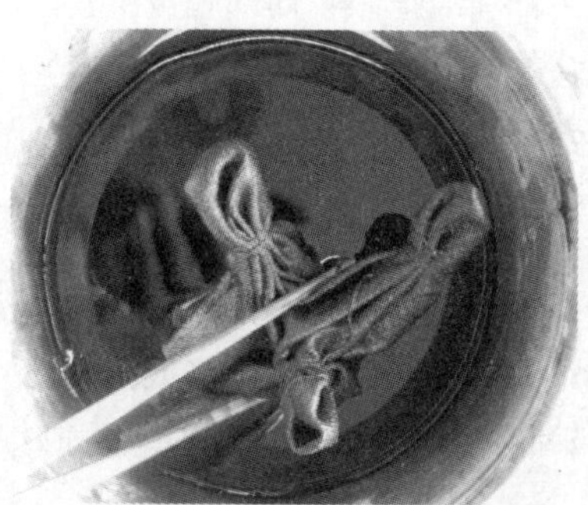

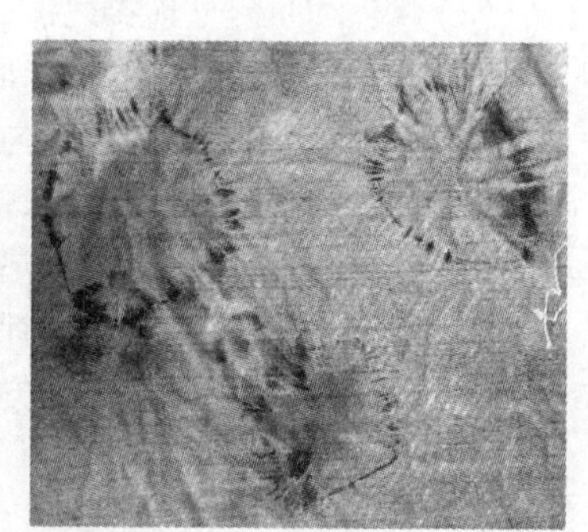

图3-1-12 抓扎

(6) 盖扎 将织物不需染色部分用布条或其他材料包扎遮盖起来,防止染液渗透。此法适用于多色套染。由于被遮盖部位不受色,使布面的色彩分布与设计意图相吻合,色彩的层次变化亦因之更为丰富多彩(图3-1-13)。

图3-1-13 盖扎(用塑料袋包扎面料)

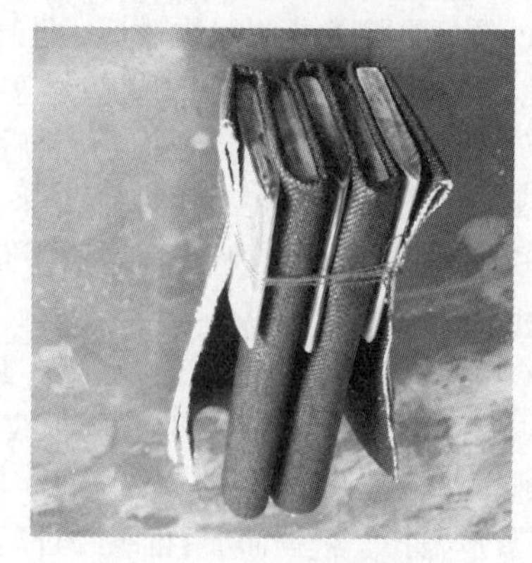

图3-1-14 折叠并固定

(7) 夹扎　近似古代的夹缬，但不是镂刻花版，而是采用不同形制的夹或钳来扎结织物，如日常生活中常见的票夹、发夹、回形针和医用止血钳等（图3-1-14）。

(8) 包扎　不用针线而用硬物（如硬币、小石块、浮石、塑胶球和玻璃珠之类物件）作为衬垫物以形成不同形状的球包，入染后获得多样性的奇异花纹（图3-1-15）。

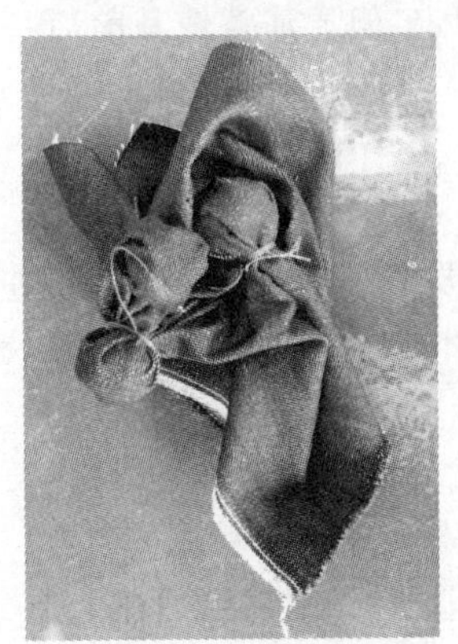
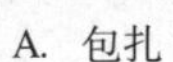
A. 包扎

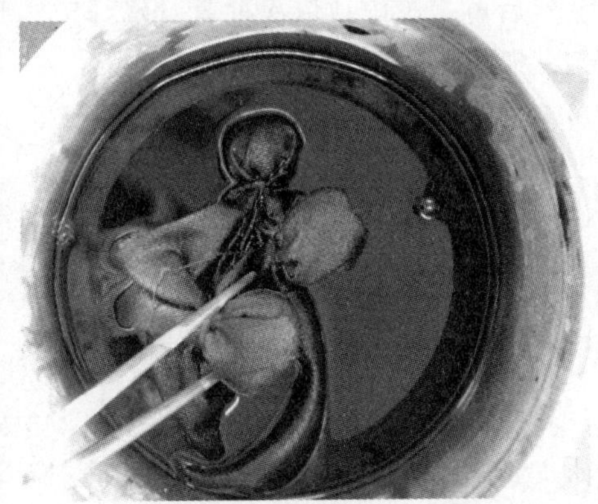
B. 浸泡

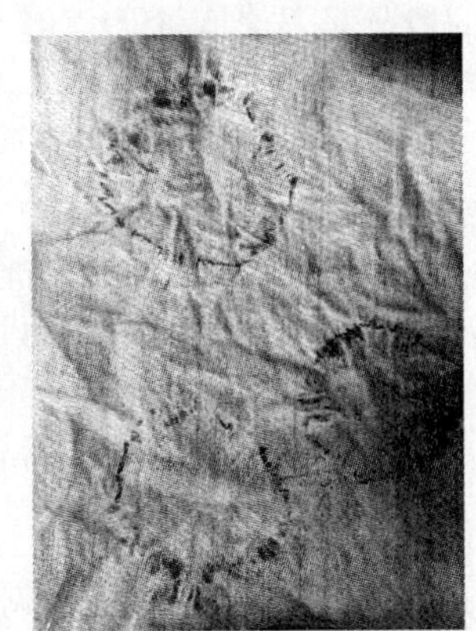
C. 成品

图3-1-15　包扎

(9) 器物扎　利用某种特制的器皿器物（如特制的扣环和镂花中空的塑料箱笼等）来借物造型，从而达到既防染又显花的双重目的。

(10) 反扎　相对最常用的缝扎而言，借缝扎的方法反其道而用之，即缝扎中该捆的部位不捆扎，不该捆的地方反而予以捆扎。采用此法，入染后的图案花纹与一般的扎制方法正好相反，色彩明暗关系互换，具有特殊的风格。

三、扎结的力度控制

扎结的松紧度直接影响到染色后的效果。不管是哪种扎结方法，都是对纺织面料进行挤压处理，面料所受的压力不同，染色后呈现的花纹形态、深浅效果也随之不同。压力越大，染液渗入越少，花纹越清晰，深浅对比越强烈；反之，压力越小，染液渗入越多，花纹越模糊，深浅对比越含蓄。纺织面料所受压力的大小，是由扎结的松紧度决定的，扎结或松或紧的适度变化，就必然形成深浅不同的丰富的色晕效果。但是，要恰到好处地掌握各种扎结方法松紧度的变化，不是很容易做到，必须经过长期、反复、认真的实践，不断总结经验和教训，才能达到随心所欲地运用不同松紧变化形成丰富效果的目的。

面料的薄厚变化，对扎结的松紧度也有不同的要求，一般是面料越厚，扎结越松；面料越薄，扎结越紧。所谓的松紧是相对的，具体要在实践中慢慢摸索，根据具体情况恰当调整扎结松紧度的变化。

扎结松紧度最难掌握的是缝扎，问题大都出在抽线时过松或松紧不一致，从而出现由于渗色过多造成花纹含糊不清，甚至无法显现花纹的不良效果。所以运用针缝的方法进行扎结时，要注意每一个完整的图案单位，必须用一根线完成，中途不可打结。边缝边抽紧线或缝好后再抽线，抽线时一定要将线均匀地抽紧，使皱痕全部紧密地靠拢在一起，中间不可留空隙，结线一定要牢固,不可松动。也可以将抽出的线在抽紧的部位缠绕数圈再捆紧,以确保花纹清晰。但缠线与不缠线的效果是有些变化的,当图案轮廓变化丰富时抽紧线后不宜再缠绕,否则会影响其外形特征的显现。如果缝制较大或较复杂的图案,要采用分段完成的方法,即缝一部分后先将线抽紧并固定,接着再缝下一部分,再抽紧固牢,如此反复直至最后完成。遇到不能边缝边抽的情况,可先将整个图案缝完,然后再一段段地依次抽紧,最后打结固定,但要注意使其前后一致、松紧统一。抽线打结一定要坚牢,否则必然前功尽弃。

四、拔染

指扎结后的牛仔产品进入“拔染”的工艺流程。拔扎染,说到底主要是对蓝色的牛仔产品进行拔色加工。因为牛仔面料底色单一,因此,拔色的均匀度及渐次色晕的变化,都会直接影响最终产品的艺术价值。

牛仔布一般分已退浆和未退浆产品。去浆的牛仔布手感松软顺滑,布料能更好地吸收拔染液,从而达到理想的效果。如不去浆,工作液就会变得浑浊、黏稠,大大影响工作液使用的效能。

拔染容器大小需要根据所加工产品的体积来决定,以量定型,应以织物放进容器后能上下、左右翻动为宜。

拔染剂一般选用高锰酸钾或漂水,其用量和加工时间需根据产品的外观效果进行调配,个别还需要其他辅助处理,如增白处理。染液的数量应以纺织品的体积来确定,一般容器内的染液以能覆盖所染织物为宜。

拔染工作液的渗透力在很大程度上也影响着扎染花纹的清晰度和色度。对于牛仔产品,考虑到拔染药剂对其强力的影响,一般不宜采用升温的方法,多采用延长工作时间来提高渗透力。所以,选择恰当的染色时间,也是一个关键的环节。染色时间的确定与面料的薄厚、大小、多少和扎结的松紧等因素都有关系:面料越厚,面料吸收力越弱;染物越大、越多,扎结越紧的,其染色时间越长。

在拔染的过程中,染料的投放时间和产品投放的方法应视具体情况而定。投放时,一般是将扎结后产品关键部位按自上而下进行折叠后托在手中(重点部分放在下面),迅速将其放入加工液,随即用一棒形工具进行上、下、左、右翻动,使其能着色均匀。产品经翻动整体拔色后,捞出即可。

扎拔工艺在“扎”工序中的外力作用及水的张力作用,使织物上显现出奇特的不同色彩的图案纹样,呈现色晕变化和丰富的色彩层次,布面色调鲜明和谐,这是其他印染工艺不可比拟的,这也是牛仔产品扎拔艺术的魅力所在。

五、拔色技法

牛仔产品的拔色技法,大致可分为浴拔、套拔、握染、转拔、喷拔、防拔和综合 7 种,其中最常用的是浴拔、套拔和点拔。

浴拔:将待染之物置于工作液浴中(室温或根据时间升温),不断翻动,使之均匀拔色。捞起拔色物,清水冲洗,经去锰(除氯)后折解开即可(图 3-1-16)。

套拔:使用浴拔方式进行两次以上的拔色,亦称复拔和盖拔。第一次先拔浅色,然后需根据花型进行不同方式的技术处理,即利用布条、线绳之类的材料,将第二次拔色时不需受色的部位遮盖、捆扎起来，再次拔色，拔成后解拆开来即呈现深浅二色花纹；如果需要其他色彩，第二次加工可改为套色（图 3-1-17）。

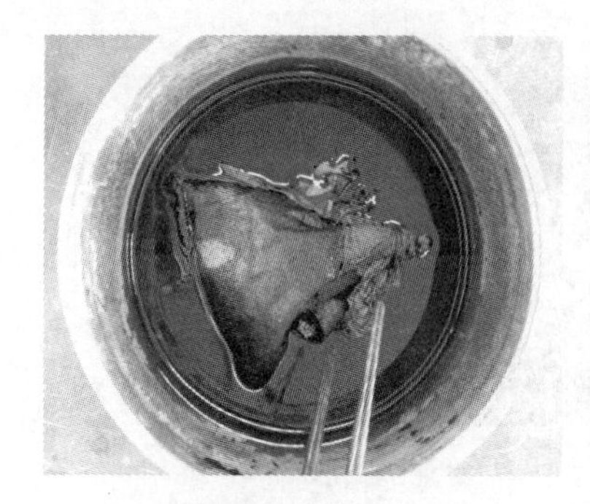

图 3-1-16　浴拔

A. 按照图案包覆捆扎

B. 首次拔色

C. 首次成品

D. 根据花纹要求二次包覆捆扎

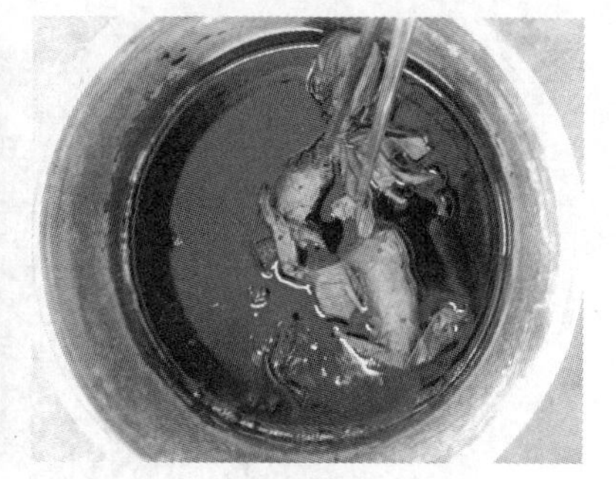

E. 二次拔色

图 3-1-17　套拔

握拔：握拔亦称吊漂，即手持待加工产品，或把其悬吊起来，上下移动，局部浸染于染浴之中，使部分拔色，能获得大面积的晕色效果（图 3-1-18 与图 3-1-19）。

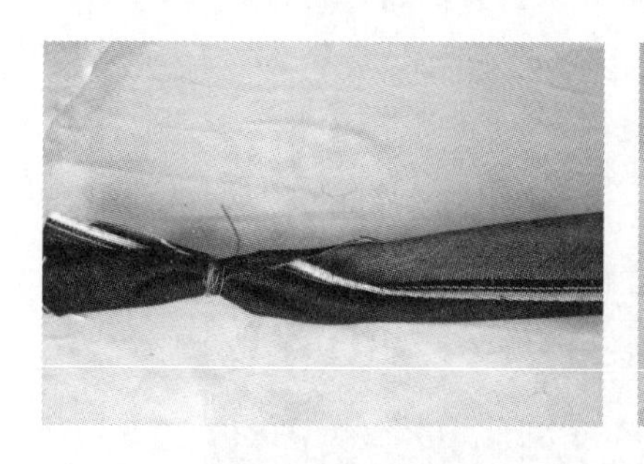

图 3-1-18　握拔

图 3-1-19　针筒点拔

转拔：把浸泡过工作液的布条或线绳包扎在待拔色产品的特定部位上，再经浴拔，其包扎部分因化学药剂浓度与其他位置所接触的化学药剂浓度有差异，呈现与染浴完全不同的对比色（图 3-1-20）。

A. 工作液浸泡绳子

B. 将浸泡过工作液的绳子捆扎好面料

C. 将捆扎好的面料浸泡工作液

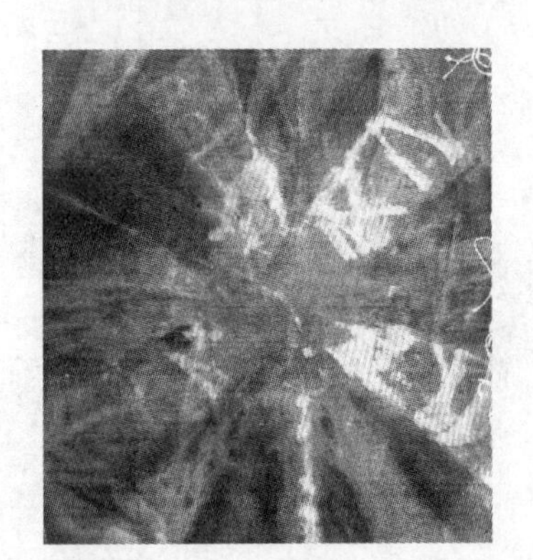

D. 成品

图3-1-20 转拔

喷拔:此法是根据某些产品的特殊需要,用喷笔进行喷拔,从而获得一种特殊的晕染效果。其步骤是先用喷枪或喷壶把工作液喷洒在面料上拔色,然后收束折叠面料进行捆扎而后入染。这是喷染与扎染相互结合的一种方法(图3-1-21)。

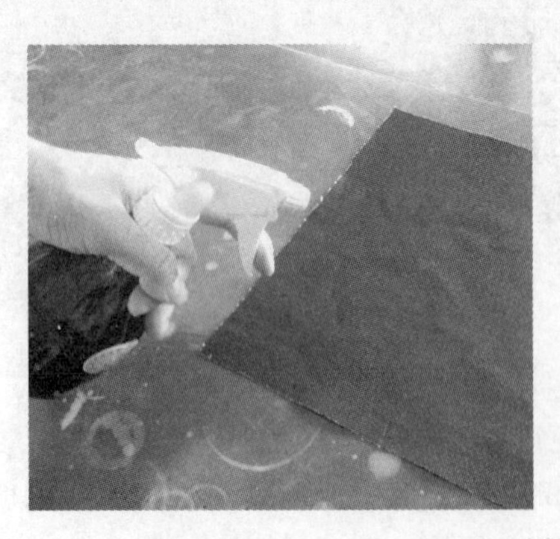

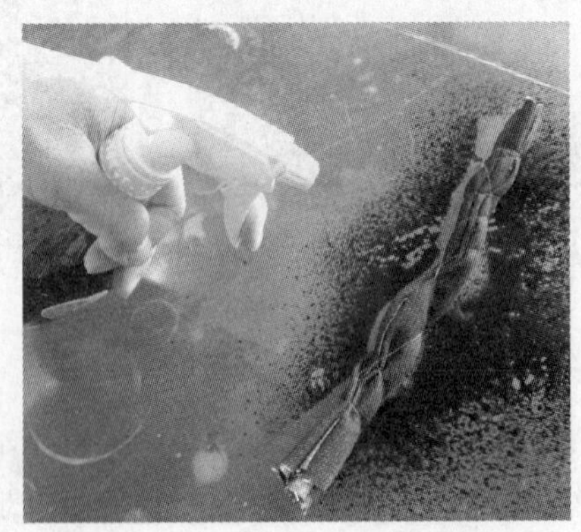

A. 喷射工作液

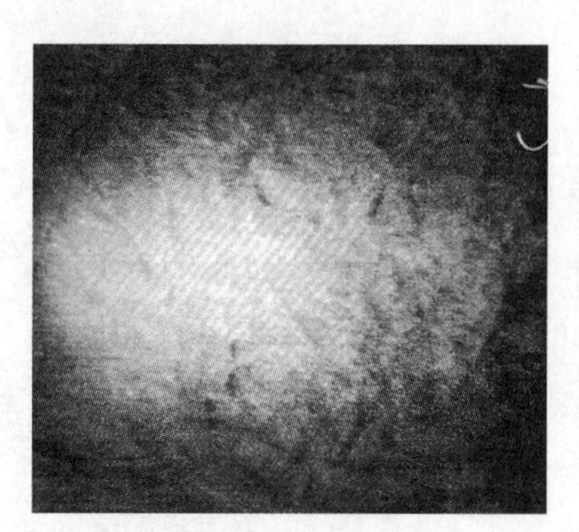

B. 成品

图3-1-21　喷拔

防拔:根据产品外观需要将需要保留底色的地方涂上牛仔防染剂,将防染剂烘干后再用喷笔进行喷拔,然后经过后处理(去锰)得到成品,其余工序可参考喷拔。防拔处理后的牛仔布面上可获得与喷拔相反的晕染效果。

综合拔同时采用几种方法进行拔色,即多种拔色技法的综合运用。

拔色技法是牛仔产品扎拔染制作成败与否的一大关键。扎结虽好,但如果拔色技法选用不当,或者拔色中出现某种失误,就会前功尽弃,造成难以挽回的损失。

六、扎结方法实例

(一) 针缝法

针缝法是扎染最基本的制作方法。它是用针线缝扎布料的制作方法,通过针缝对布料施加压力以形成防染。这是一种很方便的制作方法,而且能较准确地表现所设计的图形。针缝的方法有很多,不同的针法形成的效果也不尽相同。常用的包括单线串缝、折叠缝(图3-1-22与图3-1-23)。加工时沿预设图案的边沿均匀走针,然后拉紧,这样可制作形体准确、相对具象的纹样(图3-1-24~图3-1-26)。

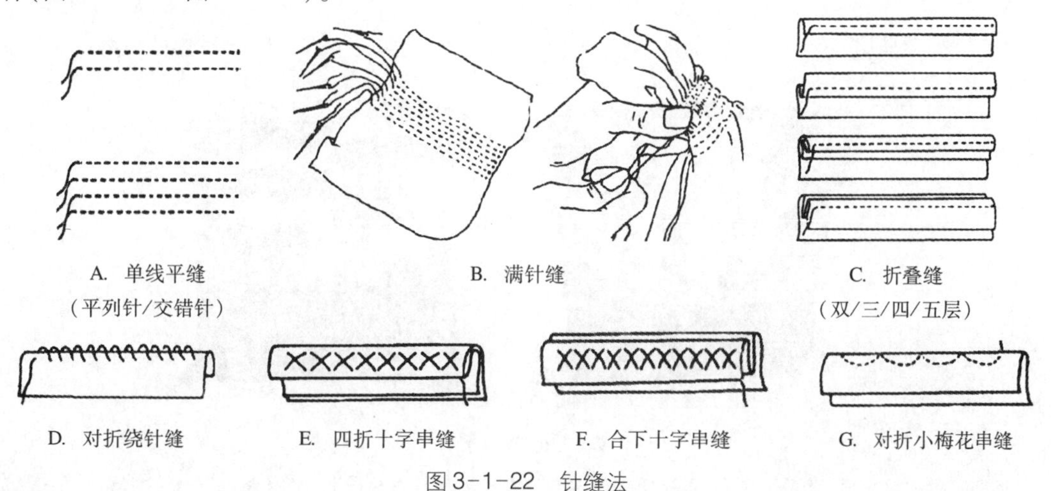

图3-1-22　针缝法

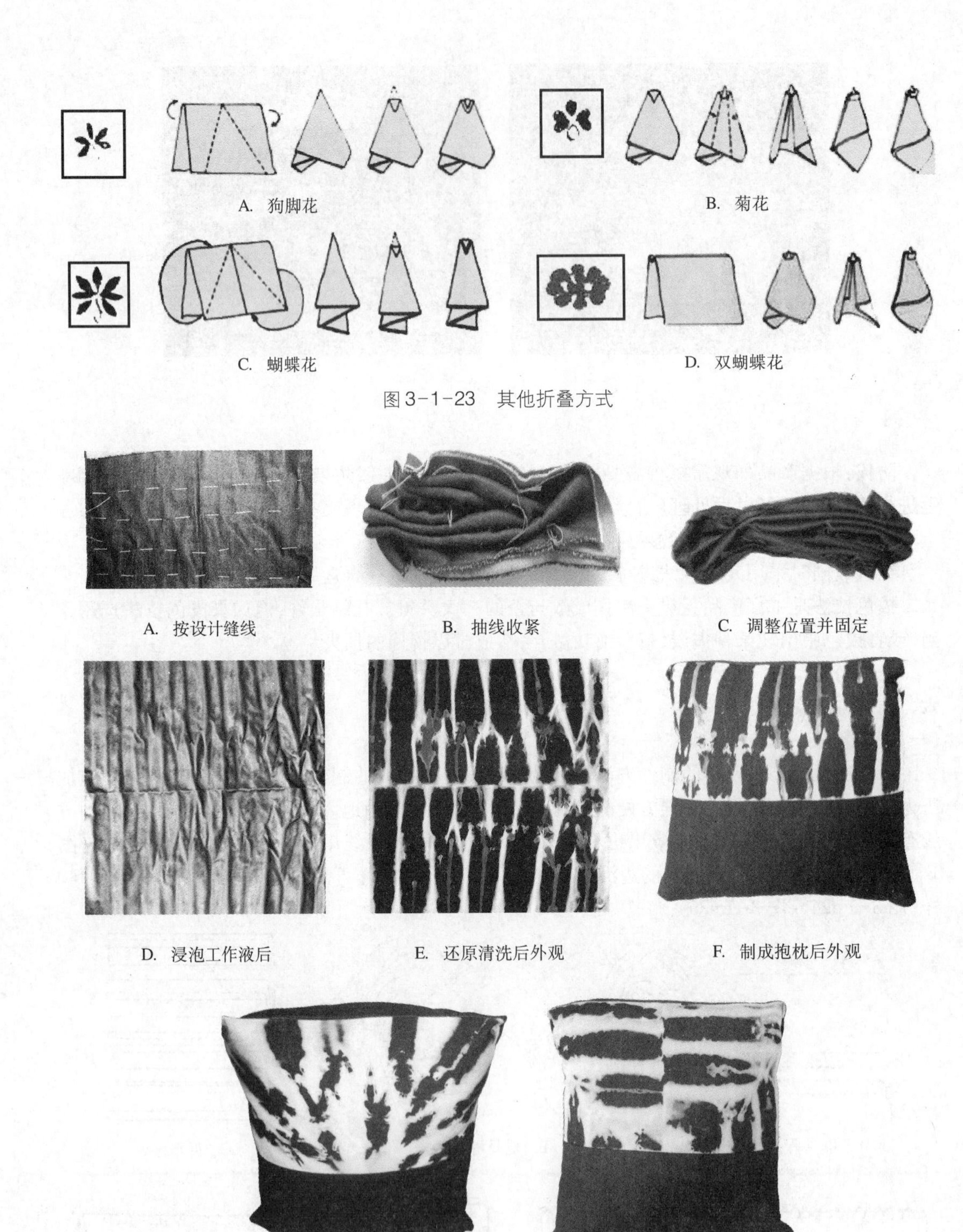

图3-1-23　其他折叠方式

G. 其他抱枕(彩)

图3-1-24　针线缝扎拔(染整技术专业2011级林丹宇　卢文健)

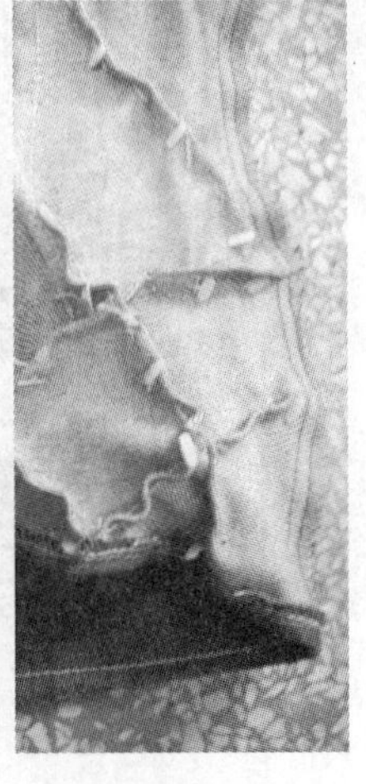

A. 胶针固定(服装反面)　　B. 固定后服装正面　　C. 拔洗后外观

图 3-1-25　针线缝加工(彩)

图 3-1-26　针缝作品(彩)

另外,如果面料上需要制作特定的花纹图案,可以先用针线将花纹图案穿缝,然后抽紧缝线固定,最后浸泡工作液处理(图 3-1-27)。

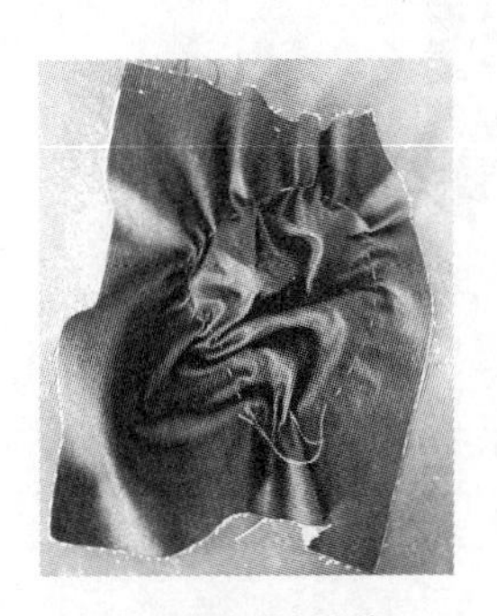

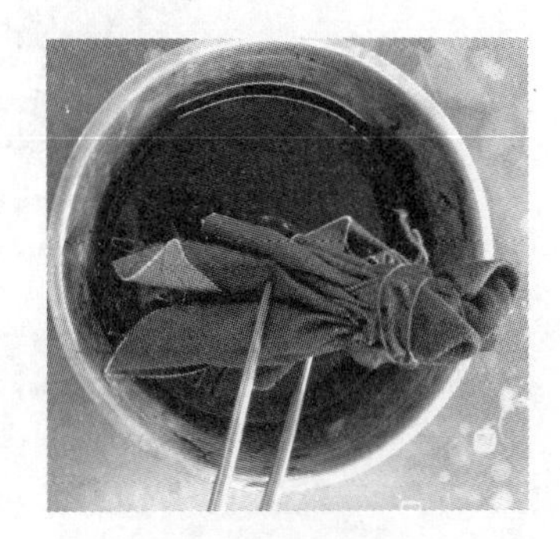

A. 按照花纹缝线　　B. 抽紧缝线　　C. 浸泡工作液

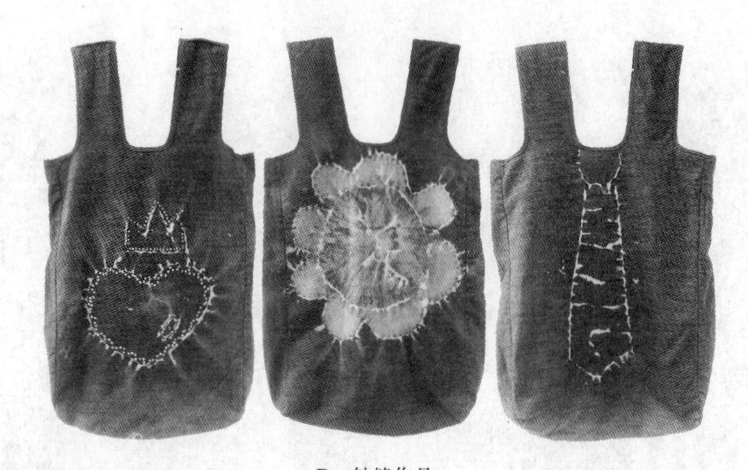

D. 针缝作品

图3-1-27 针线缝(染整技术专业2006级潘玉兰 黄颖慧 陈建成)

(二) 捆扎法

A. 单线捆扎

B. 多线捆扎

C. 自由捆扎

D. 成品外观

图3-1-28 捆扎法(染整技术专业2011级林丹宇 卢文健)

(三) 结扎法

结扎是以面料自身或相互间打结,从而起到防染作用的扎结方法。结扎是最为简单的扎结方法,它不需要或很少需要借助其他辅助材料和工具,而是依据预想效果,直接在面料特定部位打结,或者以两块、三块甚至更多块面料相互之间打结或扭编,形成自由、随意、灵活、多变的装饰花纹。

打结的部位非常自由,可以是面料的一角、对角、三角或四角处,也可以是面料的一边、对边、三边或四边处,还可以是面料内的任何部位。制作时将尖角处或布面特定一点捏住、提起,整顺褶皱,即可按需要距离打结。可打独结,也可打多结;可等距打结,也可渐变打结;可排列打结,也可间隔打结;可规律打结,也可自由打结;可单向打结,也可多向打结;可分散打结,也可组合打结。此外,也可先将面料作对角、对边或折扇形、屏风形、长方形、三角形、多边形、随意形等多种形态折叠,再进行打结。还可将面料规律或自由折叠后,或者将其随意聚拢、理顺后,再经扭转、打结,形成丰富的装饰效果。

打结的技法种类多种多样,如单结、双结、对结、环结、编结、混合结等。

1. 单结

最简单、最常用的结法,主要用于一块面料自身打结(图3-1-29)。

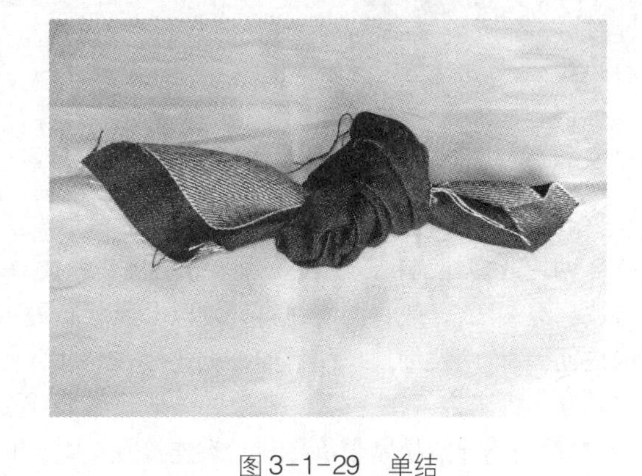

图3-1-29 单结

2. 双结

多用于两块面料相互打结或一块面料邻角、对角间相互打结(图3-1-30)。

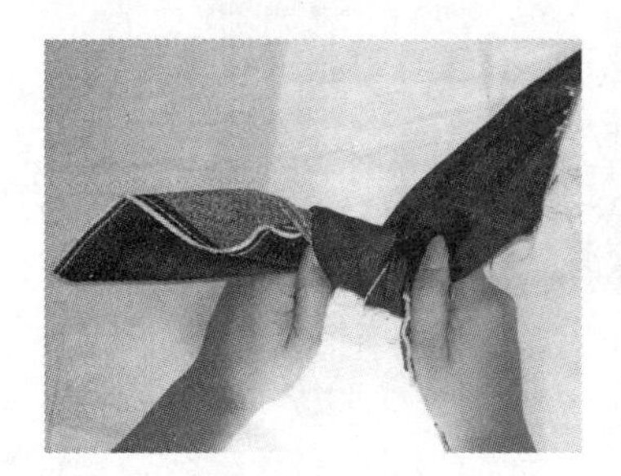
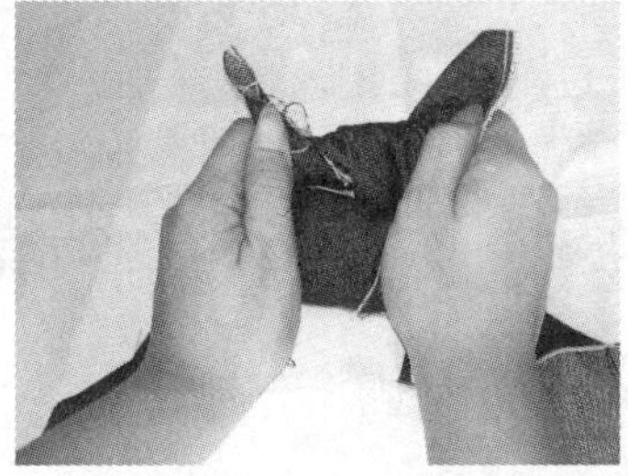

图3-1-30 双结

3. 对结

也称平结,是用于两块面料相互勾连的打结方法(图3-1-31)。

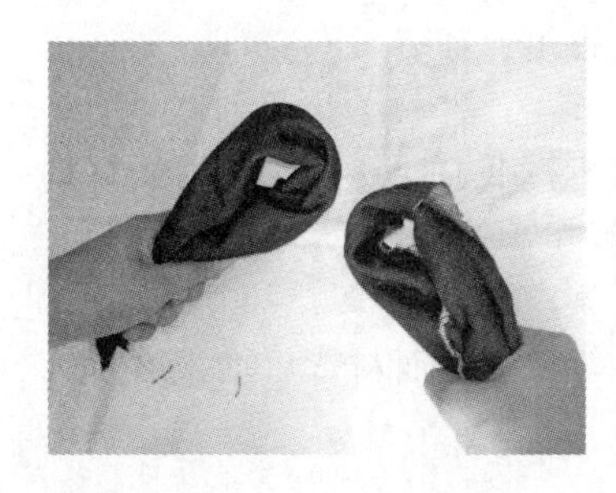
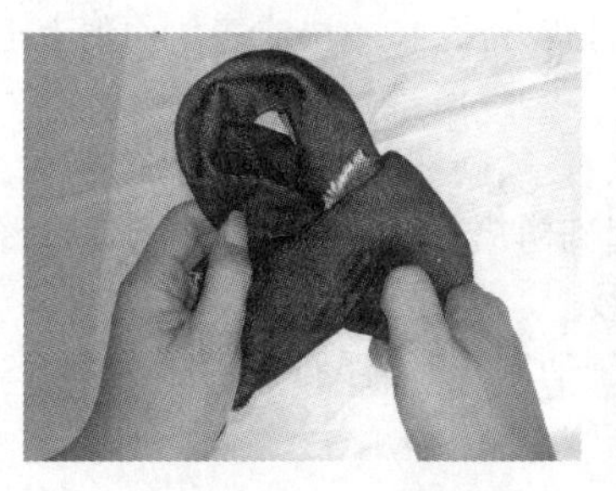
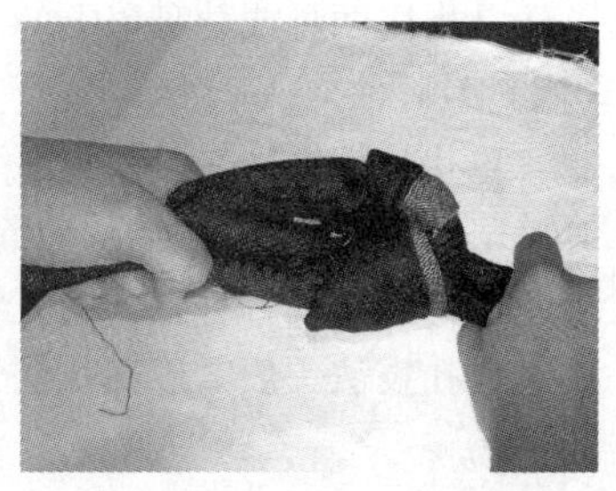

图3-1-31 对结

4. 环结

用于两块或多块面料的打结方法，即一块或多块面料以其他面料为对象，在其上打环形结(图3-1-32)。

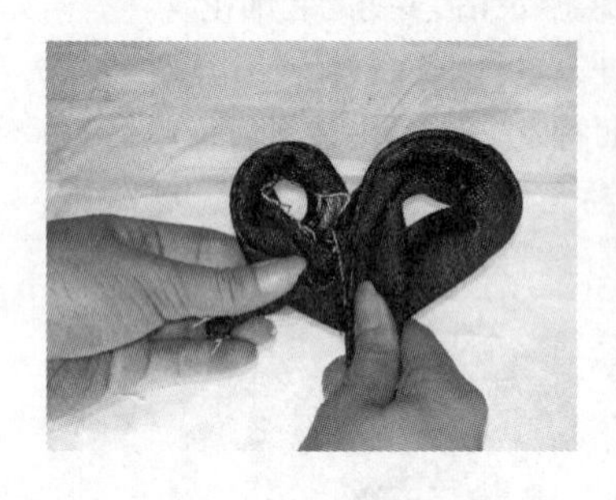
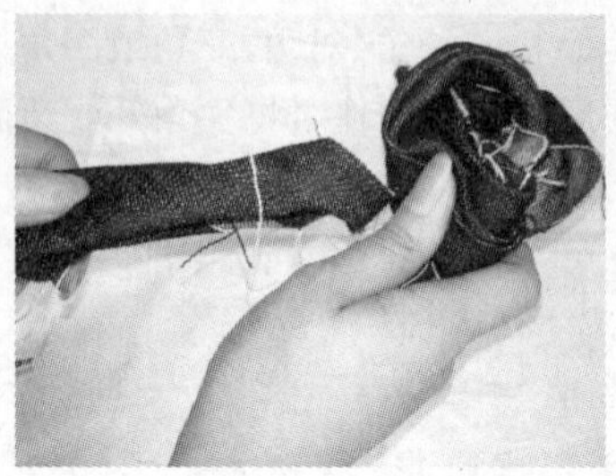

图3-1-32 环结

5. 编结

两块或多块面料以编、扭、绕等方法将其编在一起的打结方法，绳编法或辫编法是常见的编结方法。绳编法，一般将两块面料分别以屏风状折叠或随意聚拢成细条形，然后用双结法或用细绳、橡皮筋等，将两块细长形面料的一端连接在一起并固定在立柱、横梁等处，随之一边扭转面料，一边将其互相机密绕编在一起。辫编法，一般将三块或多块面料分别以屏风状折叠或随意聚拢成细条形，然后用细绳或松紧带等将其一端连接在一起，并固定在立柱、横梁等处，一边理顺或扭转面料，一边以编发辫的方法，将所有细长形面料密实地相互叠压、穿插、勾连在一起(图3-1-33)。

图3-1-33 编结

6. 混合结

是指用两种或两种以上的打结方法，在一块或多块面料上进行组合打结。

(四) 包扎法

包扎是把钱币、木块、果核、石子、硬塑等硬物或绳索、树皮、塑料纸、布团等软物，用面料将其紧密包裹并缠绕扎牢，从而起到防染作用的扎结方法。随着包扎物的材质、大小、形状不同，染色后可以出现各种各样的花纹。

包扎技法一般需以捆扎法辅助制作，以浮石或硬币为例，一般将其从面料背后填入、包紧，随之用手抓紧根部、整顺褶皱，然后用线、细绳、橡皮筋等物捆绑根部，将浮石或硬币严实地包在面料内。大多数情况下，用线、绳等物在根部缠绕数圈、打结后，接着顺势在包扎物表面也捆绑数道，增添变化(图3-1-34～图3-1-36)。

A. 包扎硬币

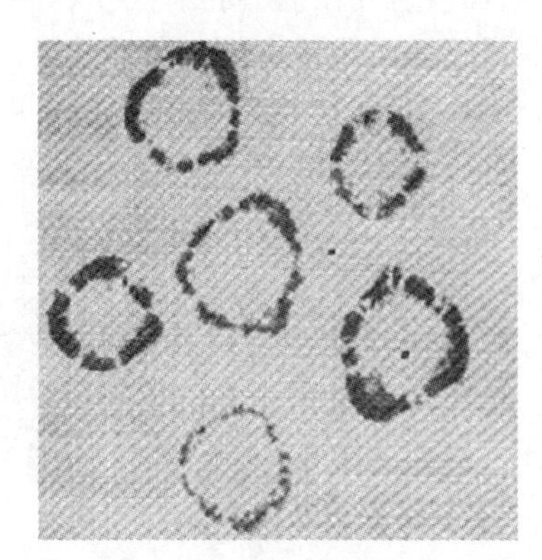
B. 成品

图3-1-34 捆扎硬币

A. 用细绳捆扎于竹棍上

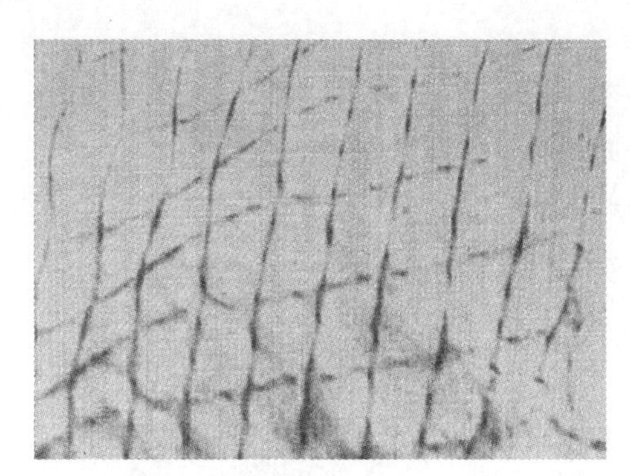
B. 成品

图3-1-35 细绳捆扎

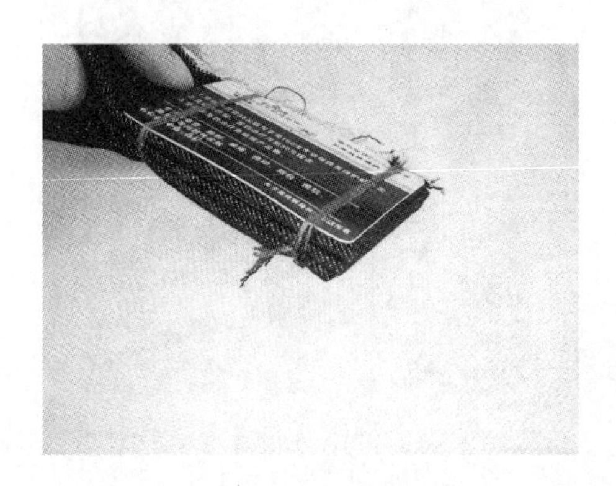

图3-1-36 捆扎塑料卡片

硬物包扎可分为球(块)状物包扎和棍(筒)状物包扎。具体制作时,同一块面料上可单一物包扎,也可多种物混用包扎。

(五) 挤压染

将面料包扎在棍(筒)状物上,如包在木棍、竹棍、硬塑料管、金属管、玻璃瓶物上,再在表面用线、绳等加以捆绑、缠绕,将面料从一端向另一端推挤压紧。另外也可将布料挤压在一容器内,达到扎结目的(图3-1-37~3-1-40)。

图3-1-37 用硬筒类进行挤压

图3-1-38 包裹塑料袋后进行包捆

A. 面料捆扎与罐子上

B. 用刷子涂抹工作液

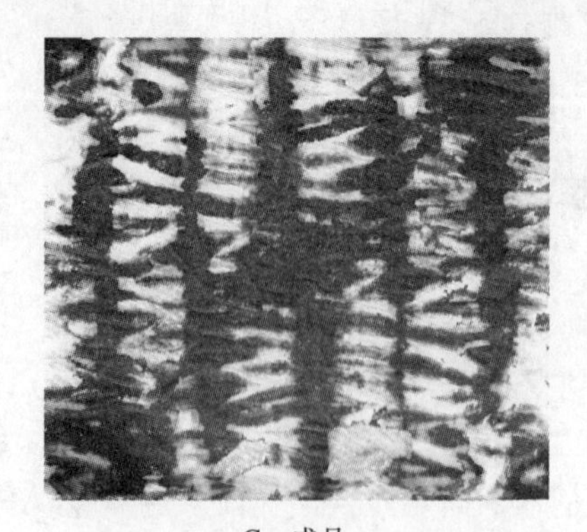

C. 成品

图3-1-39 挤压染

A. 将面料捆扎在竹棍上　　B. 浇洒工作液　　C. 氧化染料

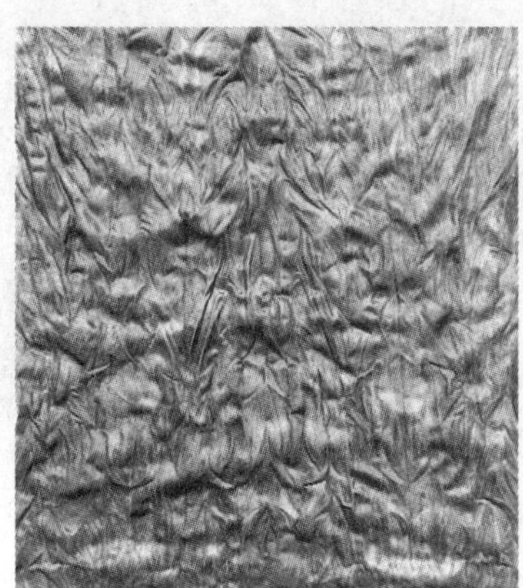

D. 展开后氧化的面料效果

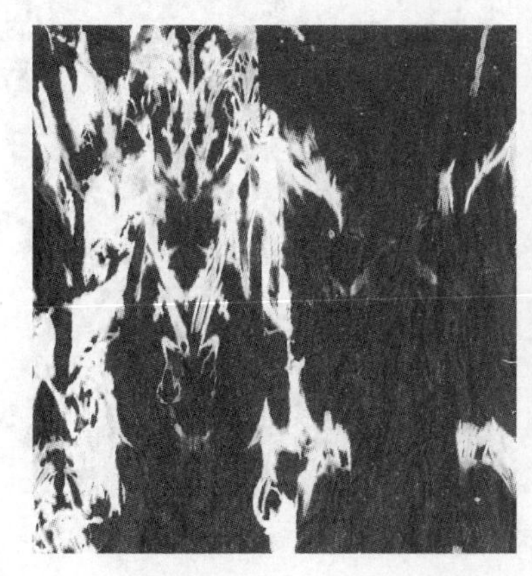
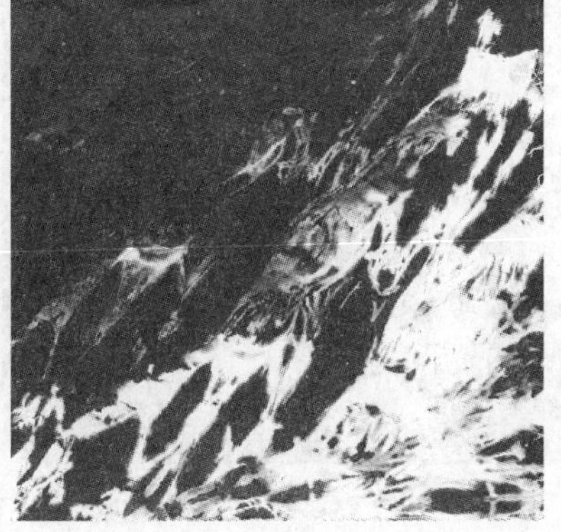

E. 还原清洗后成品外观

图3-1-40　捆扎挤压法(染整技术专业2011级林丹宇　卢文健)

A. 挤压面料

B. 浇洒工作液

C. 氧化

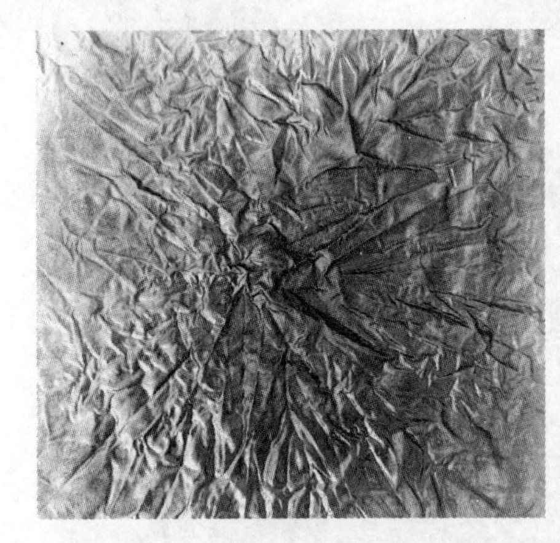

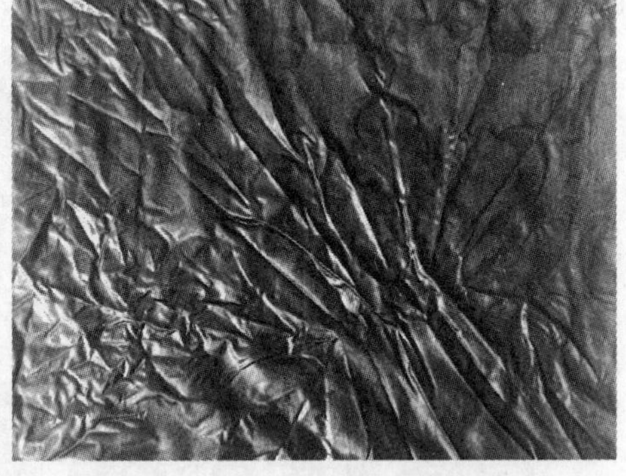

D. 展开后的面料

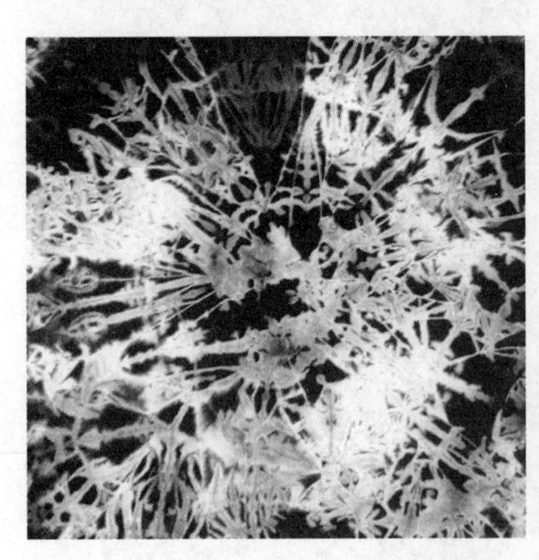

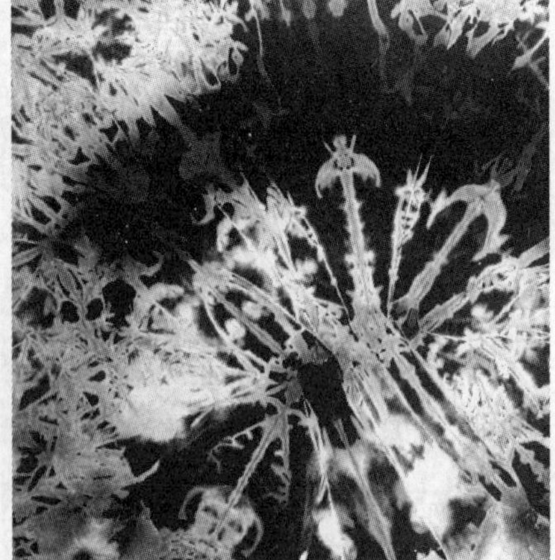

E. 还原清洗后面料外观(彩)

图3-1-41 容器挤压法

(染整技术专业2011级林丹宇 卢文健)

(六) 夹扎

这种方法主要是利用织物被夹固以后,染液难以渗入的特点而产生花纹。因此,如何准确地控制染液的渗透变化是制作夹染产品的关键所在。是否能恰到好处地出现渗透花纹,与染色的时间、夹固的松紧、面料的吸水性、染料的上染性能和染液的温度等因素有关。

夹扎主要材料和工具:牛仔布,麻、棉、塑料等绳类,松紧带、皮筋等,剪刀,皮尺,喷雾器,电熨斗,木夹、竹夹、金属夹等夹子,木板、木条、硬塑料板、金属板等夹板,金属夹、竹夹、木夹、塑料夹等夹扎专用、辅助工具等。

夹扎技法所用夹板一般不需要做雕刻处理,而是用两块规格、形状相同的板直接夹住经过折叠等手法处理的面料,然后用松紧带或略喷湿的粗麻绳、棉绳等将夹板两端捆紧扎牢,这样染色后所形成的图案多是规整的几何形。制作夹板的材料除木材外,还有硬塑料板、玻璃板、金属板等,也可用木棒、筷子、金属棒、玻璃棒、塑料棒等条形或棒形材料。同时,晾衣服的塑料夹、金属夹、木夹、竹夹等也可用于夹扎。只要能够把面料夹住起到防染作用的材料,都可用于夹扎技法的制作。夹扎的夹板不仅材料多样,板形也可随心所欲、任意制作。

夹扎的面料,一般需要先进行抓捏、折叠等处理,再实施夹扎。抓捏后,在适宜位置用板或夹子将面料夹牢,可染成点纹、圈纹或不规则图形。也可随意自由聚拢、梳理面料,然后或规律或自由施以板夹。折叠面料多染成规律、明确、清晰的连续型几何图案。

折叠面料也称为面料的夹前塑型,是夹扎必要而必须的程序。折叠面料的方法很多,多采用屏风形折叠法或扇形折叠法。

影响夹扎图案变化的因素非常多,除了夹板形状、规格外,抓捏、聚拢面料的部位、方法、形状,折叠面料的方法、程度,板夹抓捏、聚拢、折叠面料的部位、数量等都会直接影响图案类型和形态(图3-1-42)。

A. 喷水雾

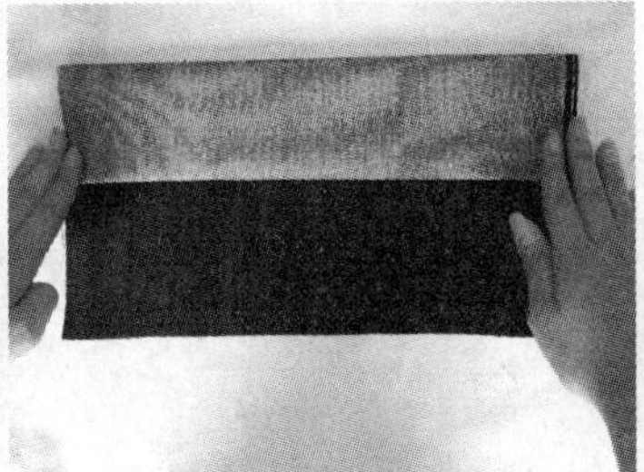

B. 基础折叠布步骤1

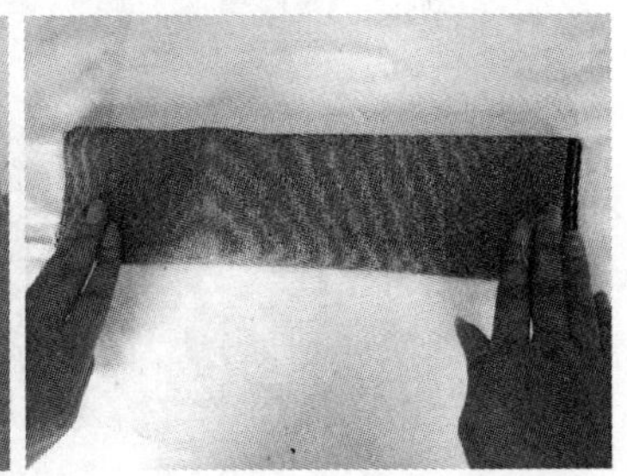

C. 基础折叠布步骤2

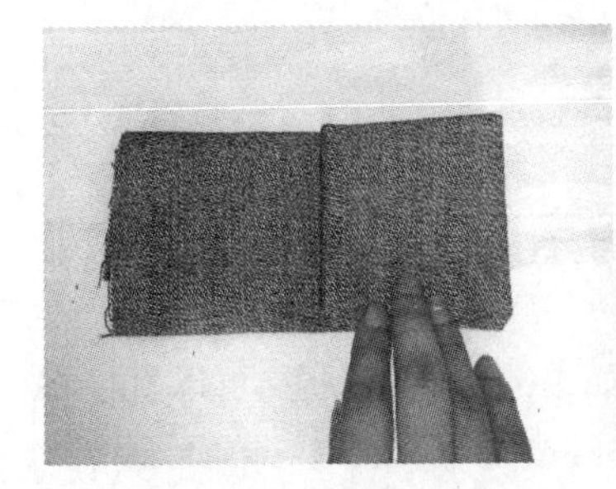

D. 正方形折叠布步骤1

E. 正方形折叠布步骤2(完成)

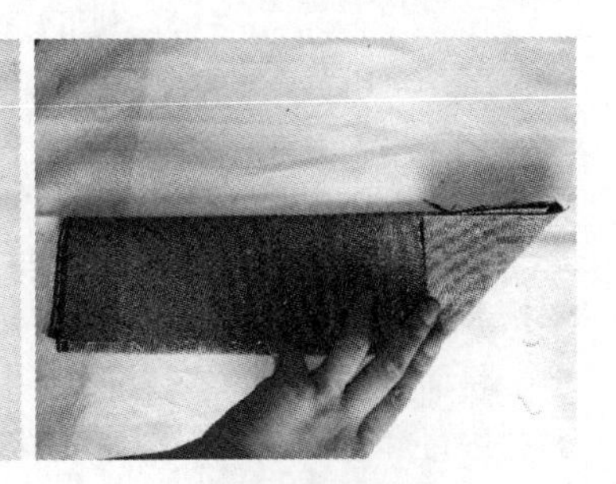

F. 三角形折叠布步骤1

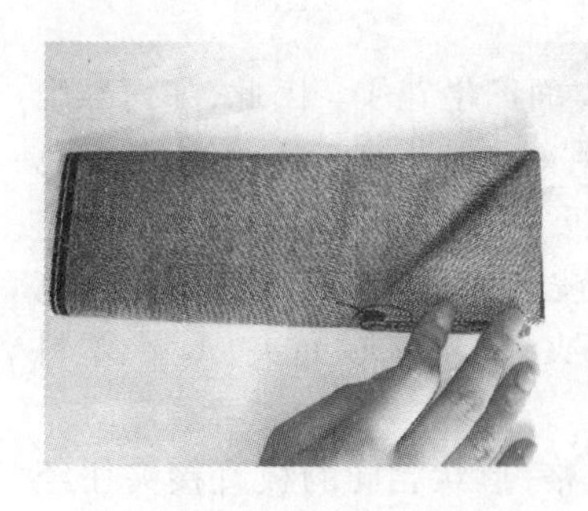
G. 三角形折叠布步骤2

H. 三角形折叠布步骤3

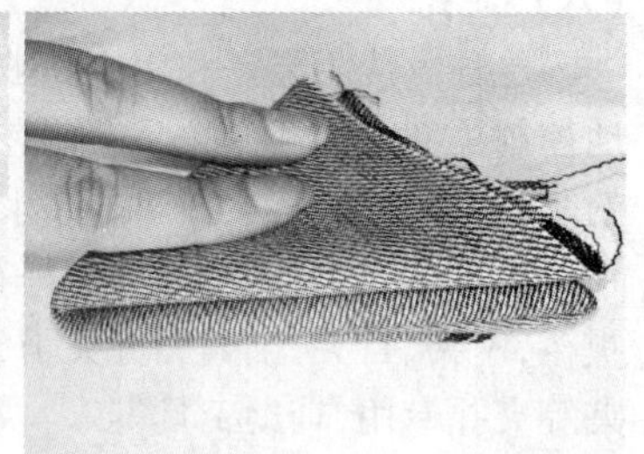
I. 三角形折叠布步骤3(完成)

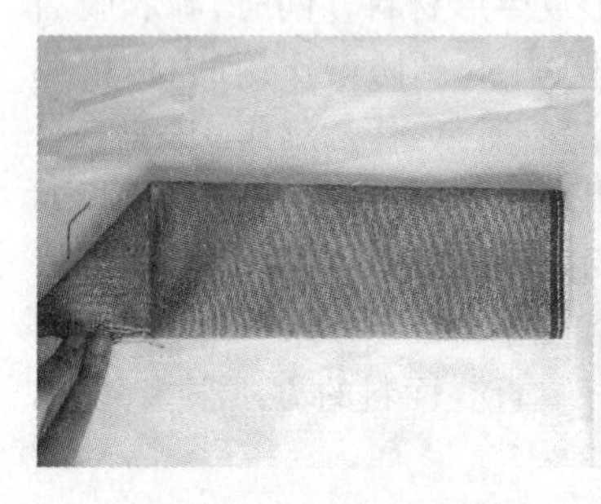
J. 平行四边形折叠布步骤1

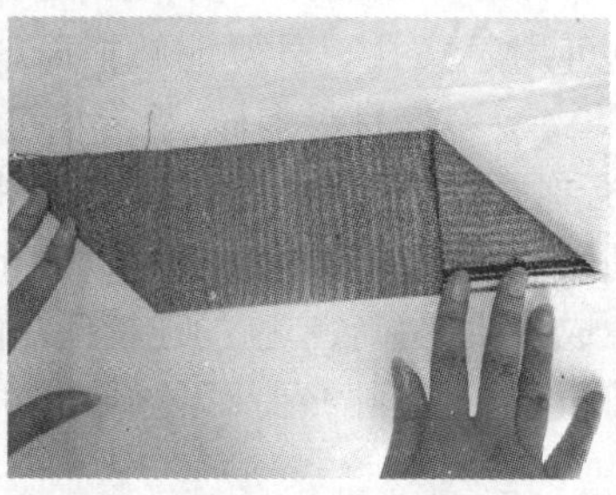
K. 平行四边形折叠布步骤2

L. 平行四边形折叠布步骤3(完成)

M. 使用夹子夹住

N. 使用筷子夹住

图3-1-42 不同形状的折布步骤

(七) 揉捻

在容器中放入拧好的揉捻面料,而不是挤压面料。拧得越紧,进入的工作液越少。在容器中折叠布料,同样能产生特殊的花纹机理(图3-1-43)。

将面料喷湿拧好,在工作液中静置1~2 h,然后漂洗布料。如果需要添加颜色,可以直接将面料进行套色或按照一定角度卷起面料,在染料中浸泡数小时后可达到所需效果。

A. 平摊面料

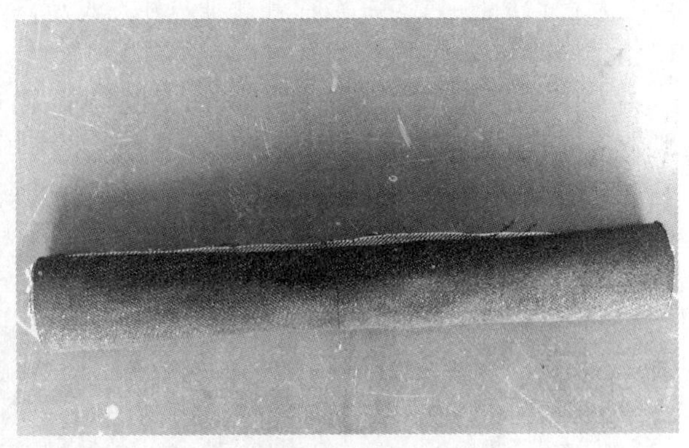
B. 将面料紧拧成长条

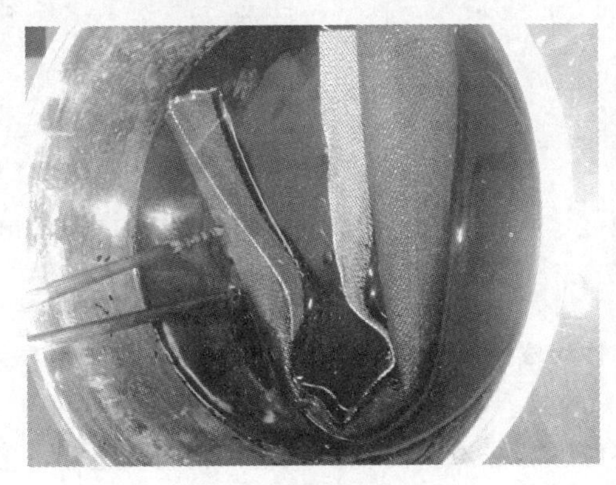
C. 浸泡工作液

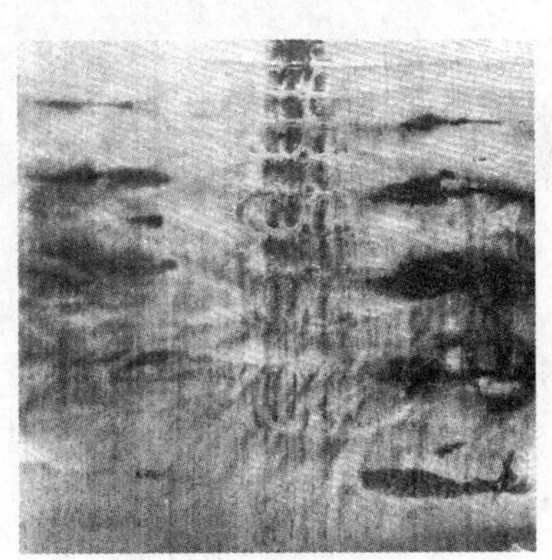
D. 揉捻成品

图 3-1-43 揉捻法

(八) 综合法

综合法就是将两种或两种以上的基本扎结方法混合运用的方法。由于综合扎结法是将不同扎结技法混合运用,在图案设计阶段需明确主次关系,将不同扎结方法的各种对比因素协调、统一在一起。同时,为保证最终效果,综合扎结法一般以混用 2 ~ 3 种基本扎结方法为宜,混用太多则易杂乱。

为了获得更多的色彩效应和图案变化,也可将扎染与套色、注色等方式结合起来。注色或套色加工,即在产品扎染后进行染色,因为牛仔布底色较深,因此染料在布料上所呈现的颜色主要通过扎拔掉靛蓝染料的地方,没有被拔去染料的地方染料颜色不明显。加色后一般都需要进行浸煮或气蒸固色。

第二节 泼　染

泼染是手工染色的一种,泼染因染出的花纹似泼出的水珠而得名,其产品集染色与印花优点之大成。泼染主要包括泼涂和盐染两种方式，而对牛仔产品来讲还有泼漆法。

1. 泼涂法

泼涂法与国画中泼墨法类似，其图案效果朦胧自然，形象生动、色彩丰富且风格多样，与一般染色和印花有很大差别，因而极具吸引力。

工具：各种宽度的板刷、宽口容器（以板刷能深入蘸取工作液为宜，玻璃、不锈钢、搪瓷均可）、绷布用木框（图 3-2-1 ~ 图 3-2-3）。

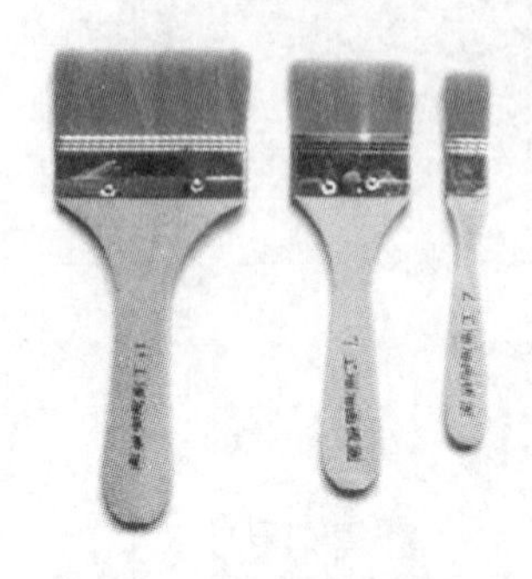

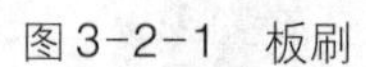

图3-2-1 板刷

图3-2-2 宽口容器

图3-2-3 绷布用木框

步骤：

（1）由于涂刷的工作液较多，为避免工作液渗透造成沾污，面料要在泼染前绷紧在木框上，保持悬空状态，同时要保持布面平整。

（2）主要以宽板刷的涂绘为主。制作时按照预先设计，在较大范围内可随意刷工作液，力求图案生动自然，并保持一定的呼应关系。在牛仔面料上泼拔，实际上只有颜色面积大小、色彩明暗、对比度与节奏之间的变化，没有色相变化，所以在设计与操作时要注意色块的形状、外轮廓应有变化、点线面的运用和节奏的处理（图 3-2-4）。

2. 盐染

盐染是在泼染基础上发展而来的。它是预先将面料固定在木框上，以手绘方式将染液绘制于织物面上，在染液未干时，用颗粒大小不同的盐或其他药品撒上，由于盐或其他化学品具有吸湿或疏水作用，它们改变织物上染液的分布，使上染部分的染料浓度增加或降低，形成或如焰花四射、或如奇葩怒放、或如流星飞泻的变化多端的花纹图案。

A. 固定面料在木框上

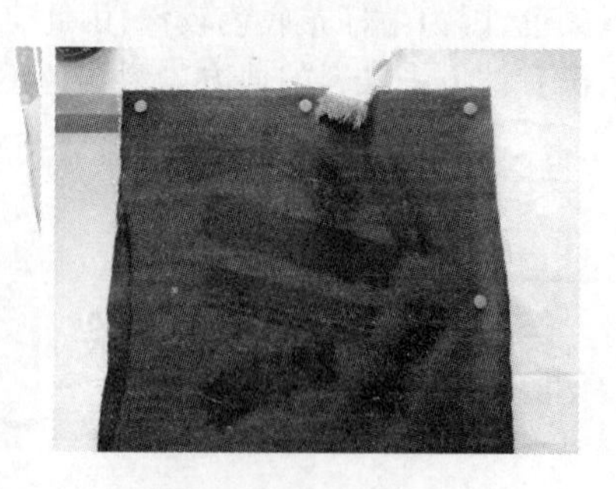

B. 刷子涂抹工作液

C. 加工后成品

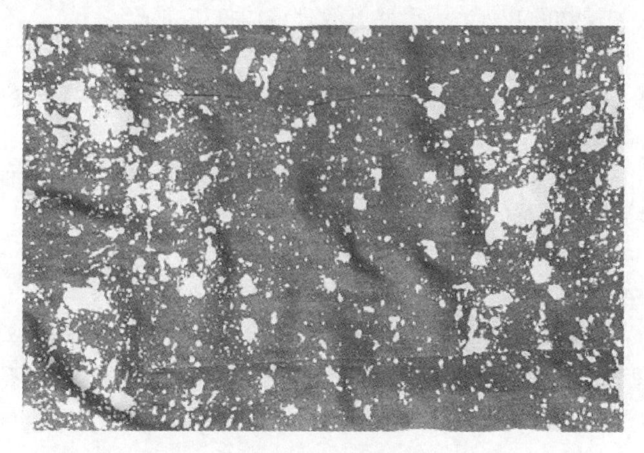

D. 滴工作液成品

图3-2-4　泼涂法

盐染要效果明显,一般要求面料吸湿性较低,染料对面料的直接性低,最好是长丝面料。

对于牛仔产品来讲,因为棉产品吸湿性较好,一般染料与棉纤维之间的直接性也较好,所以难以实现。

目前,市场上有光晕剂专门针对白色牛仔产品制作,可制作类似于盐染效果的产品,并可以根据需要生产点状外观。其加工步骤是先将白色牛仔面料进行油染,再在牛仔面料上撒上光晕剂。如果需要点效果,可以直接喷洒;如需要流动效果,则可以提高面料的含水量后再喷洒光晕剂(图3-2-5)。

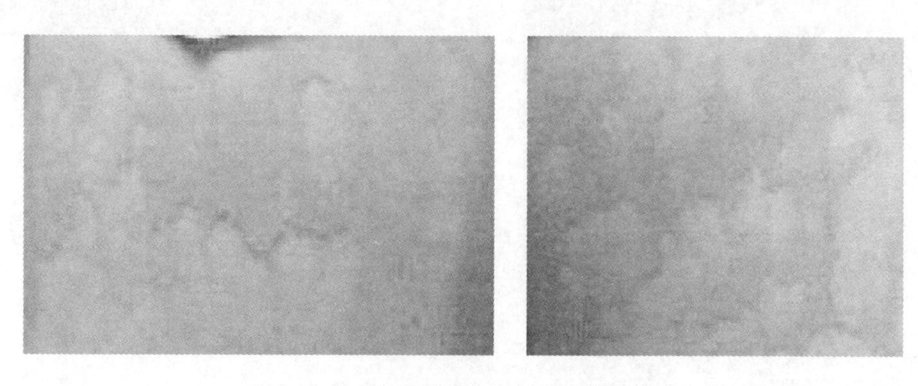

图3-2-5　光晕剂制作白色牛仔面料成品

第三节　拓　　印

拓印,也称"拓石",也指现在的"碑帖"。就是把石碑或器物上的文字或图画印在纸上。也可用纸紧覆在物体(如植物的叶等)表面,将其纹理结构打拓在纸上。

拓印方法,主要存在两个方面的变化。一是文字正体与反体方面的变化,最早的石刻上的文字是正写的凹下的文字,后来发展的石刻是反写凹下去的文字;另一个变化是由石刻上的拓印转向木刻上的拓印。

将拓印技术运用到牛仔面料上,是一种新的尝试。主要的方式包括两种:一种是仿板画制作进行拓印,另一种是直接拓印。

一、仿板画加工拓印

加工所用木板(必须既韧又脆,不拉刀、不起丝。用梨木、枣木等果树板材最好。也可以使用椴木贴面的三夹板或五夹板(绘图板用),但柳桉贴面的胶合板(家具用)不能用。

工具有刻刀一套、压画机、刷子及固定胶条。

二、加工步骤

1. 设计图案

图案设计要考虑底色与被拓色的比例,可以在纸上起好稿后用复写纸转印到木板上。

2. 刻制

用木刻刀“以刀代笔”在木板上“作画”,下刀时要细心,避免错刀(图3-3-1与图3-3-2)。

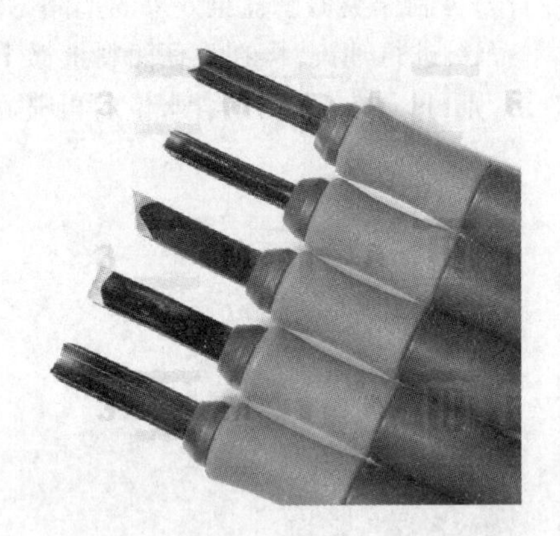

图3-3-1 刻刀

图3-3-2 雕刻好的木板

3. 拓印

(1)在压画机上铺垫厚毯,将雕刻好的木板放置中央。

(2)将高锰酸钾工作液与增稠剂混合好,用刷子涂抹于板上,要将混合工作液尽量填充进被刻的凹处,然后用抹布将没被雕刻处的多余工作液抹干净。

(3)确定好面料的位置后,将面料与刻板面对面放好,此过程面料不能有任何移动,否则会影响外观;放好后用胶纸固定其位置,再覆盖上厚毯。

(4)调整好压画机的压力,转动转向轮,使板和面料通过压辊轴,来回3~5次,使面料与木板充分贴合,相应位置能与工作液充分接触反应(图3-3-3)。

注：
① 加混合工作液要薄，不得过多，应遵循“少吃多餐”原则，防止因为过多造成边缘渗化；
② 压辊压力不能过大，以免损坏刻板。
③ 揭开面料时，应抓住边角缓缓提起，避免沾污。

4. 后工作

将面料和木板取出，快速将面料与木板分开，要防止工作液沾污布面，让布朝上放置2 ~3 min，让高锰酸钾与染料充分反应，然后用水冲洗后，再用草酸清洗，最后用水清洗干净(图3-3-4)。

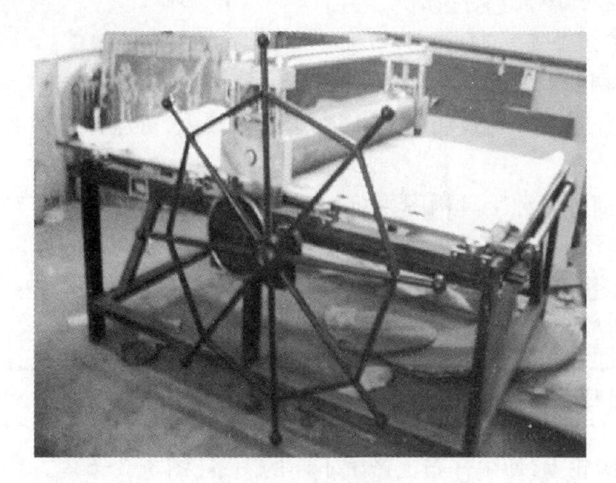

图3-3-3　压画机

图3-3-4　拓印成品(米老鼠)
(染整技术专业2008级韩小兰)

二、直接拓印

1. 工具

(1) 光滑的桌面和塑料布或有机玻璃。
(2) 各种形式的刮刀和其他容器。
(3) 滚筒。

2. 加工步骤(图3-3-5)

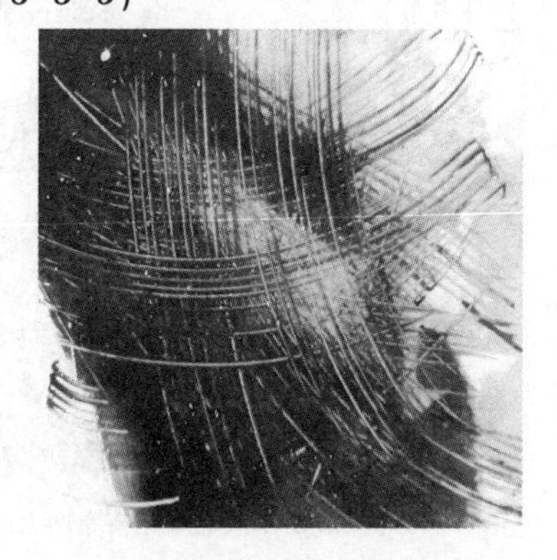

A. 在桌上刮涂工作液

B. 掀开面料，观察拔色状态

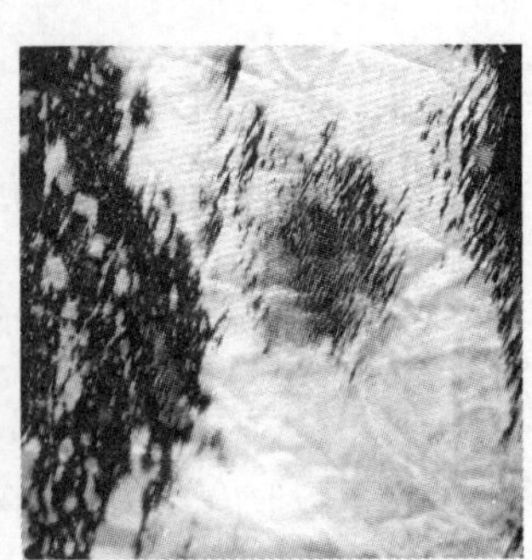

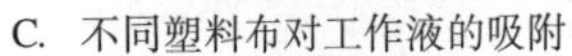
C. 不同塑料布对工作液的吸附　D. 将面料盖于塑料布后　E. 成品

图 3-3-5　直接拓印

（1）调配好高锰酸钾溶液，加入增稠剂稠化。

（2）如果加工面积较小，可以将工作液涂抹在玻璃板上，如加工面积较大，可涂抹于铺有塑料布的桌子上。

（3）创建图案。可以采用刷子、滚筒等各种工具构图，也可将涂抹了工作液的塑料布对折后打开产生特殊的纹理。

（4）用滚筒或手，揉擦布料，确保工作液印制在布上。

（5）充分氧化后进行还原清洗和水洗。

注：使用塑料布时，工作液在不同种类的塑料布上所滞留的情况是有差异的。

另外，也可以利用各种材料捆置于滚轮上，使牛仔布上产生不同的图案（图 3-3-6）。

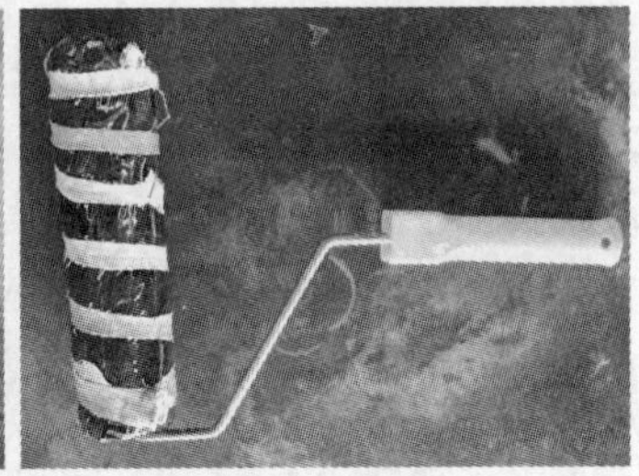

A. 将塑料布包裹在滚轮上　B. 固定塑料布　C. 将布料缠绕在滚轮上

D. 将工作液浇洒在滚轮布条上　E. 将黏附有工作液的滚轮在布面上滚动

图 3-3-6　碎布滚轮拔色过程

第四节 蜡 染

蜡染,是我国古老的民间传统纺织印染手工艺,与绞缬(扎染)、夹缬(镂空印花)并称为我国古代三大印花技艺。

蜡染是用蜡刀蘸熔蜡绘花于布后以蓝靛浸染,染后去蜡,布面就呈现出蓝底白花或白底蓝花的多种图案。同时,在浸染中作为防染剂的蜡自然龟裂,使布面呈现特殊的"冰纹",尤具魅力。由于蜡染图案丰富、色调素雅且风格独特,多用于制作服装服饰和各种生活实用品,产品显得朴实大方、清新悦目,富有民族特色。

传统蜡染是蜡画和染色的合成,它是白图案、蓝花、蓝线条;而对于牛仔面料来讲,因其底色为蓝色,所以经过上蜡加工后,产品是蓝图案、蓝底、白线条,因此也称为反蜡染或蜡防漂白。

牛仔蜡染产品通过设计可以生产出许多完美的图案,再染色可以制造出更多的颜色。由于蜂蜡附着力强,容易凝固,也易龟裂,因此蜡染时染液便会顺着裂纹渗透,留下人工难以描绘的自然冰纹,展现出清新自然的美感。

1. 蜡的选择

(1) 蜂蜡 在所有蜡中,蜂蜡是最纯净的一种,由蜂巢提炼而成。这种蜡柔韧性高、黏性大、防染力极强,如果不经有意揉搓,其他药品是不会渗透到布里面去的,常用它来描画比较纤细精致的图案。

(2) 石蜡 也叫矿蜡,价格便宜。这种蜡质地坚硬,易碎裂。其松脆易碎的特性使这种蜡在图案上自然形成许多龟纹。

(3) 松香 质地坚硬,呈晶体状。熔化后易变黏,可用做较好的黏着剂,弥补蜂蜡、石蜡的缺点。

适量的蜂蜡、石蜡加上松香就会配制成较好的混合蜡。

对于线条细而图案比较精致的作品,用以下配方比较好:

蜂蜡 1 kg

石蜡 0.3 kg

松香 0.03 kg

用于线条比较粗犷的图案的混合蜡配方如下:

石蜡 0.5 kg

蜂蜡 0.5 kg

松香 0.02 kg

如果易碎,可多加些松香。

2. 涂蜡

在熔蜡桶中加入所需的蜡,加热使蜡熔化。用毛刷把熔蜡直接涂在面料上,也可以制作镂空的纹板,像手工印花一样均匀地涂抹。

没有规律的图案也可以用泼蜡或浸蜡，把面料直接浸泡在硬度较高的石蜡中，取出自然冷却，由于热胀冷缩，蜡会收缩成自然的龟纹。

3. 拔色

把涂好蜡的产品用高锰酸钾溶液（高锰酸钾溶液浓度约为2% ~5%，为增强效果可加入2%磷酸）或用浓度稍高的高锰酸钾溶液进行喷射，反复多次，可使面料上没有涂蜡的地方拔色。

4. 去蜡

又称煮蜡法，将浸完高锰酸钾的作品放入洗衣机内，加纯碱2 g/L、渗透剂0.5 g/L，洗衣粉（或机油）3 g/L，升温到95 ~100℃后洗10 ~15 min，清洗后检查蜡有没有洗净，如果没有洗净可继续加洗涤剂洗，直至洗净为止。也可以干洗去蜡，把产品浸泡在四氯化碳或汽油中，取出挂在室外让溶剂挥发，但这种方法成本比较高且不安全。

5. 清洗

除蜡后，可用草酸、双氧水洗去多余的高锰酸钾及二氧化锰，布面就会出现美丽的图案。

可根据需要对产品再涂蜡拔色，也可进行染色处理（图3-4-1与图3-4-2）。

图3-4-1 浸泡蜡所加工的蜡染牛仔产品

（染整技术专业2011级林丹宇 卢文健）

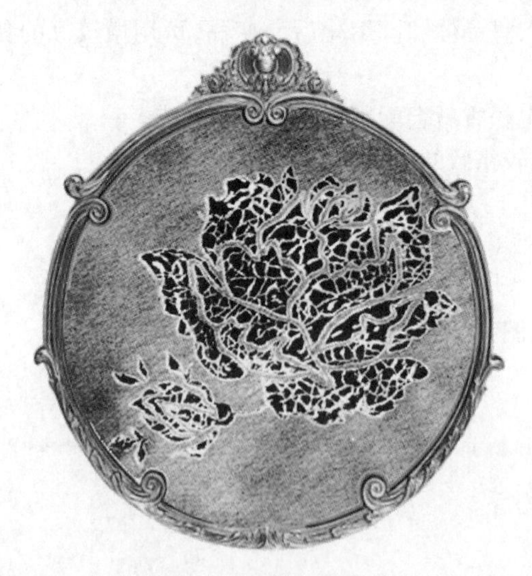

图3-4-2 采用镂空花纹上蜡加工的蜡染牛仔产品（彩）

（染整技术专业2008级韩小兰）

第五节 手 绘

一、手绘

先用粉笔把图画在牛仔服装上,再根据图案的需要调整高锰酸钾的浓度,然后用蘸有高锰酸钾溶液的画笔根据粉笔线进行描绘,在同一地方描绘的次数越多,处理后效果就会越白,越均匀。高锰酸钾氧化成二氧化锰后变成棕色,采用还原剂如草酸、亚硫酸氢钠等洗去二氧化锰,服装表面就出现霜白效果。

A. 手绘图案

B. 涂高锰酸钾后图案

C. 还原后图案

D. 局部染色后图案

图 3-5-1 手绘牛仔加工过程

如需要获得其他色彩效果,可采用套色或局部染色的方法处理,局部染色多采用涂染方法(在染液中加海藻酸钠),也可采用涂料进行上色。

如果采用涂料上色,图案绘制完毕后可直接烘干固色,如果采用活性染料或直接染料,则需要进行气蒸固色。涂料与其他染料相比较,它的着色机理是通过黏合剂黏合在面料上,因此底色对染料基本没影响,其加工产品图案边缘清晰,色彩鲜艳,不会渗化。而使用直接染料或活性染料时成品颜色会受面料底色影响,气蒸过程中容易出现渗化、边缘不清晰。因此需要根据产品风格进行选用(图 3-5-2 与图 3-5-3)。

图 3-5-2　手绘牛仔衫系列(彩)

(染整技术专业 2006 级潘玉兰　黄颖慧　陈建成)

图 3-5-3　牛仔手绘作品(彩)

(染整技术专业 2011 级林丹宇　卢文健)

第六节　防　　染

防染加工是牛仔产品加工中较特殊的加工方式,其加工处理的产品可采用任意有形状的物件或采用固定的纹版(印花网版),可加工个性化图案,也可加工批量式图案,创造空间很大。

牛仔防染加工主要包括两种方法:第一,通过物件或纹版遮挡住布面,固定位置后,在布面通过喷射工作液、氧化、去锰清洗等工序后完成花纹图案的加工,有物件遮挡处保留底色,其余地方被漂白。第二种方法是通过使用牛仔防高锰酸钾浆料,根据实际花纹需要采用刮浆、滴洒、手绘等方式使其附着于面料上,然后进行烘干,烘干后对面料喷射高锰酸钾,最后进行氧化、去锰清洗等,完成花纹图案的加工。第二种方法中面料没有被物件(或纹版)遮挡到的地方会涂抹上防高锰酸钾浆料,这些地方能保留牛仔布面的底色,而其他地方则被漂白。这两种方法在实际加工中会呈反色效果(图 3-6-1 到图 3-6-5)。

A. 放置纹版

B. 喷射工作液

C. 去纹版后氧化

D. 还原清洗后

E. 制成的抱枕

F. 其他防染加工(彩)

图 3-6-1 物件防染

(染整技术专业 2011 级林丹宇 卢文健)

图 3-6-2 纹版防染作品(染整技术专业 2008 级韩小兰)(彩)

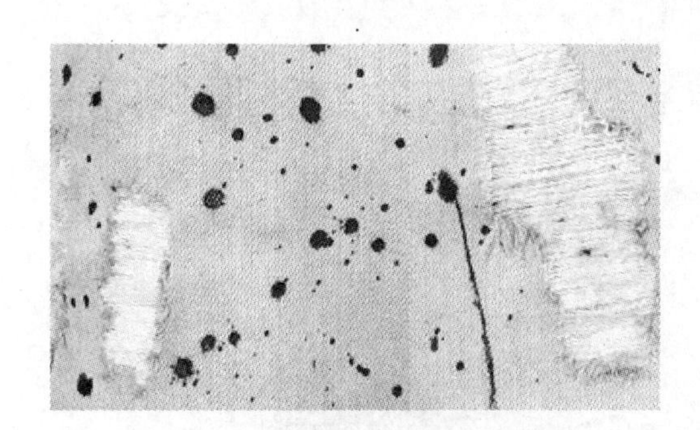

图 3-6-3 滴防高锰酸钾浆料产品

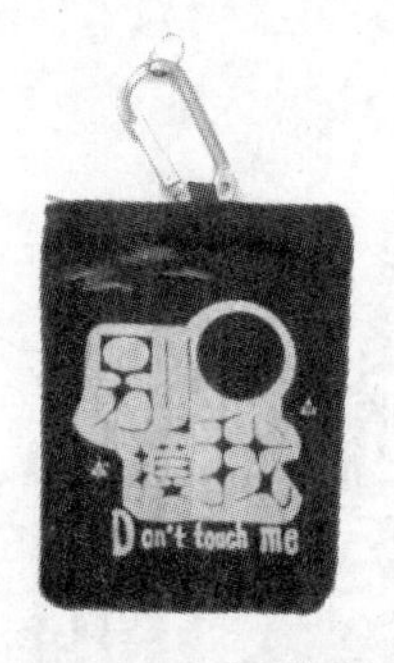

图 3-6-4 印花网喷高锰酸钾

图 3-6-5 印花网刮防高锰酸钾浆料

第七节 仿石风格

装饰性牛仔布的仿石风格主要采用裂纹技术来实现。在牛仔布上进行裂纹处理的方式目前主要采用市场上的裂纹浆料(由阿拉伯树胶酸的钾盐/钙盐再配以印花糊料配置而成)进行裂纹加工处理。市场上的裂纹浆料需要在 130~140℃进行 15~30 min 焙烘,让其产生裂纹。如果是自然开裂则裂纹主要呈现单一方向;如手工开裂则裂纹呈闪电状,难以形成龟裂状。

经大量的资料研究,发现建筑材料在开裂时会呈现龟裂效果,使用建筑用的基材作为裂纹浆料,它在废弃后可以实现循环再利用,如破碎、筛分、清洗后用作拌制混凝土的骨料(表 3-7-1)。

表 3-7-1 建筑材料选取配方

配方序号	1	2	3	4	5	6	7
材料	高岭土	白水泥 + $Ca(OH)_2$与少量 $CaCO_3$	黑水泥 + $Ca(OH)_2$与少量 $CaCO_3$	腻子 + $Ca(OH)_2$与少量 $CaCO_3$ + 黑水泥	腻子 + 黑水泥	腻子 + 白乳胶	腻子 + $Ca(OH)_2$与少量 $CaCO_3$

加工工艺流程:刻板→刮浆→烘干(100℃,15~30 min)→降温(室温)→喷射工作液→冲洗揉搓去浆→还原清洗→清洗→烘干(图3-7-2和图3-7-3)

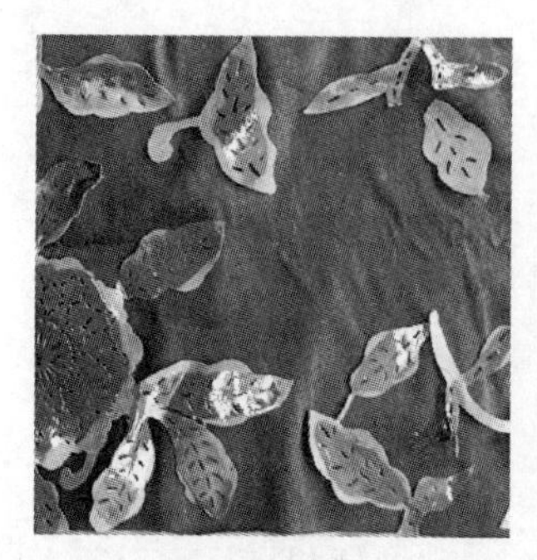

A. 刻版

B. 刮浆

C. 烘燥

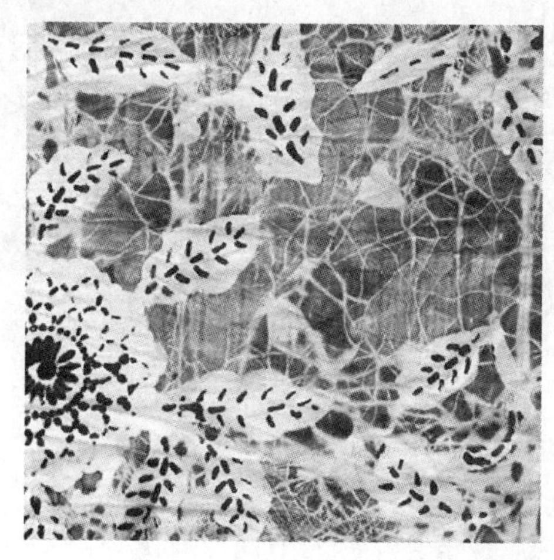

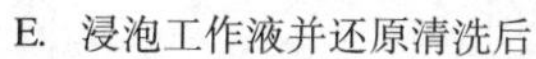

E. 浸泡工作液并还原清洗后

F. 成品

图3-7-2 仿石牛仔面料加工

图3-7-3 餐桌布(仿石处理+钉珠)(染整技术专业2011级林丹宇 卢文健)(彩)

第八节　钉 珠 烫 石

牛仔产品的颜色主要是蓝黑色，显得黯沉单一。为了增加牛仔面料色彩，增加牛仔面料与其他服饰物件的搭配能力，近年来发展了在牛仔面料上进行钉珠、铆钉（爪扣）、烫石和绣花等特殊处理的工艺，提高了面料的艺术性。

一、钉珠与爪扣（图 3-8-1）

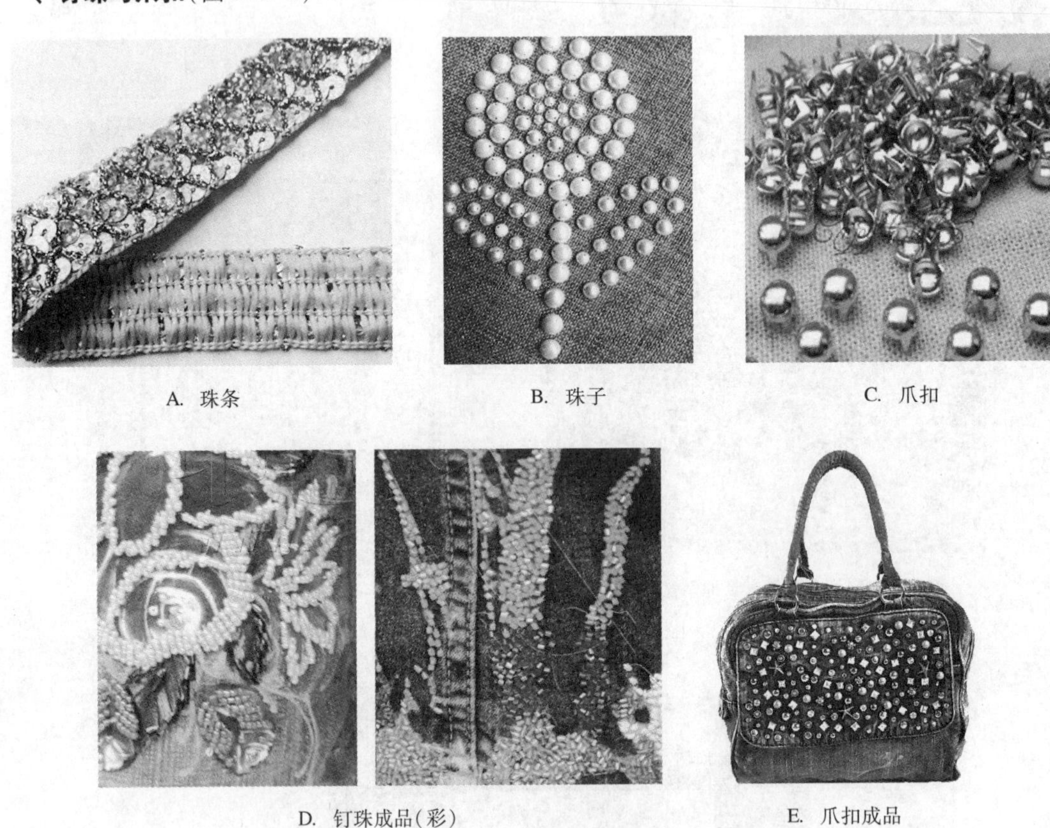

A. 珠条　B. 珠子　C. 爪扣

D. 钉珠成品（彩）　E. 爪扣成品

图 3-8-1　钉珠与爪扣

二、烫石

烫石有两种类型，第一种是散装的烫石，可以根据需要进行搭配；第二种是市场上销售的已经拼装成图案的烫图（图 3-8-2）。

A. 散装的烫石

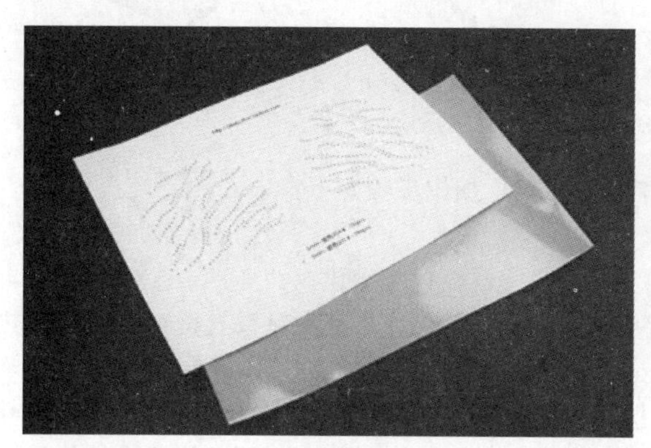
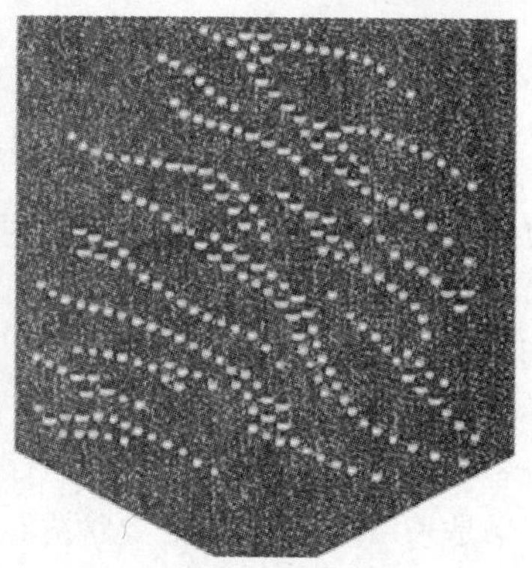

B. 烫图

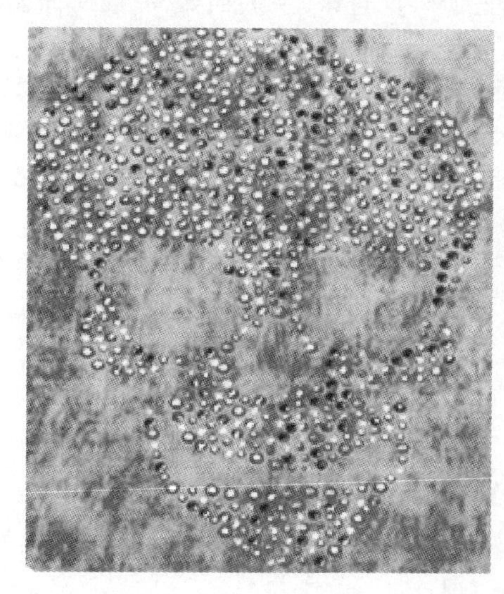

C. 烫图成品(彩)

图3-8-2 烫石

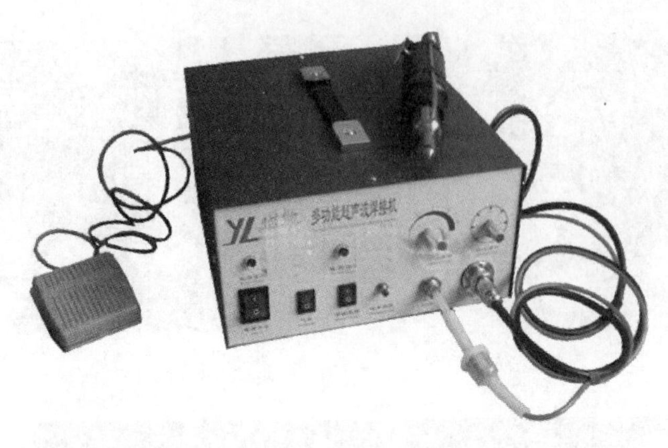

D. 点钻机烫钻机

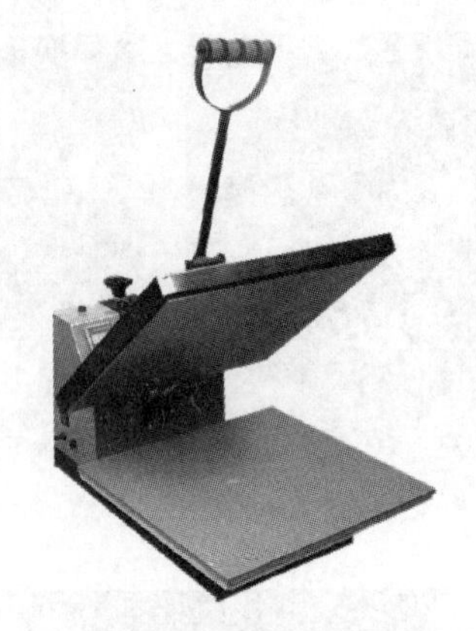

E. 平板烫画机

图3-8-3 烫石加工设备

要进行烫石加工，一般熨烫的温度需要150℃。操作步骤如下：

（1）把面料放到一个平的操作台上；

（2）用加热装置在烫石表面按压熨烫，直到烫石底背胶融化；

（3）从一角慢慢揭开烫图看钻是否都黏到了面料上，如果有烫钻没有烫牢就表示受热温度不够或者不均匀，要继续按压熨烫。

如果是采用散装烫石，需要将烫石按照要求放好，直接用点钻机点在烫石上0.5～1 s即可；如果用熨斗加热，对于小号的烫石可直接用熨斗在上面加热，温度设定在“羊毛档”，如果烫石比较大，或者有几种不同大小类型的钻或片，则把面料反过来，从底面烫，一般时间要延长到10～30 s。

如果采用烫片加工，首先要把烫钻图案下面的一层带纹路的白色衬底揭去，再把黏着钻图的黏纸摆放到面料上合适的位置，用手压平（有黏性的一面朝下）。假如烫石比较大，或者有几种不同大小类型的烫石或片，也是将面料翻过来，从底面一面烫。也可采用平板烫画机进行加热（图3-8-3）。

黏贴的过程中不是一次就能把所有烫石都黏牢，需要按压一会儿后慢慢揭开一角看看，有不牢固的再继续熨一会儿直到全部黏牢为止。熨烫完，待烫图冷却以后再把表面那层黏纸揭下，一幅精美的烫石作品就完成了。

第九节 综合作品

牛仔艺术加工综合作品见彩图3-9-1至图3-9-14。

第四部分

牛仔产品生态检测

第一节　色 牢 度

一、色牢度基本知识

所谓染色牢度(简称色牢度),是指染色织物在使用或加工过程中,经受外部因素(挤压、摩擦、水洗、雨淋、暴晒、光照、海水浸渍、唾液浸渍、水渍、汗渍等)作用下的褪色程度,是织物的一项重要指标。纺织品在使用过程中会受到光照、洗涤、熨烫、汗渍、摩擦和化学药剂等各种外界的作用,有些印染纺织品还经过特殊的整理加工,如树脂整理、阻燃整理、砂洗、磨毛等,这就要求印染纺织品的色泽相对保持一定牢度。色牢度好与差,直接涉及人体的健康安全,色牢度差的产品在穿着过程中,碰到雨水、汗水就会造成面料上的颜料脱落褪色,其中染料的分子和重金属离子等都有可能通过皮肤被人体吸收而危害人体的健康,另一方面还会使穿在身上的其他服装被沾色,或者与其他衣物共同洗涤时染脏其他衣物。

根据试样的变色和未染色贴衬织物的沾色来评定牢度等级。纺织品色牢度测试是纺织品内在质量测试中一项常规检测项目。因织物在加工和使用过程中所受的条件差别很大,要求各不相同,故现行的试验方法大部分都是按作用的环境及条件进行模拟试验或综合试验,染色牢度的试验方法内容相当广泛。但纵观国际标准组织(ISO)、美国染色家和化学家协会(AATCC)、日本(JIS)、英国(BS)等诸多标准,最常用的是耐洗、耐光、耐摩擦及耐汗渍、耐熨烫、耐气候等项。在实际工作中,主要是根据产品的最终用途及产品标准来确定检测项目,如毛纺织产品标准中规定必须检测耐日晒色牢度,针织内衣当然要测耐汗渍牢度,而户外用纺织品(如遮阳伞、灯箱布、蓬盖材料)则要检测耐气候色牢度。

二、色牢度种类、测试方法与相应标准

色牢度测试主要包括耐皂洗色牢度(小样)、耐摩擦色牢度、耐氯水色牢度、非氯漂色牢度、耐干洗色牢度、实际洗涤色牢度(成衣、面料)、耐汗渍色牢度、耐水色牢度、耐光照色牢度、耐海水色牢度和唾液色牢度等。

1. 水洗色牢度

将试样与标准贴衬织物缝合在一起,经洗涤、清洗和干燥,在合适的温度、碱度、漂白和摩擦条件下进行洗涤,可在较短的时间内获得测试结果。其间的摩擦作用是通过小浴比和适当数量的不锈钢珠的翻滚、撞击来完成的,用灰卡进行评级,得出测试结果。不同的测试方法有不同的温度、碱度、漂白和磨擦条件及试样尺寸,具体的要根据测试标准和客户要求来选择。一般水洗色牢度较差的颜色有翠蓝、艳蓝、黑大红、藏青等。干洗色牢度同水洗色牢度测试方法一样,只是水洗改成干洗。洗涤牢度分为5个等级,5级最好,1级最差。洗涤牢度差的织物宜干洗。如若进行湿洗,则需加倍注意洗涤条件,如洗涤温度不能过高、时间不能过长等。

相应标准:

(1) ISO 105 C06:1994/Cor.2:2002(E)　纺织品　色牢度试验　第C06部分:耐家庭和商业洗涤的色牢度

（2）BS EN ISO 105-C06：1997　纺织品　色牢度试验　第C06部分：耐家庭和商业洗涤的色牢度

（3）GB/T 5713　纺织品　色牢度试验　耐水洗色牢度

（4）GB/T 3921.3　纺织品　色牢度试验　耐洗色牢度

（5）AATCC 61—2009　水洗色牢度

2. 摩擦色牢度

将试样放在摩擦牢度仪上，在一定压力下用标准摩擦白布与之磨擦一定的次数，每组试样均需做干摩擦色牢度与湿摩擦色牢度。对标准摩擦白布上所沾的颜色用灰卡进行评级，所得的级数即所测的摩擦色牢度。摩擦色牢度共分5级，数值越大，表示磨擦牢度越好。

相应标准：

（1）GB/T 3920—2008　纺织品　色牢度试验　耐摩擦色牢度

（2）EN ISO105 X12 2002　纺织品　色牢度试验　耐摩擦色牢度

（3）BS EN ISO 105 X12-2002　纺织品　色牢度试验　耐摩擦色牢度

（4）DIN EN ISO 105 X12-2002　纺织品　色牢度试验　耐摩擦色牢度

（5）NF EN ISO 105 X12-2003　纺织品　色牢度试验　耐摩擦色牢度

（6）AATCC 8—2007　耐摩擦色牢度：AATCC　摩擦仪法

（7）AATCC 116—2005　耐摩擦色牢度：垂直旋转摩擦仪法

（8）CAN/CGSB-4.2 No.22-M2004　纺织品-色牢度试验：耐摩擦色牢度

（9）AS 2001.4.3—1995　纺织品-色牢度试验：耐摩擦色牢度

（10）JIS L 0849—2004　类型Ⅰ　耐摩擦色牢度的试验方法

3. 日晒色牢度

纺织品在使用时通常是暴露在光线下的，光能破坏染料从而导致众所周知的“褪色”，使有色纺织品变色，一般变浅、发暗，有些也会出现色光改变，所以，就需要对色牢度进行测试。日晒色牢度测试，就是将试样与不同牢度级数的蓝色羊毛标准布一起放在规定条件下进行日光暴晒，将试样与蓝色羊毛布进行对比，评定日晒色牢度。日晒牢度分为8级，蓝色羊毛标准布级数是8级最好、最耐光，1级最差。日晒牢度差的织物切忌阳光下长时间暴晒，宜于放在通风处阴干。

如果某种日晒色牢度为4级的织物，在光的照射下需要一定时间以达到某种程度褪色，则在同样条件下产生同等程度的褪色，一般3级约需一半的时间，而5级要增加一倍时间。

相应标准：

（1）GB/T 8426—1998　色牢度试验　耐光色牢度　日光　相当于　ISO 105 B01

（2）GB/T 8427—2008　纺织品　色牢度试验　耐人造光色牢度　氙弧
相当于　ISO 105 B02

（3）GB/T 8429—1998　纺织品　色牢度试验　耐气候色牢度：室外暴晒
相当于　ISO 105 B03

（4）GB/T 8430—1998　纺织品　色牢度试验　耐人造气候色牢度：氙弧
相当于　ISO 105 B04

（5）GB/T 8431—1998　纺织品　色牢度试验　光致变色的检验和评定

相当于 ISO 105 B05

(6) GB/T 16991—1997 纺织品 色牢度试验 高温耐光色牢度:氙弧

相当于 ISO 106 B01

(7) AATCC 16—2004, OPTION 3 耐光色牢度

(8) BS EN ISO 105 B02-1999 纺织品 色牢度试验:耐人造光色牢度:氙弧灯试验

(9) DIN EN ISO 105 B02-2002 纺织品 色牢度试验:耐人造光色牢度:氙弧灯试验

(10) CAN/CGSB-4.2 No.18.3-M97 纺织品 色牢度试验:耐人造光色牢度:氙弧灯试验

4. 汗渍色牢度

将试样与标准贴衬织物缝合在一起,放在汗渍液中处理后,夹在耐汗渍色牢度仪上,放于烘箱中恒温,然后干燥,用灰卡进行评级,得到测试结果。不同的测试方法有不同的汗渍液配比、不同的试样大小、不同的的测试温度和时间。

相应标准:

(1) ISO 105 E04-2008 纺织品 色牢度试验:耐汗渍色牢度

(2) GB/T 3922 纺织品 色牢度试验 耐汗渍色牢度

(3) GB/T 14576—2009 纺织品 色牢度试验 耐光、汗复合色牢度

(4) AATCC 15—2009 纺织品 色牢度试验:耐汗渍色牢度

(5) BS EN ISO 105 E04-2009 纺织品 色牢度试验:耐汗渍色牢度

(6) DIN EN ISO 105 E04-2009 纺织品 色牢度试验:耐汗渍色牢度

(7) NF EN ISO 105 E04-1996 纺织品 色牢度试验:耐汗渍色牢度

(8) AS 2001.4.E04-2005 纺织品 色牢度试验:耐汗渍色牢度

(9) CAN/CGSB-4.2 No.23-M90 纺织品 色牢度试验:耐汗渍色牢度

5. 水渍色牢度

以水处理试样测试,方法同上。

相应标准:

(1) AATCC 104—2010 耐水渍色牢度

(2) ISO 105 E01-1994 纺织品 色牢度试验:耐水渍色牢度

(3) BS EN ISO 105 E01-1996 纺织品 色牢度试验:耐水渍色牢度

(4) DIN EN ISO 105 E01-1996 纺织品 色牢度试验:耐水渍色牢度

(5) NF EN ISO 105 E01-1996 纺织品 色牢度试验:耐水渍色牢度

(6) CAN/CGSB-4.2 No.20-M89 纺织品 色牢度试验:耐水渍色牢度

(7) AS 2001.4.E01-2001 纺织品 色牢度试验:耐水渍色牢度

(8) GB/T 5713—1997 纺织品 色牢度试验:耐水渍色牢度

6. 氯漂色牢度

将织物在氯漂液里按一定的条件水洗之后,评定其颜色变化程度,这就是氯漂色牢度。

相应标准:

(1) ISO 105—N01: 1993 纺织品色牢度试验第 N01 部分:次氯酸盐漂白色牢度

(2) AATCC 188—2002,耐次氯酸钠家庭漂洗色牢度

(3) J IS L 0856—2002,耐次氯酸盐漂白色牢度试验方法

(4) EN 20105—N01: 1995,纺织品色牢度试验第 N01 部分:次氯酸盐漂白色牢度

(5) GB/T 7072—1997 纺织品 色牢度试验 耐漂白色牢度:亚氯酸钠重漂色牢度

(6) GB/T 7071—1997 纺织品 色牢度试验 亚氯酸钠轻漂色牢度

(7) GB/T 7069—1997 纺织品 色牢度试验 耐次氯酸盐漂白色牢度

7. 非氯漂色牢度

将织物在带有非氯漂的洗涤条件下水洗之后,评定其颜色变化程度,这就是非氯漂色牢度。

相应标准:

(1) GB/T 7070—1997 纺织品 色牢度试验 耐过氧化物漂白

(2) GB/T 23343—2009 纺织品 色牢度试验 耐家庭和商业洗涤色牢度 使用含有低温漂白活性剂的无磷标准洗涤剂的氧化漂白反应

(3) AATCC 172—2007 耐家庭洗涤粉末状非氯漂白剂色牢度

8. 压烫色牢度

将干试样用棉贴衬织物覆盖后,在规定温度和压力的加热装置中受压一定时间,然后用灰色样卡评定试样的变色和贴衬织物的沾色。热压烫色牢度有干压、潮压、湿压,具体要根据不同的客户要求和测试标准选择测试方法。

相应标准:

(1) BS EN ISO 105 X11-1996 纺织品 色牢度试验 耐热压色牢度

(2) ISO 105 X11-1994 纺织品 色牢度试验:耐热压色牢度

(3) GB/T 6152 纺织品 色牢度试验 耐热压色牢度

(4) AATCC 133—2004 纺织品 色牢度试验:耐热压色牢度

(5) DIN EN ISO 105 X11-1996 纺织品 色牢度试验:耐热压色牢度

(6) NF EN ISO 105 X11-1996 纺织品 色牢度试验:耐热压色牢度

(7) AS 2001.4.6-1990 纺织品 色牢度试验:耐热压色牢度

第二节 甲醛含量检测

一、纺织品中甲醛来源及对人体的影响

甲醛(HCHO)在常温下是无色有刺激性气味的气体,能与空气混合形成爆炸性气体,易溶于水和乙醇。甲醛是重要的有机合成原料,大量用于制造酚醛树脂、脲醛树脂、合成纤维(维纶)、消毒剂及染料等方面。含甲醛 40%(质量分数)、甲醇 8% 的水溶液的福尔马林是具有特殊刺激性的液体,常用作杀菌剂和防腐剂。

牛仔产品通常会在压皱处理时为保持褶皱的持久性加入一些整理剂,而整理效果较好的整理剂都含有 N—羟甲基或是由甲醛合成的树脂。经此类整理剂整理后的织物在仓储、陈列、加工和使用过程中受热,会不同程度地释放出甲醛。除了抗皱整理剂释放甲醛外,甲醛还可能隐含在抗微生物整理剂、阻燃剂、柔软剂、黏合剂、防水剂中。

气态甲醛强烈刺激眼睛黏膜和呼吸道黏膜。甲醛含量较高时,会对眼睛产生强烈的刺激作用而导致流泪现象;呼吸道也会受到严重的影响,产生水肿,呼吸困难。反复吸入小剂量甲醛可诱发过敏反应,出现哮喘等症状,还可引起食欲减退、衰弱失眠等病症。长期接触高浓度甲醛会使患鼻癌、鼻咽癌和口腔癌的危险性升高。国际癌症研究中心(IARC)将甲醛列入人类可疑致癌物。

二、甲醛含量检测标准和限量要求

1. 国际标准

目前国际上纺织和服装行业常用的甲醛含量检测的方法标准和产品标准有以下几种。

(1) 国际标准　ISO 14184—1—1998《纺织品　甲醛的测定第 1 部分:游离和水解态甲醛(水萃取法)》、ISO 14184—2—1998《纺织品甲醛的测定第 2 部分:释放的甲醛(气相吸收法)》

(2) 欧盟标准　EN 34184. 1—1994《纺织品甲醛的测定第 1 部分:游离和水解态甲醛》、EN ISO 14184_2—1998《纺织品　甲醛的测定第 2 部分:释放甲醛(蒸汽吸收法)》

(3) 国际生态纺织品检验协会生态纺织品标准　Oeko—Tex Standard 100

(4) 日本国家标准　JIS L1041:2000(树脂整理纺织品实验方法(甲醛含量的测试方法)》、JISL1096:1999(机织物实验方法(甲醛含量测定方法)》(对应的产品标准是日本法规 No. 112)

(5) 德国国家标准　DIN 53315:1996(皮革中甲醛含量的测定》、DIN EN ISO 14184. 2:1998《纺织品　甲醛的测定第 2 部分:释放甲醛(蒸气吸收法)》、DIN EN 34184. 1:1994(纺织品甲醛的测定第 1 部分:游离水解的甲醛(水萃取法)》

(6) 法国国家标准　NF EN ISO 14184. 2:1998(纺织品　甲醛的测定第 2 部分:释放甲醛(蒸气吸收法)》

2. 中华人民共和国标准

(1) 产品标准　GB 18401—2010《国家纺织产品基本安全技术规范》

(2) 方法标准

① GB/T 2912. 1—2009　纺织品　甲醛的测定　第 1 部分:游离和水解的甲醛(水萃取法)

② GB/T 2912. 2—2009　纺织品　甲醛的测定　第 2 部分:释放的甲醛(蒸汽吸收法)

③ GB/T 2912. 3—2009　纺织品　甲醛的测定　第 3 部分:高效液相色谱法

三、纺织品中甲醛含量的测定方法

纺织品中甲醛含量的检测步骤分为甲醛萃取、含量检测、数据分析 3 个步骤。

1. 甲醛萃取方法

纺织品甲醛含量检测的直接样品,并非纺织品本身,而是其萃取液,常用的萃取方法有水萃取法、蒸汽吸收法和抽提吸收法(图 4-2-1)。

(1) 水萃取法　将检测试样浸渍在蒸馏水或三级水中,如图 A 所示,放置在 40℃的恒温水浴锅中振荡 60 min,然后用过滤器过滤,过滤出的水溶液作为检测样品的溶液。

(2) 蒸汽吸收法　将检测试样悬挂在密封试验瓶的瓶盖处,试验瓶底部有 50 mL 蒸馏水或三级水,如图 B 所示,把挂好试样的试验瓶在 40℃的烘箱中放置 20 h,然后取出试样,试验瓶中的水溶液作为检测样品的溶液。

(3) 抽提吸收法　将检测试样平铺固定在挥发气体收集器的旋转网架上,如图 4-2-1 所示,通过真空抽气泵将试样中的挥发性甲醛抽出,并由集气瓶中的水溶液吸收,被吸收后的气体经管道再回到密封恒温仓,循环进行直到规定时间,然后将集气瓶中的水溶液作为检测样品溶液。与水萃取和蒸汽吸收法相比,抽提吸收法试样没有被破坏,这一萃取方法又称无破损法。

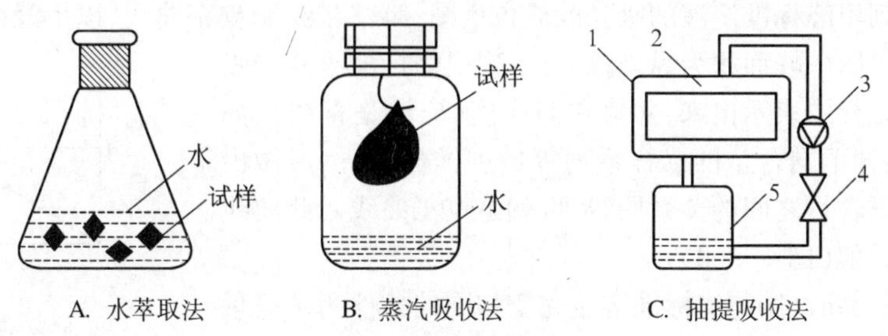

图 4-2-1　纺织品中甲醛萃取方法

1—密封恒温仓　2—旋转网架　3—抽气泵　4—气阀　5—集气瓶

用液相萃取法测得的甲醛含量是样品中游离的和经水解后产生的游离甲醛的总量,用来考察纺织品在穿着和使用过程中因出汗或淋湿等因素可能造成的游离甲醛逸出对人体造成的损害。气相萃取法及抽提吸收法测得的则是样品在一定温湿度条件下释放出的游离甲醛量,用来考察纺织品在储存、运输、陈列和压烫过程中所可能释放出的甲醛量,即评估其对环境和人体可能造成的危害。

2. 甲醛含量检测方法

甲醛的化学性质十分活泼,因此适用于甲醛定量分析的方法有多种,主要有 5 大类,即滴定法、重量法、比色法、气相色谱法和液相色谱法。其中滴定法和重量法适用于高浓度甲醛的定量分析,比色法、气相色谱法和液相色谱法适用于微量甲醛的定量分析。

纺织品中甲醛定量分析属超微量分析,目前国际上普遍采用的是基于日本标准 JIS L 1041 中的比色法。其他各国标准,包括 ISO 基本上都采用了日本标准 BS L 1041《树脂整理纺织品试验方法》中关于"游离甲醛测定方法"的基本内容,并逐渐趋于统一。比色法在分析极限、准确度和重现性方面都有很大的优越性,只是操作比较繁琐。纺织品的甲醛定量分析也有采用高效液相色谱法(HPLC 技术)的,但是该方法在样品的预处理、仪器分析时的技术条件设定以及它们之间适应性方面存在一些难以协调一致的问题,目前并未普及使用。我国 2009 年颁布的关于纺织品甲醛含量的检测标准中,已经将高效液相色谱法列为检测方法之一。

(1) 比色法　比色法是将精确称量的试样,经萃取使甲醛被水吸收形成萃取液,然后将萃取液用显色剂显色形成显色液,再把显色液用分光光度计比色测定其甲醛含量。比色法根据显色剂的不同分为乙酰丙酮法、亚硫酸品红法、间苯三酚法、变色酸法。

(2) 高效液相色谱法　高效液相色谱法测定纺织品中甲醛含量的基本原理,主要通过检测纺织品水萃取液或蒸汽吸收液(检测样品),由高压泵输入流经进样器的流动相而带入色谱柱中,检测样品不同组分因色谱柱固定相和流动相中移动速度不同,从而产生分离;分离后的组分由检测器查看流出色谱柱时的谱带,并由与检测器连接的计算机数据工作站记录仪将信号记录下来,得到液相色谱图。色谱图中的保留时间(t)用来定性,色谱峰高(h)或峰面积(s)用来定量。

3. 检测数据分析方法——校正曲线法

比色法和高效液相色谱法测试得出的结果并不是甲醛的浓度,比色法用分光光度仪测得的是显色液的吸光度,高效液相色谱法得到的是色谱线,即校正曲线,利用校正曲线查找甲醛浓度。绘制校正曲线的具体步骤是:第一步配置不同浓度的系列甲醛标准溶液(一般至少5种);第二步测试系列甲醛标准溶液的吸光度或色谱图;第三步绘制校正曲线,以甲醛浓度为横坐标,以吸光度或色谱图中峰面积为纵坐标,将系列甲醛标准溶液的吸光度等信号在坐标中表示出来,并将它们连接(应该是直线),如图所示,即用已知不同含量的标样系列等量进样分析,然后做出响应信号与标样含量之间的关系曲线,也就是校正曲线。此曲线用于所有测量数值(图4-2-2)。

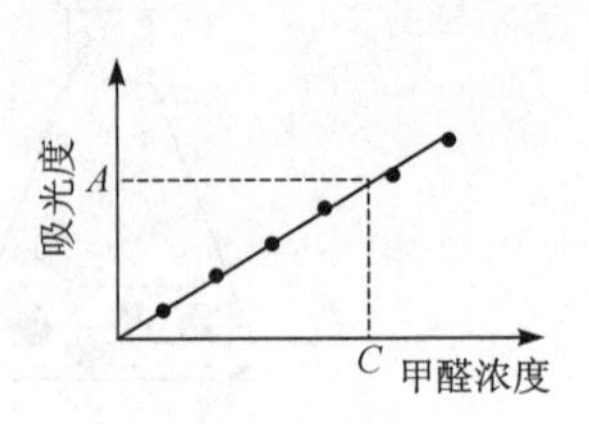

图4-2-2 校正曲线

定量分析样品时,用与测标准溶液完全相同的条件测试等量的待测样品,得到吸光度或色谱图上峰面积等信号,然后从校正曲线查出样品的含量。

第三节 pH 值检测

一、纺织品pH值检测标准和限量要求

皮肤的汗腺与皮脂分泌的汗水和油脂具有酸碱度,人体正常皮肤的pH值在5.5~7.0,呈弱酸性。它可以抑制某些病菌的生长繁殖,具有保护皮肤免遭感染的作用,是人体防御细菌入侵的重要屏障。

牛仔产品加工过程,特别是染整和洗水加工,会有一系列的酸、碱处理,如牛仔面料的丝光处理(浓碱处理),使面料的酸碱度发生变化。如果织物的酸碱度和正常人体的酸碱度相差过大,便会出现身体不适,甚至造成皮肤的许多疾病。因此,纺织品的pH值在中性至弱酸性对皮肤最为有益。

国际生态纺织品标准协会标准Oeko-Tex Standard 100和我国生态纺织品安全基本技术要求中均规定婴幼儿和直接接触皮肤用品的pH值在4.0~7.5,不直接接触皮肤用品和装饰材料的pH值在4.0~9.0。

纺织品pH值检测方法标准主要有ISO 3071《纺织品 水萃取物pH值的测定》、AATCC《湿加工织物水萃取pH值的测定》、JIS 1096《机织物测试方法织物水萃取液pH值的测定》、GB/T 7573(纺织品水萃取液pH值的测定》、SN/T 1523(纺织品表面pH值的测定》。

除了以上标准,国际上还有许多有关纺织品pH值测定的方法标准,但其原理基本相同,即先以一定方法萃取样品,然后在室温下用玻璃电极pH计测定样品水萃取液的pH值。

二、纺织品pH值的测定程序

1. 试样制备

将试样剪成0.5~1 cm的小块,称取规定数量的试样2~3份,分别放入三角烧瓶中,加萃取

介质并在振荡器上振荡。

2. 定位

将 pH 计的玻璃电极插入标准缓冲溶液中，标定 pH 值。

3. 测试

将 pH 计的玻璃电极插入待测溶液中，测试 pH 值。

三、纺织品 pH 值测试条件

纺织品 pH 值的测试方法和标准不同，其测试结果没有可比性。国际上常用的 4 个标准的测试条件如表 4-3-1 所示。

表 4-3-1 不同方法的测试条件

项目		标准			
		AATCC 81—2006	JIS 1096—1999	GB/T 7573—2009	ISO 3071—2005
试样	重量(g)	10 ±0.1	5 ±0.1	2 ±0.05	2 ±0.05
	份数	—	2	3	3
	尺寸(cm×cm)	克重小的织物剪成小块	约 1×1	约 0.5×0.5	约 0.5×0.5
萃取用蒸馏水	萃取液种类	蒸馏水	蒸馏水	三级水或 0.1 mol/L KCl	至少为 ISO 3936 规定的三级水或 0.1 mol/L KCl
	pH 值要求	无	无	20±2℃时 pH 值为 5.0~6.5	5.0~7.5
	蒸煮要求	煮沸 10 min	煮沸 2 min 后迅速离开热源	煮沸 5 min 后冷却待用	如不为三级水，煮沸 10 min 后密封冷却待用
	体积(mL)	250	50	100	100
	容器(mL)	400 mL 烧杯和表面皿	200 mL 带塞烧瓶	250 mL 带塞三角烧瓶	250 mL 带塞三角烧瓶
萃取过程		直接将试样放入煮沸 10 min 的萃取液中，盖上表面皿再煮 10 min	直接将试样放入刚离开热源的萃取液中，加塞放置 30 min，并不时开塞，摇动	直接将试样放入刚萃取液中，浸润，室温下震荡 120 min ±5 min	直接将试样放入萃取液中，浸润，室温下震荡 120 min ±5 min，记录萃取温度
缓冲液的 pH 值要求		缓冲液的 pH 值为 4.0、7.0、10.0 或其他所需 pH 值	缓冲液的 pH 值为 4.0、7.0	① 0.05 mol/L 邻苯二甲酸氢钠溶液 pH 值为 4.00(20℃)；② 0.05 mol/L 四硼酸钠溶液 pH 值为 9.23(20℃)	① 邻苯二甲酸氢钾溶液 0.05 mol/L(pH 4.0)；② 磷酸二氢钾和磷酸二氢钠缓冲溶液 0.08 mol/L(pH 6.9) ③ 四硼酸钠溶液 0.01 mol/L (pH 9.2)

（续 表）

项目	标　准			
	AATCC 81—2006	JIS 1096—1999	GB/T 7573—2009	ISO 3071—2005
测试	加盖冷却至室温，测定 pH 值	将萃取液调温至 25℃，测定 pH 值，取 2 份平均值	测定 pH 值，取第二和第三份的平均值，平行误差不超过 0.2；若 pH 值大于 9 或小于 3，则测定差异指数	测定 pH 值，取第二和第三份的平均值，平行误差不超过 0.2，则重新测定
结果精度	保留 1 位小数	保留 1 位小数	保留 2 位小数，精确到 0.05 整数值	精确到 0.1

第四节　禁用染料含量检测

一、纺织品中禁用染料的种类及对人体的影响

染料是纺织品染整加工的重要材料，目前世界上染料种类已达 7 000 余种，常用的也有 2 000 余种。Oeko-Tex Standard 100 中把对人体有影响的染料分为禁用偶氮染料、致癌染料、致敏染料和其他染料。

1. 偶氮染料

偶氮染料是指分子结构中含有偶氮基（—N ═N—）的染料，是品种最多、应用最广的一类合成染料。根据含有偶氮基的数目不同可分为三种：①单偶氮染料，如酸性大红 G；②双偶氮染料，如直接大红 4B；③多偶氯染料，如直接黑 BN。根据溶解度的不同可分为两种：①可溶性偶氮染料，指一般能溶解在水中的染料；②不溶性偶氮染料，包括冰染染料和其他不溶于水的偶氮染料。

20 世纪 30 年代，日本人 Yoshida 发现溶剂黄可以引起老鼠的肝细胞癌变后.人们才意识到偶氮染料及其中间体在生产与使用过程中的危险性。实际上，1905 年德国卫生部门已经从染料品红、金胺和萘胺中确认了一些芳香胺的致癌作用。据不完全统计，到 20 世纪 60 年代，世界各国因从事染料化工工作而患上膀胱癌的病例超过了 3 000 例。

自 20 世纪 70 年代开始，世界上主要的染料制造商自发地签订议，停止在市场上销售联苯胺及以联苯胺为母体的偶氮染料。德国政府在 1958 年成立了 MAK（Maximum Arbeitplaz Konzentrations 已知对人体健康构成威胁的化学物质在工作场所的最大允许浓度）委员会，从此开始每年发 1 份 MAK 表。根据对人体致癌性的不同，MAK 表分为三个不同的级别。MAK（Ⅲ）A1：按经验，这类物质可引起人类恶性肿瘤。MAK（Ⅲ）A2：迄今为止，已得到这类物质引起癌症的确切证明，但这些证明是通过模拟人类工作场所条件，对动物实验得到的。MAK（Ⅲ）A3：被怀疑极具潜在致癌倾向的物质，并急需进行进一步调研，并且指出用这些致癌芳香胺合成

的偶氮染料受到人体肠道细菌以及偶氮还原酶的作用而易于发生偶氮还原裂解，重新释放出致癌芳香胺，从而产生致癌作用。

目前市场上大部分（约占60%）的合成染料是以偶氮化学为基础的。所谓致癌性问题，是人们经过长期研究和临床试验证明某些偶氮染料中可还原出的芳香胺对人体或动物有潜在的致癌性。纺织品上的偶氮染料在与皮肤的长期接触中，在某些特殊的条件下，特别是在染色牢度不佳时，会从纺织上转移到人的皮肤上。经人体的正常代谢过程，在分泌物的生物催化作用下发生分解还原，并释放出某些有致癌性的芳香胺，这些芳香胺被人体皮肤吸收后，在体内通过代谢作用而使细胞的脱氧核糖核酸（DNA）发生变化，具有潜在的致癌致敏性。

Oeko-Tex Standard 100《生态纺织品标准100》中规定了有24种禁用芳香胺化合物，详见表4-4-41。Eco-label（生态纺织品标签2002/371/EC Eco-label）中有22种禁用芳香胺化合物，比Oeko-Tex Standard 100少了2，4-二甲基苯胺和4-氨基偶氮苯；GB/T 18885—2009《生态纺织品技术要求》中规定了有24种禁用芳香胺化合物，与Oeko-Tex Standard 100一致；GB 18401—2003《国家纺织产品基本安全技术规范》中有23种禁用芳香胺化合物，比GB/T 18885—2009少4-氨基偶氮苯；而GB 18401—2010[4]（2011年8月1日施行）中增加了4-氨基偶氮苯。

GB/T 18885—2009与Oeko-Tex Standard 100的限量值都为20 mg/kg，GB 18401—2003的限量值也为20 mg/kg，而Eco-label的限量值为30 mg/kg。

表4-4-1 Oeko-Tex Standard 100规定的24种禁用偶氮染料

序号	芳香胺名（Amines）	CAS. No.
1	4-氨基联苯 4-Aminodiphenyl	92-67-1
2	联苯胺 Benzidine	92-87-5
3	4-氯-邻甲基苯胺 4-Chloro-o-toluidine	95-69-2
4	2-萘胺 2-Naphthylamine	91-59-8
5	邻氨基偶氮甲苯 o-Aminoazotoluene	97-56-3
6	2-氨基-4-硝基甲苯 2-Amino-4-nitrotoluene	99-55-8
7	对氯苯胺 p-Chloroaniline	106-47-8
8	2,4-二氨基苯甲醚 2,4-Diaminoanisole	615-05-4
9	4,4′-二氨基二苯甲烷 4,4′-Diaminobiphenylmethane	101-77-9
10	3,3′-二氯联苯胺 3,3′-Dichlorobenzidine	91-94-1
11	3,3′-二甲氧基联苯胺 3,3′-Dimethoxybenzidine	119-90-4
12	3,3′-二甲基联苯胺 3,3′-Dimethylbenzidine	119-93-7
13	3,3-二甲基-4,4′-二氨基二苯甲烷 3,3′-dimethyl-4,4′-diaminodiphenylmethane	838-88-0
14	2-甲氧基-5-甲基苯胺 p-Cresidine	120-71-8
15	4,4′-亚甲基-二-（2-氯苯胺）4,4′-Methylen-bis-（2-chloraniline）	101-14-4

（续 表）

序号	芳香胺名(Amines)	CAS. No.
16	4,4′-二氨基二苯醚 4,4′-Oxydianiline	101-80-4
17	4,4′-二氨基二苯硫醚 4,4′-Thiodianiline	139-65-1
18	邻甲苯胺 o-Toluidine	95-53-4
19	2,4-二氨基甲苯 2,4-Toluylendiamine	95-80-7
20	2,4,5,-三甲基苯胺 2,4,5,-Trimethylaniline	137-17-7
21	2-氨基苯甲醚 2-Methoxyanilin	90-04-0
22	2,4 二甲基苯胺 2,4-Xylidine	95-68-1
23	2,6 二甲基苯胺 2,6-Xylidine	87-62-7
24	4-氨基偶氮苯 4-Aminoazobenzene	60-09-3

对于纺织品禁用偶氮染料的主要检测方法标准如下：

① GB/T 17592—2006《纺织品 禁用偶氮染料的测定》

② EN 14362—1:2003《纺织品某些源自偶氮染料的芳香胺的测定方法第 1 部分无需萃取的某些偶氮染料测定》

③ EN 14362—2:2003《纺织品某些源自偶氮染料的芳香胺测定方法第 2 部分萃取的偶氮染料测定》

④ 德国标准 35LMBG82.02-2《日用品分析纺织日用品上使用某些偶氮染料的检测》

⑤ 德国标准 35LMBG82.02-4《日用品分析聚酯纤维上使用某些偶氮染料的检测》

⑥ GB 19601—2004《染料产品中 23 种禁用偶氮的限量和检测方法》

⑦ GB/T 23344—2009《纺织品 4-氨基偶氮苯的测定》

⑧ GB/T 24101—2009《染料产品中 4-氨基偶氮苯的限量及测定》

2. 致癌染料

致癌染料是指未经还原等化学变化即能诱发人体癌变的染料，其中最著名的品红(C.I.碱性红 9)染料早在 100 多年前已被证实与男性膀胱癌的发生有关联。目前市场上已知的致癌染料有 11 种，其中分散染料 2 种、直接染料 3 种、碱性染料 1 种、酸性染料 2 种和溶剂型染料 3 种。但列入生态纺织品监控范围的致癌染料仅为 7 种。致癌染料在纺织品上绝对禁用(表 4-4-2)。

表 4-4-2 禁用致癌染料

编号	染料英文名称	染料中文名称	CAS No.
1#	Acid Red 26	酸性红 26	3761-53-3
2#	Basic Red 9	碱性红 9	569-61-9
3#	Basic Violet 14 HCl	碱性紫 14	632-99-5
4#	Direct Black 38	直接黑 38	1937-37-7

（续　表）

编号	染料英文名称	染料中文名称	CAS No.
5#	Direct Blue 6	直接兰 6	2602-46-2
6#	Direct Red 28	直接红 28	573-58-0
7#	Disperse Blue 1	分散蓝 1	2475-45-8
8#	Disperse Orange 11	分散橙 11	82-28-0
9#	Disperse Yellow 3	分散黄 3	2832-40-8
采取 DIN 54231:2005—11 和 § 64 LFGB B，82.02-10:2007—03 方法检测上表中 9 种致癌染料，检测下限达到 5 mg/kg，满足欧盟法规要求			

3. 致敏染料

致敏染料是指某些会引起人体或动物的皮肤、黏膜或呼吸道过敏的染料。染料的过敏性并非其必然的特性而仅是其毒理学的一个内容。有专家按染料直接接触人体引发过敏性接触皮炎发病率和皮肤接触试验情况将染料的过敏性分成 7 类：

① 强过敏性染料，即直接接触的病人发病率高，皮肤接触试验呈阳性。

② 较强过敏性染料，即有多起过敏性病例或多起皮肤接触试验呈阳性。

③ 稍强过敏性染料，即发现多起过敏性病例或多起皮肤接触试验呈阳性。

④ 一般过敏性染料，即发现过敏性病例较少。

⑤ 轻微过敏性染料，即仅发现一起过敏性病例或较少皮肤接触试验呈阳性。

⑥ 很轻微过敏性染料，即仅有一起皮肤接触试验呈阳性。

⑦ 无过敏性的染料。

大量研究表明，目前市场上初步确认的过敏性染料有 27 种（但不包括部分对人体具有吸入过敏和接触过敏反应的活性染料），其中包括 26 种分散染料和 1 种酸性染料。这类染料主要用于聚酯、聚酰胺和醋酯纤维的染色。但在生态纺织品的监控项目中只列入了其中的 19 种，且均为分散染料，而其中的 17 种为早期用于醋酸纤维的分散染料（表 4-4-3）。

表 4-4-3　禁用的致敏染料

编号	染料英文名称	染料中文名称	CAS No.
1#	Disperse Blue 1	分散蓝 1	2475-45-8
2#	Disperse Blue 3	分散蓝 3	2475-46-9
3#	Disperse Blue 7	分散蓝 7	3179-90-6
4#	Disperse Blue 26	分散蓝 26	3860-63-7
5#	Disperse Blue 35	分散蓝 35	12222-75-2
6#	Disperse Blue 102	分散蓝 102	69766-79-6
7#	Disperse Blue 106	分散蓝 106	12223-01-7
8#	Disperse Blue 124	分散蓝 124	61951-51-7

（续　表）

编号	染料英文名称	染料中文名称	CAS No.
9#	Disperse Brown 1	分散棕1	23355-64-8
10#	Disperse Orange 1	分散橙1	2581-69-3
11#	Disperse Orange 3	分散橙3	730-40-5
12#	Disperse Orange 37/76	分散橙37/76	13301-61-6
13#	Disperse Red 1	分散红1	2872-52-8
14#	Disperse Red 11	分散红11	2872-48-2
15#	Disperse Red 17	分散红17	3179-89-3
16#	Disperse Yellow 1	分散黄1	119-15-3
17#	Disperse Yellow 3	分散黄3	2832-40-8
18#	Disperse Yellow 9	分散黄9	6373-73-5
19#	Disperse Yellow 39	分散黄39	12236-29-2
20#	Disperse Yellow 49	分散黄49	54824-37-2
21#	Disperse Yellow 23	分散黄23	6250-23-3
22#	Disperse Orange 149	分散橙149	85136-74-9
国际上目前对纺织品上限用致敏性分散染料检出的限定值，不同的买家所制订的合格性评定标准存在一些差异。2006版的Oeko-Tex Standard 100和我国国标GB/T 18885《生态纺织品技术要求》中规定了20种被限用，并限定致敏染料的合格限量值为0.006%，即60 mg/kg。在2008版的Oeko-Tex Standard 100中规定为50 mg/kg。事实上，也有许多国际著名的买家规定在样品上不得检测出致敏性分散染料（低于检测限）			

第五节　重　金　属

一、纺织品中残留重金属类别及其危害性

化学上根据金属的密度把金属分成重金属和轻金属，常把密度大于5 g/cm^{3}的金属称为重金属（Heavy Metal），如金、银、铜、铅、锌、镍、钴、铬、汞、镉等大约45种。环境污染方面所说的重金属是指汞、镉、铅、铬以及类金属砷等生物毒性显著的重金属。

当含量小于人体体重0.01%时，某些重金属如锌和铜是人体所需要的微量元素，铬、汞、钴等元素在一定剂量内对人体也起着重要的作用，但当它们的浓度在体内积蓄到一定阈值时，就会对人体产生毒性甚至危及生命。流行病学资料显示，砷、铬、镉、镍具有致癌性，锑、钴可能致癌，此种情况对儿童尤为严重，因为儿童对重金属有较强的消化吸收能力。

纺织品中的易挥发金属如汞可经空气通过呼吸道进入人体；由于汗液或湿度的作用，部分

游离重金属和金属络合染料也会被人体皮肤吸收而危害人体健康，这些金属一旦被人体吸收，较容易积累在肝、骨骼、肾、心脏及脑中，引起人的头痛、头晕、失眠、健忘、神经错乱、关节疼痛、结石、癌症（如肝癌、胃癌、肠癌、膀胱癌、乳腺癌、前列腺癌及乌脚病和畸形儿）等，尤其对消化系统、泌尿系统、脏器、皮肤、骨骼、神经系统破坏极为严重。纺织品中可能残留的重金属类别及其危害性进行了归纳见表4-5-1。

表4-5-1 纺织品中可能超标的重金属及其危害

重金属	重金属超标时的危害
铅(Pb)	损坏人的中枢神经（特别是儿童）、肾及免疫系统，潜在致癌
汞(Hg)	进入人体后大量沉入肝脏，对肾脏损伤，可造成肾小管上皮细胞坏死；造成大脑及中枢神经的损伤；可能致癌
铬(Cr)	可致肺癌、鼻癌；引发血液疾病、肝肾损伤
砷(As)	能伤害中枢神经系统；引起心脏血管功能紊乱；使肠胃功能紊乱
镉(Cd)	加速骨骼钙质流失，引发骨折或变形；引起肾小管损伤，出现糖尿病，直至肾衰竭；引起肺部疾病、甚至肺癌；引起心脑血管疾病
钴(Co)	可能引起肺癌；对呼吸系统、眼、皮肤、心脏等器官造成不良影响
锑(Sb)	可引起肺癌；对皮肤有放射性损伤
锌(Zn)	过量时减弱人体免疫功能，影响铁的利用，并可造成胆固醇代谢紊乱，甚至诱发癌症
镍(Ni)	对人皮肤黏膜和呼吸道有刺激作用，可引起皮炎和气管炎，甚至发生肺炎；在肾、脾、肝中具有积存作用，可诱发鼻咽癌和肺癌
铜(Cu)	过量时引发贫血，对肝肾、胃肠伤害极大

二、重金属的来源

在纺织品原料、生产或使用过程中的任一环节都可能引入重金属，其中仅少量由天然纤维从土壤中吸收或食物中吸收引入，大部分来源于纺织品后加工期，尤其织物加工过程中使用的某些染料和助剂，如各种金属络合染料、媒介染料、酞菁结构染料、固色剂、催化剂、阻燃剂、后整理剂等以及用于软化硬水、退浆精练、漂白、印花等工序的各种金属络合剂等，部分防霉抗菌防臭织物用Hg、Cr和Cu等处理也会带来重金属污染。

纺织及相关工业如对重金属处理不当，将引起环境污染，对人体健康造成伤害。对于GB/T 18885—2009以及国际环保纺织协会国际生态纺织品标准Oeko-Tex Standard 100—2010限定的重金属元素，可以从纺织纤维原料的生产、纺织纤维制品加工等方面分析其具体的来源，见表4-5-2。

表4-5-2 生态纺织品规范中限定重金属来源分析

重金属	限定重金属来源	重金属	限定重金属来源
锑(Sb)	阻燃剂	铅(Pb)	涂料、植物纤维生长过程、服装辅料
砷(As)	植物纤维生长过程	镉(Cd)	涂料、植物纤维生长过程、服装辅料

（续 表）

重金属	限定重金属来源	重金属	限定重金属来源
铬(Cr)	染料、氧化剂、防霉抗菌剂、媒染剂	镍(Ni)	服装辅料、媒染剂
钴(Co)	催化剂、染料、抗菌剂	汞(Hg)	植物纤维生长过程、定位剂
铜(Cu)	染料、抗菌剂、固色剂、媒染剂、服装辅料	锌(Zn)	抗菌剂

三、重金属残留量的限定

自上世纪80年代以来，纺织业带来的重金属残留问题便受到各国政府的高度重视，尤其在工业发达国家，纺织品的研究已从传统的理化分析转向与环境生态和安全卫生相关的微量分析领域。各国相继做出了有关纺织品上的重金属限量控制规定。

我国生态纺织品技术要求 GB/T 18885—2009 以及国际环保纺织协会国际生态纺织品技术要求 Oeko-Tex Standard 100—2010。对纺织品中可能对人体健康引起伤害的可萃取重金属进行了限量，Oeko-Tex Standard 100—2010 还对铅和镉的总量进行了限定和详细说明。

表4-5-3 相关生态纺织品规范对重金属的限量

项目		产品分类及其限量/(mg/kg)			
		Ⅰ 婴幼儿用品	Ⅱ 直接接触皮肤用品	Ⅲ 非直接接触皮肤用品	Ⅳ 装饰材料
可萃取重金属≤	锑(Sb)	30.0	30.0	30.0	—
	砷(As)	0.2	1.0	1.0	1.0
	铅(Pb)	0.2	1.0	1.0	1.0
	镉(Cd)	0.1	1.0	1.0	1.0
	铬(Cr)	1.0	2.0	2.0	2.0
	六价铬[Cr(VI)]	低于检出限			
	钴(Co)	1.0	4.0	4.0	4.0
	铜(Cu)	25.0	50.0	50.0	50.0
	镍(Ni)	1.0	4.0	4.0	4.0
	汞(Hg)	0.02	0.02	0.02	0.02
重金属总量≤	铅(Pb)	45.0	90.0	90.0	90.0
	镉(Cd)	50.0	100.0	100.0	100.0

四、检测标准比较

纺织品中重金属残留分析经历了一个由重金属总量测定拓展到可溶态重金属（通过盐酸浸提出来的重金属）、可萃取重金属（通过人造酸性汗液萃取的重金属）分析的过程。目前，测定方法有等离子体原子发射光谱法（ICP-AES）原子吸收光谱法（AAS）、原子荧光光谱法（AFS）、比色法等，涉及的方法标准主要有 BS 6810-1:1987、BS 6810-2:2005、BS 6648:1986、OEKO-TEX Standard 200—2010、GB/T 17593—2006，标准间的比较分析见表。其中，BS6810-2:2005 规定：当测试低含量汞（<0.5 ppm）时，不推荐采用该标准规定的原子发射光谱法，宜采用氢化物发生法等方法；六价铬不宜以原子发射光谱法测试，宜采用 BS 6810-1：1987 中比色光谱法。BS 6810-1：1987 中规定汞含量测定采用冷原子发生器原子吸收分光光度法（Cold-vapor Atomic AbsorptionSpectroscopy）（表 4-5-4）。

表 4-5-4　纺织品中重金属标准测定方法比较

标准	测定金属形式		前处理形式	前处理条件	测试仪器
BS 6810-2:2005	可溶性金属	所有金属（除Cr外）	0.07 mol/L盐酸萃取	0.07 mol/L盐酸，调节pH值≤1.5（羊毛或聚酰胺），振荡1 h。	ICP-AES
	总金属量	所有金属	湿法灰化	BS 6648	
		所有金属（除Hg外）	干法灰化	马弗炉中，温度低于450℃，直至灰化。	
BS 6810-1:1987	可溶性金属	所有金属（除Cr外）	0.07 mol/L酸萃取	0.07 mol/L盐酸，调节pH值≤1.5（羊毛或聚酰胺），振荡1 h。	AAS 比色法
		可溶性铬	0.05 mol/L四硼酸二钠溶液萃取	0.05 mol/L四硼酸二钠（$Na_2B_4O_7$）溶液（pH = 9.2），（40 ±2）℃下振荡30 min。	比色法
	重金属总量	所有金属	湿法灰化	BS 6648	AAS 比色法
		所有金属（除Hg外）	干法灰化	马弗炉中，温度低于450℃，直至灰化。	AAS 比色法
Oeko-Tex Standard 200—2010	重金属总量	Pb、Cd	湿法消解	酸	AASICP-AES 比色法
	可萃取金属	所有金属	人造酸性汗液提取	ISO 105-E04（测试液Ⅱ）规定的人造酸性汗液	AASICP-AES 比色法
	六价铬	Cr（Ⅵ）	人造酸性汗液提取	人造酸性汗液	比色法
GB/T 17593	可萃取重金属（除六价铬）	Cd、Co、Cr、Cu、Ni、Pb、Sb、Zn	人造酸性汗液提取	人造酸性汗液（37 ±2）℃水浴，振荡60 min。	AAS
		As、Cd、Co、Cr、Cu、Ni、Pb、Sb			ICP-AES
	可萃取六价铬	Cr（VI）		人造酸性汗液（37 ±2）℃水浴，振荡60 min。用二苯基碳酰二肼显色。	比色法
	可萃取砷、汞	As、Hg		人造酸性汗液（37 ±2）℃水浴，振荡（60 ±5）min。将其转化为适宜价态，再加入硼氢化钾还原测试。	AFS

附　录

一、常用化学药剂

酸类			
名称	其他名称	分子式	特性
盐酸	氢氯酸	HCl	强酸。无色液体，强酸，浓盐酸具有极强的挥发性
硝酸		HNO_3	强腐蚀性无机酸。浓溶液无色透明，强氧化性
硫酸		H_2SO_4	有高腐蚀性强酸。一般为透明至微黄色，有时亦会被染成暗褐色
磷酸		H_3PO_4	弱酸。白色固体或者无色黏稠液体
醋酸	乙酸、冰醋酸	CH_3COOH	弱有机酸。无色液体，有强烈刺激性气味
碱类			
烧碱	氢氧化钠，苛性钠	$NaOH$	高腐蚀性强碱。白色半透明，结晶状固体，其水溶液有涩味和滑腻感
硫化碱	硫化钠，臭碱、臭苏打、黄碱	Na_2S	水溶液呈强碱性。无色透明结晶体，具有臭味
纯碱	碳酸钠，苏打，口碱	Na_2CO_3	强电解质，弱碱性。白色粉末
小苏打	碳酸氢钠，酸式碳酸钠、苏打粉、重碳酸钠、重曹	$NaHCO_3$	强电解质，弱碱性。白色细小晶体
盐类			
工业盐	氯化钠	$NaCl$	强电解质。白色晶体颗粒
元明粉	硫酸钠，芒硝	Na_2SO_4或$Na_2SO_4 \cdot 10H_2O$	强电解质。白色、无臭、有苦味的结晶或粉末，有吸湿性

（续　表）

名称	其他名称	分子式	特性
氧化剂			
重铬酸钾	红矾钾	$K_2Cr_2O_7$	有毒且有致癌性的强氧化剂，室温下为橙红色固体
高锰酸钾	灰锰氧，PP 粉	$KMnO_4$	强氧化剂。深紫色细长斜方柱状结晶，有金属光泽；与皮肤接触可腐蚀皮肤产生棕色染色；在酸性环境下氧化性更强
双氧水	过氧化氢	H_2O_2	强氧化剂。无色透明液体
漂水	次氯酸钠	$NaClO$	强氧化剂。浓溶液呈黄色，稀溶液无色，有非常刺鼻的气味，极不稳定，是很弱的酸，比碳酸弱
还原剂类			
草酸	乙二酸	$H_2C_2O_4$	无色单斜片状或棱柱体结晶或白色粉末、无气味
大苏打	硫代硫酸钠海波、次亚硫酸钠、五水硫代硫酸钠	$Na_2S_2O_3$	易被氧化，白色结晶粉末
焦亚磷酸钠		$Na_4P_2O_7$	白色粉末或结晶，水溶液呈碱性
焦亚硫酸钠		$Na_2S_2O_5$	白色或微黄色结晶形粉末或小结晶，水溶液呈酸性
保险粉	连二亚硫酸钠	$Na_2S_2O_4$ 或 $Na_2S_2O_4 \cdot 2H_2O$	强还原剂。其水溶液性质不稳定，一级遇湿易燃物品，暴露于空气中易吸收氧气而氧化，同时也易吸收潮气发热而变质，并能夺取空气中的氧结块并发出刺激性酸味。含结晶水为白色细粒结晶，不含结晶水为淡黄色粉末

二、公、英制重量单位换算系数表

公　制			英　制				
克(g)	公斤(kg)	公吨(t)	格令(gr)	盎司(oz)	磅(lb)	长吨(L.t)	短吨(S.t)
1	0.001		15.432	0.035 27			
1 000	1	0.001		35.274	2.204 6		
	1 000	1			2 204.6	0.984 2	1.102 3

（续 表）

公　制			英　制				
克(g)	公斤(kg)	公吨(t)	格令(gr)	盎司(oz)	磅(lb)	长吨(L. t)	短吨(S. t)
0.064 8			1	0.002 29			
28.35	0.028 3		437.5	1	0.062 5		
453.59	0.453 6		7 000	16	1		
	1 016.05	1.016 1			2 240	1	1.12
	907.2	0.907 2			2 000	0.892 9	1

三、公、英制长度单位换算系数表

公　制				英　制			
毫米(mm)	厘米(cm)	米(m)	公里(km)	英寸(in)	英尺(ft)	码(yd)	英里(mile)
1	0.1	0.001		0.039 37			
10	1	0.01		0.393 7	0.032 8		
1 000	100	1		39.37	3.280 8	1.093 6	
		1 000	1	39 370	3 280.8	1 093.61	0.621 4
25.4	2.54			1	0.083 3	0.027 78	
	30.480	0.030 480		12	1	0.333 3	
	91.440	0.091 440		36		1	
		1 609.35	1.609 35	63 360			1

四、公、英制容量单位换算系数表

公　制		英　制		
毫升(mL)	升(L)	加仑(gal)	夸脱(qt)	品脱(pt)
1	0.001	0.000 22	0.000 88	0.001 76
1 000	1	0.220 1	0.880 4	1.760 8
4 546	4.546	1	4	8
1 136.50	1.136 5	0.25	1	2
568.25	0.568 3	0.125	0.5	1

五、 纱线细度单位转换表

	tex	dtex	den	Nm	Ne_C	Ne_W	Ne_L	grains/yd
tex	—	dtex ÷ 10	den ÷ 9	1 000 ÷ Nm	590.54 ÷ Ne_C	885.8 ÷ Ne_W	1 653.5 ÷ Ne_L	gr/yd × 70.86
dtex	tex × 10	—	den ÷ 0.9	10 000 ÷ Nm	59 054 ÷ Ne_C	8 858 ÷ Ne_W	16 535 ÷ Ne_L	gr/yd × 708.6
den	tex × 9	dtex × 10	—	9 000 ÷ Nm	5 314.9 ÷ Ne_C	7 972.3 ÷ Ne_W	14 882 ÷ Ne_L	gr/yd × 637.7
Nm	1 000 ÷ tex	10 000 ÷ dtex	9 000 ÷ den	—	Ne_C × 1.693 4	Ne_W × 1.13	Ne_L × 0.604 8	14.1 ÷ gr/yd
Ne_C	590.54 ÷ tex	5 905.4 ÷ dtex	5 314.9 ÷ den	Nm × 0.590 5	—	Ne_W ÷ 1.5	Ne_L ÷ 2.8	8.33 ÷ gr/yd
Ne_W	885.8 ÷ tex	8 858 ÷ dtex	7 972.3 ÷ den	Nm × 0.885 8	Ne_C × 1.5	—	Ne_L ÷ 1.87	12.5 ÷ gr/yd
Ne_L	1 653.5 ÷ tex	16 535 ÷ dtex	14 882 ÷ den	Nm × 1.653 5	Ne_C × 2.8	Ne_W × 1.87	—	23.33 ÷ gr/yd
grains/yd	tex ÷ 70.86	dtex ÷ 708.6	den ÷ 637.7	14.1 ÷ Nm	8.3 ÷ Ne_C	12.5 ÷ Ne_W	13.33 ÷ Ne_L	—

tex:特克斯　den:旦　Ne_C:棉支　Ne_L:亚麻支数

dtex:分特　Nm:公制支数　Ne_W:毛精纺支纱数　grains/yd:格林/码

参考文献

[1] 香港生产力促进会. 纺织手册 2000[M]. 香港:香港棉纺织业同业公会,2001
[2] 姚继明,吴远明. 靛蓝染料的生产及应用技术进展[J]. 精细与专用化学品,2013,4:13-17
[3] 王圣明. 套染牛仔布染色工艺探讨[J]. 印染,1995:17-19
[4] 曾琦. 染整前处理中退浆工艺的探讨[J]. 纺织科学研究,2004. 9:38-42
[5] 孙海鑫,沈雪亮. 靛蓝牛仔布的酶洗及返沾色问题研究进展[J]. 印染助剂,2012,10:1-5
[6] 杨建军. 扎染艺术设计教程[M]. 北京:清华大学出版社,2010
[7] 鲍小龙,刘月蕊. 手工印染扎染与蜡染的艺术[M]. 上海:东华大学出版社,2006
[8] 张毅,王旭娟. 手工染艺技法[M]. 上海:东华大学出版社,2009
[9] 贾京生. 蜡染艺术设计教程[M]. 北京:清华大学出版社,2010
[10] 林丽霞,刘干民. 牛仔产品加工技术[M]. 上海:东华大学出版社,2009
[11] 梅自强. 牛仔布和牛仔服装实用手册[M]. 北京:中国纺织出版社,2009
[12] 蔡再生. 纤维化学与物理[M]. 北京:中国纺织出版社,2009
[13] 杭伟明. 纤维化学及面料[M]. 北京:中国纺织出版社,2009
[14] 翁毅. 纺织品检测实务[M]. 北京:中国纺织出版社,2012
[15] 林丽霞,刘干民,杨斌. 牛仔产品生产 300 问[M]. 上海:东华大学出版社,2012
[16] 姜少华,刘妍,崔宁. 纺织品 pH 值不同测试方法相关性比较[J]. 印染,2008,14:44-46
[17] 崔庆华,赵桂安,王学利. 禁用偶氮染料及其检测标准[J]. 中国纤检 2011,12:42-44
[18] 邢声远,周硕,霍金花. 生态纺织品检测培训读本[M]. 北京:化学工业出版社,2008
[19] 美国纺织化学家和染色家协会. AATCC 技术手册[M]. 北京:中国纺织出版社,2008
[20] 刘瑞明. 实用牛仔产品染整技术[M]. 北京:中国纺织出版社,2003

图1-3-5 喷白后套色靛蓝牛仔裤

图1-3-7 直接染料、涂料喷色牛仔产品

图1-3-8 活性染料生产的彩色牛仔产品

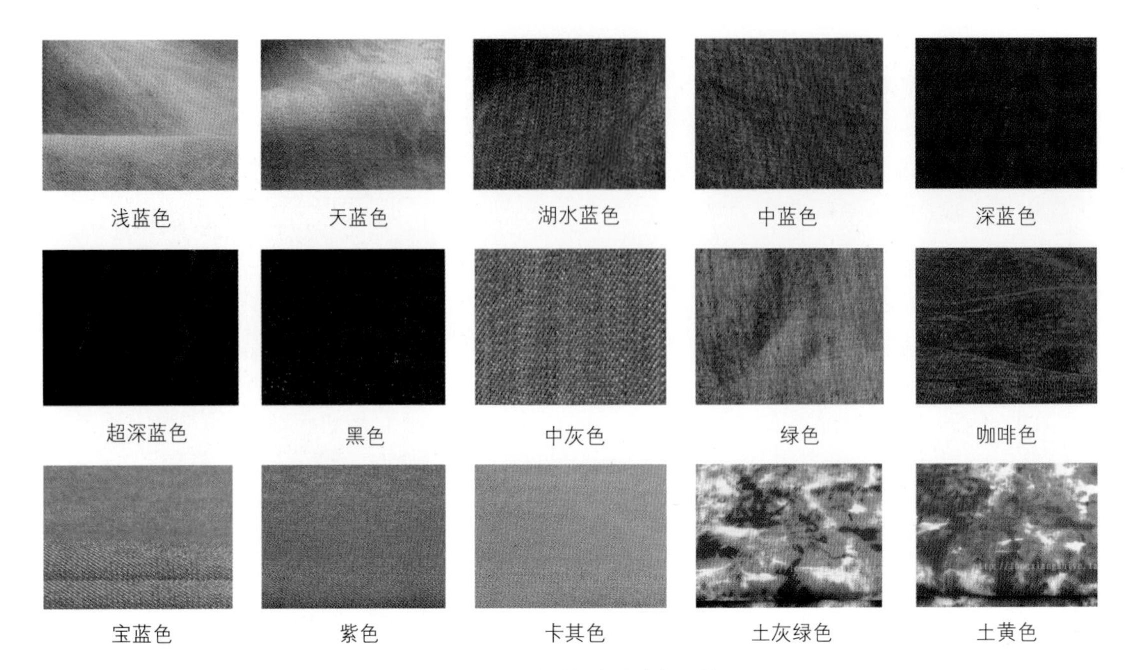

图2-1-2　各种颜色的牛仔面料

A. 靛蓝氯漂（轻/中漂）

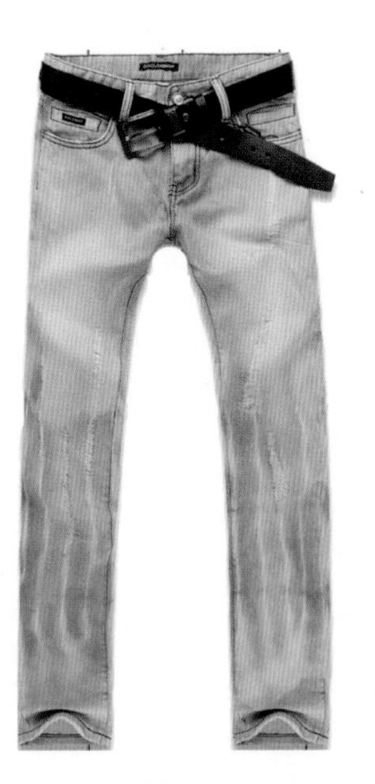

B. 靛蓝锰漂（重漂）

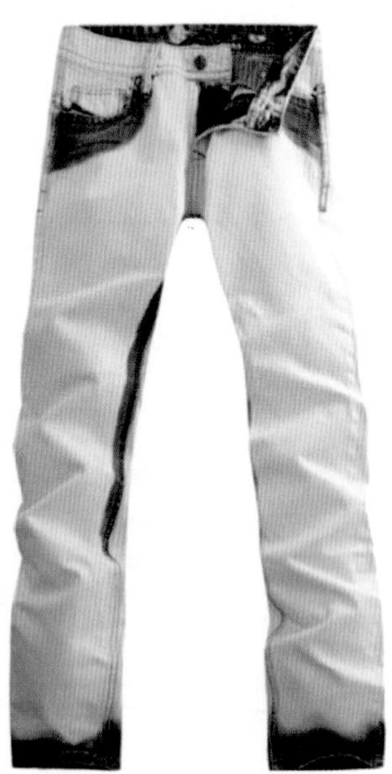

C. 硫化锰漂（重漂）

图2-2-14　漂洗后的牛仔成衣

图2-2-16 各种吊染（漂）牛仔服装

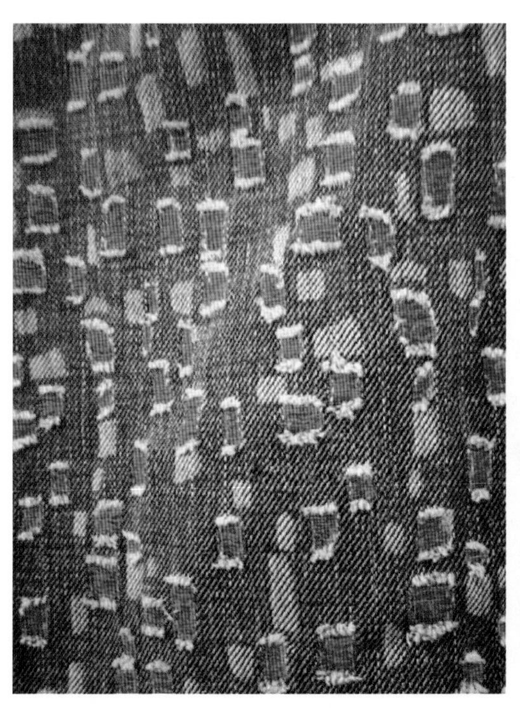

图2-2-20 烂花处理后的牛仔面料

A. 光亮皮膜涂层　　B. 金色皮膜涂层　　C. 金银粉涂层

图2-2-21　涂层牛仔

图2-3-21　各种手法扎花牛仔裤

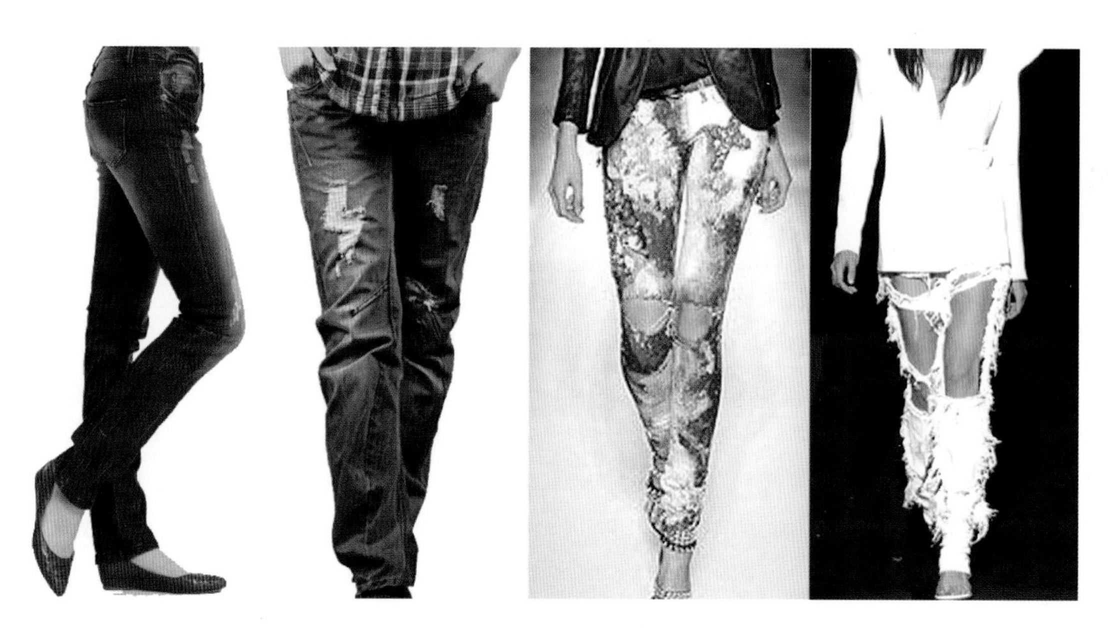

图2-3-25　破损加工的牛仔服装

图2-4-3　激光镂空花纹牛仔裙

图3-1-24 针线缝扎拔

A. 胶针固定（服装反面）

B. 固定后服装正面

C. 拔洗后外观

图3-1-25 针线缝加工

图3-1-26 针缝作品

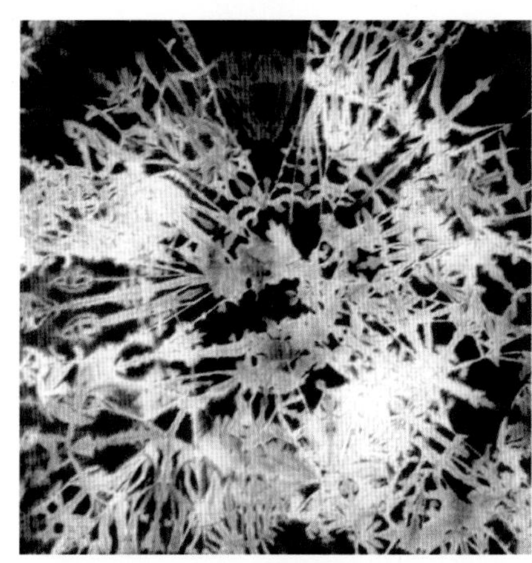
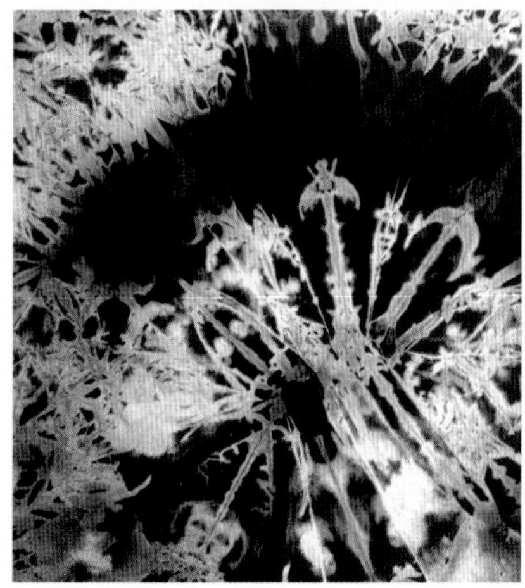

图3-1-41 容器挤压法

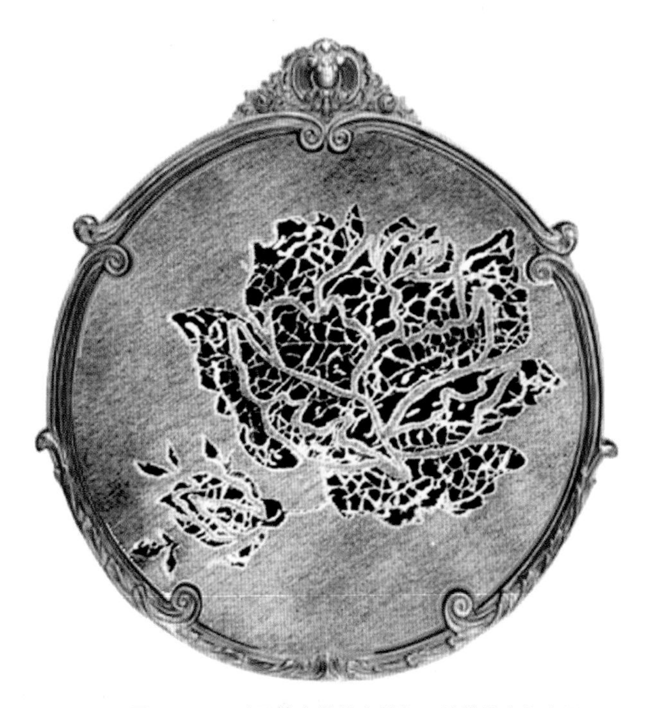

图3-4-2 采用镂空花纹上蜡加工的蜡染牛仔产品

图3-5-2　手绘牛仔衫系列

图3-5-3　牛仔手绘作品

图3-6-1 物件防染

图3-6-2 纹版防染作品

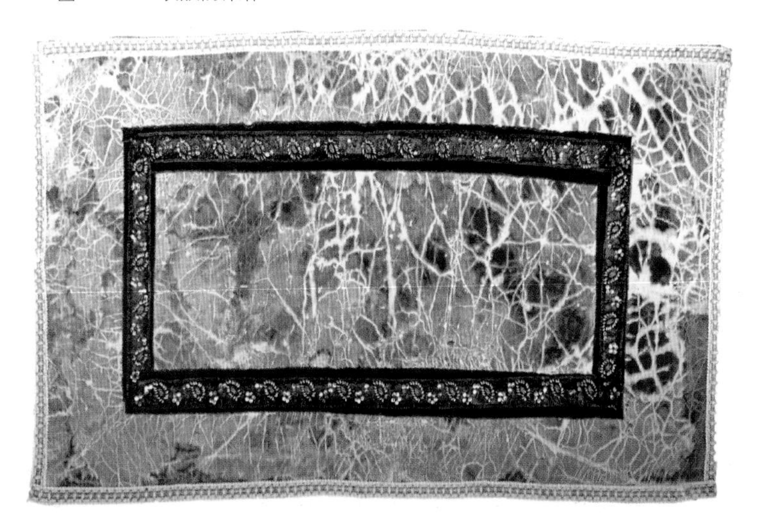

图3-7-3 餐桌布（仿石处理+钉珠）

图3-8-1 钉珠

图3-8-2 烫石

图3-9-1 青花（防染+裂纹处理+手绘）
（染整技术专业2008级 韩小兰）

图3-9-2　长城（手绘）
（染整技术专业2009级　欧世军）

图3-9-3　江南印象（手绘+烫石+手擦）
（染整技术专业2006级　林艳）

图3-9-4　天使（防染+烫石）
（染整技术专业2009级　学生作业）

图3-9-5 大展宏图（手绘+喷拔）

图3-9-6 猛虎下山（手绘）

图3-9-7 爱莲说（手绘）

图3-9-8　向左走向右走
（手绘+防染）

图3-9-9　乱世佳人
（手绘+防染+喷拔)
（染整技术专业2009级　学生作业）

图3-9-10　斑马（防染）
（染整技术专业2009级　学生作业）

图3-9-11　寒梅（手绘+喷拔）
（染整技术专业2006级　潘玉兰　黄颖慧　陈建成）

图3-9-12　松鹤贺寿（手绘+涂料套色）

图3-9-13　花开富贵（手绘+活性染料套色）

（染整技术专业2006级　潘玉兰　黄颖慧　陈建成）

图3-9-14　扬帆（防染+仿石处理）

（染整技术专业2011级　林丹宇　卢文健）

表2-2-8 各种牛仔布氯漂后颜色变化

面料	特深蓝	黑牛	灰牛	路蓝	墨绿蓝	亮鲜蓝
轻漂						
中漂						
重漂						

表2-2-12 各种牛仔布高锰酸钾漂后颜色变化

面料	特深蓝	黑牛	灰牛	路蓝	墨绿蓝	亮鲜蓝
轻漂						
中漂						
重漂